图解电气二次回路
识图·分析·安装·调试·维修

方学文 主编

孙海阳 刘思凯 副主编

U0221755

化学工业出版社
·北京·

内 容 简 介

二次设备及其回路的安全可靠运行，对电力系统的稳定运行起着至关重要的作用。本书结合当下智能变电站等新应用，采用图解与视频讲解相结合的方式，全面介绍了电气二次回路的组成、原理、识图、故障排除以及运行维护等内容，如互感器及其二次接线、测量回路、断路器控制与信号回路、隔离开关操作及闭锁回路、整机设备电气二次回路等；列举分析了各类型典型的高低压电气二次回路的控制过程，帮助变电站电气运行与维护人员以及二次设备安装调试人员系统了解二次回路相关知识，并适时排除故障，解决现场工作遇到的问题。

此外，书中还结合当下智能变电站等新应用，配套有相关操作演示与视频讲解，读者可以扫描二维码直观学习。

本书可供电工、变电站电气运行与维护人员以及二次设备安装调试人员阅读，也可供相关专业院校师生参考。

图书在版编目（CIP）数据

图解电气二次回路：识图·分析·安装·调试·维

修/方学文主编.—北京：化学工业出版社，2022.1（2025.5重印）

ISBN 978-7-122-40059-8

Ⅰ.①图…　Ⅱ.①方…　Ⅲ.①电子电路 - 二次系统 -

图解　Ⅳ.①TM645.2-64

中国版本图书馆 CIP 数据核字（2021）第 206213 号

责任编辑：刘丽宏
文字编辑：李亚楠　陈小滔
责任校对：宋　玮
装帧设计：刘丽华

出版发行：化学工业出版社（北京市东城区青年湖南街13号　邮政编码100011）

印　　装：北京云浩印刷有限责任公司

787mm×1092mm　1/16　印张18¾　字数462千字

2025年5月北京第1版第6次印刷

购书咨询：010-64518888

售后服务：010-64518899

网　　址：http://www.cip.com.cn

凡购买本书，如有缺损质量问题，本社销售中心负责调换。

定　　价：79.00元　　　　　　　　　　　　　　　版权所有　违者必究

前 言

在电气系统中用于控制、保护、调节、测量和监视一次回路中各参数和各元件的工作状况的回路称为二次回路。二次设备及其回路的安全可靠运行，对电力系统的稳定运行起着至关重要的作用。二次回路涉及的设备种类多，功能及原理都比较复杂。为了帮助电工、变电站电气运行与维护人员以及二次设备安装调试人员全面学习二次回路的原理、控制及故障诊断与排除技术，编写了本书。

本书内容力求贴近现场实际，结合当下智能变电站等新应用，采用图解与视频讲解相结合的方式，对各类型电气二次回路的基础知识、规范及典型回路识图要领等进行了全面讲解。

全书内容具有如下特点：

① **注重实用，内容全面**：涵盖电气二次回路从原理、识图、故障排除以及运行维护等全部内容，列举分析了各类型典型的高低压电气二次回路的控制过程。

② **图解对照，视频讲解**：对各类型二次回路识图与设备操作（如互感器及其二次接线、测量回路、断路器控制与信号回路、隔离开关操作及闭锁回路等）进行了详细注解，读者可以举一反三，解决工作中遇到的问题。

本书由方学文主编，孙海阳、刘思凯副主编，参加编写的还有石惠文、李红艳、彭飞、赵文艳、张振文、曹振华、赵书芬、张伯龙、张胤涵、张校珩、曹祥、孔凡桂、焦凤敏、张校铭、张书敏、王桂英、曹铮、蔺书兰等，书中第2章～第5章主要由石惠文、李红艳编写，第6章～第9章主要由彭飞、赵文艳编写，全书由张伯虎统稿。

由于水平所限，书中不足之处难免，恳请广大读者批评指正（欢迎关注下方二维码交流）。

编者

目录

第六章　二次回路的中央信号系统及测量回路

第七章　二次控制回路识图实例

第八章 整机设备电气二次回路分析

第九章 电气二次回路的安装调试与运行维护

第一章

电气一次回路与二次回路基础

认识电气回路

回路可理解为一个通道或路径。电气回路就是电流流通的路径，电流在流通的过程中完成必要的任务后回到初点形成的闭合路径即为电气回路，简单地说就是把电源通过导线与负载连接成闭合的电流流通的回路。

一、一次回路

由一次设备相互连接构成的高电压、大电流的电气回路，称为一次回路或一次接线系统（一次系统）。把表述一次回路的图纸，称为一次回路图或一次系统图。它是电气系统中输送电能的回路，包括发电机、变压器及所有用电设备（如电动机）等，还包括把这些设备连接在一起的导线、断路器、隔离开关、熔断器、避雷器、刀开关和电力电容器、电抗器等。

二、二次回路

电气二次部分也称为电气二次系统，是指对电气一次系统进行测量控制和保护的电路，如断路器、接触器的控制电路，控制晶闸管触发导通或截止的电路，连接电流互感器二次绕组和电压互感器二次绕组的保护元件和测量仪表的电路，备用电源自动投入装置（备自投）的电路和同期并列装置的电路，以及上述二次回路的电源设备等。电气二次部分不直接用于输送电能。

二次回路具有设备种类多、功能及原理复杂等特点，主要包括以下回路：

（1）测量与监视回路　测量与监视回路由各级电流与电压互感器二次绕组、测量仪表、计算机数据采集系统和自动监视装置等设备及其相关回路组成。其主要作用是实时显示和记录一次设备的运行参数，监视一、二次设备工作状态。它既是变电站值班员做好电气运行工作的保障，也是进行事故处理的依据。

（2）控制回路　控制回路由各种控制器件（如控制开关、按钮及计算机的键盘或鼠标）、逻辑器件（如各类继电器）、被控对象（如断路器）和执行机构（如断路器的操动机构）等设备及其相关回路组成。其主要作用是进行断路器和隔离开关分、合闸操作，进行电容器组投、切操作，进行主变压器冷却风机启、停操作等。对被控对象的控制有多种方式，如自动与手动控制、远方与就地控制、"一对一"与"一对多"控制、弱电与强电控制、控制开关与计算机键盘或鼠标控制等。

（3）调节回路　调节回路由测量、控制和执行等设备及其相关回路组成。其主要作用是对一次设备的运行参数进行实时调整，保证电力系统安全、优质、经济和环保地运行。如变电站的主变压器分接开关位置的调整，实现电网电压的稳定；对电力系统有功功率的调整，实现电网频率的稳定。

（4）继电保护和自动装置回路　继电保护和自动装置回路是由测量、逻辑和执行部分组成。继电保护主要作用是反映电气设备不正常运行状态并作用于信号，使值班人员及时发现设备缺陷并处理；当电气设备故障时，有选择地、快速地作用于断路器并切除故障设备，保证非故障设备继续运行。自动装置的主要作用是保证供电可靠性和电能质量，完成工作与备用电源的自动切换、线路断路器的自动重合闸操作、电力系统电压调整等任务。

（5）信号回路　信号回路包括位置信号、继电保护动作信号、事故信号、预告信号及指挥信号等。其主要作用是反映一次设备及其相关二次设备的运行状态（正常、异常和事故），使值班人员及时发现设备缺陷和故障，如反映开关类设备的分、合闸位置信号等。

（6）操作电源回路　操作电源回路由电源装置及其供电网络组成。其主要作用是给上述二次回路提供工作电源。操作电源类型有：交流、直流电源，强电、弱电电源，蓄电池组直流电源，整流型直流电源等。

二次回路是发电厂和变电站的重要组成部分。二次设备及其回路的安全可靠运行，对电力系统的稳定运行起到至关重要的作用。因此，从事变电站电气运行与维护的人员，或者从事二次设备安装调试的人员必须对二次设备及其回路做全面系统的了解，不但要熟悉二次设备及其回路的组成原理等必备知识，而且要掌握其运行、维护及事故处理方面的知识。

· 第二节 ·
电气回路识图

一、高低压电气图文符号及意义

为了表达二次回路的组成、功能及原理，二次回路接线图采用国际或国家标准的电气图形符号和文字符号绘制。因此，熟悉电气图形符号及文字符号是掌握二次回路的前提。

1. 图形符号

二次回路中的电气设备，用反映该设备特征或含义的图形表示，称为图形符号。我国参照国际电工委员会（IEC）发布的图形符号标准，制订出国家标准《电气简图用图形符号》，表 1-1 和表 1-2 列出了其中的一些图形符号。

表1-1　部分电气简图用图形符号

图形符号		说明	图形符号	说明
形式1		动合（常开）触点 注：本符号也可用作开关一般符号		当操作器件被吸合时延时闭合的动合触点
形式2				当操作器件被释放时延时断开的动合触点

续表

图形符号	说明	图形符号	说明
	动断（常闭）触点		当操作器件被释放时延时闭合的动断触点
	先断后合的转换触点		当操作器件被吸合时延时断开的动断触点
	中间断开的双向触点		吸合时延时闭合，释放时延时断开的动合触点
	信号继电器 机械保持的动合（常开）触点 机械保持的动断（常闭）触点		拉拔开关（不闭锁）
	单极六位开关		旋钮开关、旋转开关
	单极四位开关		多极开关的一般符号单线表示
			多线表示
	非电量触点 动合（常开）触点 动断（常闭）触点		接触器（在非动作位置触点断开）
			接触器（在非动作位置触点闭合）
	热继电器动断（常闭）触点		断路器
	位置开关，动合触点		隔离开关
	位置开关，动断触点		
	手动开关的一般符号		具有中间断开位置的双向隔离开关
	按钮开关（不闭锁）		负荷开关（负荷隔离开关）

续表

图形符号		说明	图形符号	说明
形式1　　形式2		操作器件一般符号		自动复归控制器或操作开关。箭头表示自动复归符号，黑点表示该位置时该触点接通
		缓慢释放（缓放）继电器的线圈		熔断器一般符号
		缓慢吸合（缓吸）继电器的线圈		跌落式熔断器
~		交流继电器的线圈		熔断器式开关
		热继电器的驱动器件		熔断器式隔离开关
$U=0$		零电压继电器		熔断器式负荷开关
I ←		逆电流继电器		火花间隙
2　1　0　1　2		动力控制器。五根纵虚线表示此控制器有五个挡位，加黑点表示在此挡位时该触点处于接通状态。此图表示控制器共七个触点，其中五个装有灭弧装置		避雷器
			A	仪表的电流线圈
			V	仪表的电压线圈
后　　　前 2　1　0　1　2		控制器或操作开关。纵虚线表示开关的挡位，加黑点表示手柄位于此挡位时触点接通。复杂的控制开关可用触点闭合来表示，一个控制开关的各触点可不画在一起	A	电流表
			W	有功功率表
			V	电压表
			A $I\sin\varphi$	无功电流表

续表

图形符号	说明	图形符号	说明
var	无功功率表	≥1	"或"门
cos φ	功率因数表	&	"与"门
φ	相位计		输入逻辑非
Hz	频率计		输出逻辑非
	同步指示器	=1	异或门
	检流计	1	"非"门反相器
n	转速表	&	3输入"与非"门
Wh	电能（度）表（瓦特小时计）	≥1	3输入"或非"门
varh	无功电能表	& ≥1	"与或非"门
	灯的一般符号 信号灯的一般符号	S R	RS触发器 RS锁存器
	电喇叭		单稳单元（在输出脉冲期间可重复触发）
	电铃	a t_1 t_2 b	延迟单元
	蜂鸣器	当$t_1=t_2$时 a t b	

表1-2 电能元件、连接器件、电子元件和基本图形符号

图形符号	说明	图形符号	说明
⎓	直流	⊸⊏⊸	插头和插座
∿	交流	●	连接，连接点
⎓∿	交直流	○	端子
∿∿	具有交流分量的整流电流（当需要与稳定直流相区别时使用）	⊥	导线的连接
N	中性（中性线）	形式1 形式2	导线的多线连接
+	正极性		导线或电缆的分支和合并
−	负极性		
⊓	正脉冲	╈	导线的不连接（跨越）
⊔	负脉冲		
⏚	接地，一般符号	○——○	导线直接连接 导线接头
⊕	保护接地	○—▭—○	接通的连接片
形式1 ╧ 形式2 ⊥	接机壳或接地板	○╱○	断开的连接片
		○╱○	切换片
/// 3 ╱	导线、导线组、电线、电缆、电路、线路、母线（总线）一般符号 注：当用单线表示一组导线时，若需表示出导线数可加短斜线或画一条短斜线加数字表示，本示例表示三根导线	◁	电缆密封终端头（表示三芯电缆）
		3 ◇ 3	电缆直通接线盒 单线表示
		优选形 ▭ 其他形 ∿	电阻器的一般符号
∿	柔软导线	▭	可变电阻器 可调电阻器

对于图形符号需要说明的有以下几点。

❶ 大部分图形符号可以根据二次回路图布置需要旋转成任意方向，即布置方位一般为任意取向。如表 1-1 中，熔断器的符号既可以纵向布置，也可以横向布置，都不会改变其含义。但对一些重要的设备有特殊的规定，如开关类电器的辅助触点、继电器触点一般按纵向布置给出；当需要将其触点横向布置时，把纵向布置的触点符号逆时针方向旋转 90° 即可。

❷ 图形符号的状态：电气设备的可动部分（如断路器的辅助触点、继电器的触点等），一般是用不带电或不工作状态位置表示。例如：

a. 单稳态的机电设备为不带电状态时，如继电器线圈不带电状态时，表 1-1 中继电器动断触点是闭合的，而继电器动合触点是打开的。

b. 断路器在跳闸位置时，表 1-1 中的断路器动合触点是打开的。

c. 具有"停用"位置的手动转换开关，其图形符号用"停用"位置表示。

d. 可动部分的元器件动作方向规定当二次回路横向布置时，元器件动作方向一律向上；当二次回路纵向布置时，元器件动作方向一律向右。

❸ 图形符号的表示方法：电气设备一般由多个元器件组成，由于每个元器件（如继电器的线圈与多对触点）所起的作用不同，所以它们的布置位置也不同。根据元器件的位置不同，电气设备的图形符号有下列几种表示方法，见图 1-1。

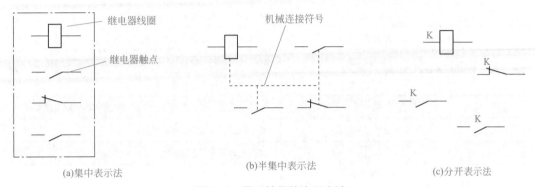

(a)集中表示法　　(b)半集中表示法　　(c)分开表示法

图 1-1　图形符号的表示方法

a. 集中表示法：把一个电气设备中各组成部分的图形符号绘制在一起的方法。如图 1-1（a）所示，把继电器的线圈及多对触点均绘制在一起，来表示继电器的图形符号。

b. 半集中表示法：把一个电气设备中各组成部分的图形符号分开布置，并用机械连接符号表示它们之间关系的一种表示方法。如图 1-1（b）所示，同一个继电器的线圈及多对触点分别绘制在不同位置，机械连线涉及的元器件均属于同一个继电器内部的元件。

c. 分开表示法：把一个电气设备中各组成部分的图形符号分开布置，仅用同一文字符号表示它们之间关系的一种方法。如图 1-1（c）所示，同一个继电器的线圈及多对触点分别绘制在不同位置，用相同的文字符号 K 表示它们之间的关系。

2. 文字符号

二次回路中，除了用图形符号表示电气设备外，一般还要在图形符号旁标注相应的文字符号。它表示电气设备名称、种类、功能、状态或特征。

文字符号分为基本文字符号和辅助文字符号。

（1）基本文字符号　基本文字符号表示电气设备名称与种类，它分为单字母和双字母基本文字符号。

❶ 单字母基本文字符号。它把电气设备、电子元件等划分成 24 大类，每一大类用一个专用拉丁字母表示，如表 1-3 所示。由于拉丁字母"I"和"O"容易同阿拉伯数字"1"和"0"混淆，所以"I"和"O"不允许作为单字母基本文字符号使用。

表1-3 单字母基本文字符号

字母符号	项目种类	举例
A	组件 部件	分立元件放大器、磁放大器、激光器、微波激射器、印刷电路板等其他组件、部件
B	变换器（从非电量到电量或相反）	热电式传感器、光电池、测功计、晶体换能器、送话器、拾音器、扬声器、耳机、自整角机、旋转变压器
C	电容器	
D	二进制单元延迟器件、存储器件	数字集成电路和器件、双稳态元件、单稳态元件、磁芯存储器、寄存器、磁带记录机、盘式记录机
E	杂项	光器件、热器件等
F	保护器件	熔断器、过电压放电器件、避雷器
G	发电机电源	旋转发电机、旋转变频机、电池、振荡器、石英晶体振荡器
H	信号器件	光指示器、声指示器
J	用于软件	程序单元、程序、模块
K	继电器	电流继电器、电压继电器、功率继电器、时间继电器等
L	电感器、电抗器	感应线圈、线路陷波器、电抗器
M	电动机	直流电动机、交流电动机、同步电动机
N	模拟集成电路	
P	测量设备	仪表、指示器件、记录器件
Q	电力电路的开关	断路器、隔离开关
R	电阻器	可变电阻器、电位器、变阻器、分流器、热敏电阻
S	控制电路的开关选择器	控制开关、按钮、限制开关、选择开关
T	变压器	变压器、电压互感器、电流互感器
U	调制器 变换器	鉴频器、解调器、变频器、编码器、逆变器、整流器、电报译码器、无功补偿器
V	电真空器件、半导体器件	电子管、晶体管、晶闸管、二极管、三极管、半导体器件
W	传输通道波导、天线	导线、电缆、母线、波导、波导定向耦合器、偶极天线
X	端子、插头、插座	插头和插座、测试塞孔、端子板、焊接端子片、连接片、电缆封端和接头
Y	电气操作的机械装置	制动器、离合器、气阀、操作线圈
Z	终端设备、混合变压器、滤波器、均衡器、限幅器	电缆平衡网络、压缩扩展器、晶体滤波器、衰减器、阻波器

❷ 双字母基本文字符号。当单字母文字符号不能满足要求时，则采用双字母符号对24大类单字母文字符号进一步划分。双字母符号是由一个表示设备种类的单字母符号与表示设备功能、状态及特征的另一个字母符号组成，如"Q"表示电力电路的开关器件，"F"表示具有保护器件功能，而"QF"组合则表示断路器。

（2）辅助文字符号 辅助文字符号位于基本文字符号的后面，它表示电气设备功能、状态及特征，如表1-4所示。如"ON"表示电路接通，"OFF"表示电路断开。另外，辅助文字符号既能用来表示基本文字符号，也能单独使用。

表1-4　常用辅助文字符号

序号	文字符号	名称	序号	文字符号	名称
1	A	电流	37	M	主
2	A	模拟	38	M	中
3	AC	交流	39	M	中间线
4	AUT	自动	40	MAN	手动
5	ACC	加速	41	N	中性线
6	ADD	附加	42	OFF	断开
7	ADJ	可调	43	ON	闭合
8	AUX	辅助	44	OUT	输出
9	ASY	异步	45	P	压力
10	BRK	制动	46	P	保护
11	BK	黑	47	PE	保护接地
12	BL	蓝	48	PEN	保护接地与中性线共用
13	BW	向后	49	PU	不接地保护
14	C	控制	50	R	记录
15	CW	顺时针	51	R	右
16	CCW	逆时针	52	R	反
17	D	延时（延迟）	53	RD	红
18	D	差动	54	RST	复位
19	D	数字	55	RES	备用
20	D	降	56	RUN	运转
21	DC	直流	57	S	信号
22	DEC	减	58	ST	启动
23	E	接地	59	SET	置位，定位
24	EM	紧急	60	SAT	饱和
25	F	快速	61	STE	步进
26	FB	反馈	62	STP	停止
27	FM	正，向前	63	SYN	同步
28	GN	绿	64	T	温度
29	H	高	65	T	时间
30	IN	输入	66	TE	无噪声（防干扰）接地
31	INC	增	67	V	真空
32	IND	感应	68	V	速度
33	L	左	69	V	电压
34	L	限制	70	WH	白
35	L	低	71	YE	黄
36	LA	闭锁			

（3）一次回路的特定文字符号

❶ 交流一次回路的特定文字符号。对于三相交流电器，电源接线端子与特定导线（包括绝缘导线）相连接时规定有专门的标记方法，例如三相交流电器的接线端子若与相位有关时，必须标以 U、V、W，并与三相交流导线的 L1、L2、L3 对应。各相电源和负荷的文字符号见表 1-5。

表1-5　三相交流电器的电源和负荷接线端子的文字符号

类别与相别	电源侧的特定导线			负荷侧的元件			中性线	接地线	无噪声接地
	第一相	第二相	第三相	第一相	第二相	第三相			
符号	L1	L2	L3	U	V	W	N	E	TE

当负荷为多台设备时，例如一台机床上有多台电动机时，负荷各项标为 U1、V1、W1，U2、V2、W2 和 U3、V3、W3 等。

❷ 直流主回路的文字符号。正电源导线用 L+ 表示，负电源导线用 L- 表示，中间线用 M 表示。

（4）小母线的文字符号

为了说明二次回路中各小母线的用途，在图纸和设备上都有用字母标注的小母线名称，表 1-6 列出了小母线的文字符号。

表1-6　小母线的文字符号

小母线名称			文字符号
控制回路电源小母线			+WC，-WC
信号回路电源小母线			+WS，-WS
直流控制和信号的电源及辅助小母线	事故音响信号小母线	用于配电装置内	WAS
		用于不发遥远信号	1WAS
		用于发遥远信号	2WAS
		用于直流屏	3WAS
	预报信号小母线	瞬时动作的信号	1WFS
			2WFS
		延时动作的信号	3WFS
			4WFS
	直流屏上的预报信号小母线（延时动作的信号）		5WFS
			6WFS
	灯光信号小母线		WL
	闪光信号小母线		WF
	合闸小母线		WO
	"掉牌未复归"光字牌小母线		WSR
交流电压、同期和电源小母线	同期小母线	待并系统	WOSu
			WOSw
		运行系统	WOS′u
			WOS′w
	电源小母线		WV

二、回路标号

1. 主回路标号

（1）**直流回路的标号**　用标号中个位数字的奇偶区分回路的极性；用标号中十位数字的顺序区分回路中不同的线段，例如，正极按 1、11、21、31……顺次标号，负极按 2、12、22、32……顺次标号；用标号中百位数字的顺序区分不同供电电源回路。

（2）**电力拖动设备的电气回路标号**

❶ 交流主回路的电源标号用个位数字顺序区分回路的相别，用十位数字顺序区分回路的线段。例如 L11 为第一相的第一线，L21 为第一相的第二线段；L12 为第二相的第一线段，L22 为第二相的第二线段；L13 为第三相的第一线段，L23 为第三相的第二线段。

❷ 电动机等用电器的标号从最后的用电器向电源侧编排。例如第一台电动机的接线端以 U1、V1、W1 标号，经过热继电器后编为 U11、V11、W11；第二台电动机的接线端以 U2、V2、W2 标号，经过热继电器后可编为 U12、V12、W12。

❸ 控制电路一般是先把电源两侧的回路标号编好，然后以电源的一侧开始，顺序排列递增。如图 1-2 所示为一台电动机电路的接线图及其回路标号。

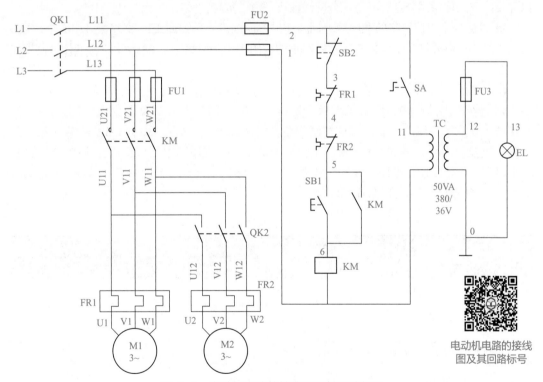

电动机电路的接线图及其回路标号

图1-2　电动机电路的接线图及其回路标号

在图 1-2 所示的电路图中，也可以按电源侧的回路标号来标记从三相电源到热继电器之间的各段回路。例如熔断器与接触器之间可标记为 L21、L22、L23，而用电器的标号只用于电动机与热继电器之间的接线端。

2. 二次回路标号

（1）**电气图回路标号的基本原则**　为了便于安装施工和投入运行后方便维护检修，在电气二次回路图中需要对回路进行编号，称为回路编号或回路标号，也称为线号，由于以数字为基础组成，所以又称为数字标号、数字编号。回路标号不仅要在图纸上标明，在电气二次设备和元件上也要标注。回路标号有以下 5 条基本应用原则。

❶ 二次回路标号一般由 3 位或 3 位以下的数字组成。

❷ 在垂直排列的电路图中，标号一般是从上开始向下顺序排；在水平排列的电路图中，标号一般是从左向右顺序排。

❸ 二次回路的标号按"等电位"原则进行，连接在同一点上的所有导线电位相等，所以应标相同的标号；线圈、绕组、各类开关、触点或电阻、电容等所间隔的线段则视为不同的线段，应标以不同的标号。

❹ 一般情况下，主要降压元件（如线圈、绕组、电阻等）的一侧全部用奇数标号，另一侧全部用偶数标号。

❺ 当行业和部门对某一方面有专门规定时，应按专门规定编排。

（2）控制回路和逻辑回路的回路标号　由于重要设备的控制回路和逻辑回路主要是直流回路，所以一般也称直流回路的回路标号，其标号方法如下。

❶ 个位数代表相别，所以个位数的奇偶区分极性，一般正极用奇数，负极用偶数。极性以主要降压元件为区分点。不易区分的线段可任意选取奇偶数。

❷ 以标号中十位数字的顺序区分回路中的不同线段。例如回路标号 33，其中的个位数 3 表示线段在正电源侧，十位数 3 表示回路中的跳闸线段；回路标号 03 表示正电源侧合闸回路的线段。

❸ 以标号中百位数字的顺序区分不同供电电源的回路。一般情况下，实际就是指不同的各组熔断器所属的回路。例如回路标号为 101、102，其中的 01、02 分别表示正、负电源，百位数 1 表示第一组熔断器组成的控制回路。同理，201、202 和 301、302 分别表示第二组和第三组控制回路。而 203 表示第二组控制回路中的合闸回路中处于正电源侧的一个线段。如果只有一组熔断器，则百位数可以省略，例如可编为 01、02、03、33 等。表 1-7 是电力行业使用较多的直流回路的回路标号。

表1-7　直流回路的回路标号

回路名称	数字标号组			
	一	二	三	四
正电源回路	101	201	301	401
负电源回路	102	202	302	402
合闸回路	103～131	203～231	303～331	403～431
绿灯或合闸回路监视继电器回路	103	203	303	403
跳闸回路	133～149	233～249	333～349	433～449
	1133、1233	2133、2233	3133、3233	4133、4233
备用电源自动合闸回路	150～169	250～269	350～369	450～469
开关设备的位置信号回路	170～189	270～289	370～389	470～489
事故跳闸音响信号回路	190～199	290～299	390～399	490～499
保护回路	001～099			
发电机励磁回路	601～699			

续表

回路名称	数字标号组			
	一	二	三	四
信号及其他回路	701~799			
断路器位置通信回路	801~809			
断路器合闸线圈或操动机构电动机回路	871~879			
隔离开关操作闭锁回路	881~889			
发电机调速电动机回路	991~999			
变压器零序保护共用电源回路	001、002、003			

（3）交流二次回路的回路标号　交流二次回路的回路标号是指交流电流回路（电流互感器二次回路）和电压回路（电压互感器二次回路）的回路标号，基本原则是采用 3 位数字并在前面加相别。电流回路的数字范围为 401~599；电压回路的数字范围为 601~799，见表 1-8。

表1-8　交流二次回路的回路标号

相别	第一相	第二相	第三相	中性线
电流回路	U401~U499	V401~V499	W401~W499	N401~N499
	U501~U599	V501~V599	W501~W599	N501~N599
电压回路	U601~U699	V601~V699	W601~W699	N601~N699
	U701~U799	V701~V799	W701~W799	N701~N799

（4）交流逻辑控制回路的标号　交流逻辑控制回路（包括保护装置和断路器的交流控制回路）的标号，标号原则与直流控制回路基本相同，数字范围为 0 ～ 399。

三、识图要求和方法

1. 识图要求

❶ 电气二次回路图的图纸根据规定都有标准的大小尺寸，图内画法也有相关规定。绘制电气图应符合国家标准的规定。在表 1-1 和表 1-2 所列的图形符号规定中，有的给出两种图形符号，使用时应尽量采用简单的图形符号，同时要注意，在一套图中应使用相同的符号。

❷ 电气图的规定中对采用垂直排列或水平排列方式未作出规定，使用中可根据习惯情况确定。

❸ 表 1-1 中所列继电器触点、按钮、接触器触点、断路器辅助触点等的表示是按垂直排列布置的。如果绘制水平排列的图，应将图形符号按逆时针方向旋转 90° 绘制。即垂直排列时，触点和按钮向右侧为动作方向；水平排列时，触点和按钮向上侧为动作方向。

❹ 继电器线圈、测量仪表一类元件在采用水平排列时，也可以旋转 90°，引线的位置也可以变更。

❺ 不论采用垂直排列或水平排列，图中的文字符号是不能倒置的。

❻ 所有图形符号都是按无电状态和无外力驱动状态绘制的。例如断路器、继电器、隔离开关等在断开状态，按钮、限位开关等在自然状态。

❼ 文字符号都要用大写字母，不能用小写字母代替。

2. 识图的基本思路

（1）基本途径

❶ 由于展开图最易于了解电路的整个动作过程，所以看电气二次回路图应先看其展开图，然后再看该设备的其他图就容易了。

❷ 看电气二次回路图的基本方法是：把一个整体二次电路按功能和层次分为几个环节（相当于几个小回路或支路）和几个层次，先逐一对几个环节分别进行分析，然后再综合起来看全图。例如在控制回路中，按功能可分为合闸回路、跳闸回路，再进一步分为手动合闸、自动合闸回路及手动跳闸、保护跳闸回路等。

（2）电气图中回路的分类

❶ 对于继电保护和控制回路，可以把二次回路图上的内容划分为一次回路、交流二次回路、逻辑控制回路、信号回路等几个大类。

❷ 对于调节装置，例如蓄电池的充电装置等，可以把图上的内容分为功率输送部分、控制调节部分、参数测量部分、电源部分等几个大类。

❸ 把每个大类中的内容进一步分为几个中类。交流二次回路可分为电压、电流回路。逻辑控制回路可分为控制设备启停部分、保护逻辑部分、自动装置逻辑部分（例如备用电源自动投入回路、开关之间的联锁回路、同期合闸回路）、信号部分和合闸部分等。

❹ 把每个中类再分成各小类，即小范围电路。如交流电压回路可分为保护电压回路、仪表电压回路、同期电压回路、监测电压回路等；交流电流回路可分为保护电流回路、仪表电流回路、其他电流回路（例如供断路器跳闸用的电流互感器电流回路）。逻辑控制回路可分为跳闸回路、合闸回路、监视信号回路等。

❺ 按哪个方面分类并不是固定的，如何划分要根据图中的内容确定。例如一个功能的电路（例如逻辑控制电路中的保护回路），在某一个图中占有较多的篇幅，就可划分为一个中类，而在另一个电路图中只占有很少的篇幅就不必划分为中类，可归入跳闸回路中的一个分支。另外，划分还可根据人员的看图习惯进行，如交流回路也可先分为保护交流回路和仪表交流回路。

（3）看图顺序

❶ 先搞清该二次系统所控制的设备是哪种类型的一次设备。二次回路都是为一次系统和被控制的设备服务的，不同的设备有其基本的控制要求和控制方式。被控制设备基本类型有发电机、电动机（指单负荷电动机，如风机、水泵）、变压器、电力线路、整组电动机拖动的机电设备（包括机床、成型机械设备、运输起吊设备等）、其他动力（例如液压动力和空气动力）的机械设备等。其二次回路都有各自基本的控制方式和回路形式。

❷ 看图时要搞清主设备（主系统、一次系统）电路，然后再看二次系统电路；先搞清基本控制方式，再看具体电路。如果先看或只看局部电路，就有可能会出现误判断的情况。

❸ 看机电设备的电气控制图，很重要的一条就是搞清机械本身的工作过程和工作流程之间的关系以及各相关部位（例如装限位开关的部位）的动作情况，然后再看电路图。

❹ 从事继电保护和安全自动装置运行与维护的人员，不但要掌握保护和自动装置本身的原理，还要对一次系统有充分的了解。

❺ 许多二次回路都有一些关键环节，有的二次回路中还有特殊环节，看图时要找出图中的特殊环节和关键环节，先搞清这些环节的动作过程，再全面看电路图。例如采用 LW2 型万能开关的控制或信号回路，就要先搞清该控制开关的性能，包括开关有几种转换状态（几个挡

位）、在各个挡位分别有哪些触点闭合和断开、是否具有自复归功能等，下一步看图就容易了。在电容器充放电使继电器动作的电路中，应先把这部分电路如何动作看明白，再进一步往下看。

3.转换开关和控制器的识图

在电气控制回路中使用较多的转换开关有 LW2、LW5 型和一些主令控制器等。它们与按钮的不同之处有两点：一是大部分此类开关都有多对触点，由多节组成；二是有多个状态（按钮只有原始和按下两种状态），也就是有多个挡位。常用的表示方法有图形符号法和图表法。

（1）**图形符号法**　图形符号法就是直接在电气控制回路图（主要是展开图）上画图形符号。转换开关的图形符号如图 1-3 所示。

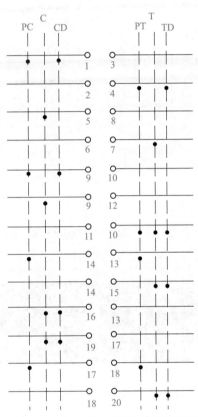

图1-3　LW2-Z-La、4、6a、40、20/F8 型万能转换开关的图形符号

图中所展示的是一个 LW2-Z-La、4、6a、40、20/F8 型万能转换开关的触点通断情况。小转换开关的图形符号圆圈下标注的数字 1、3 至 18、20 都分别表示一对触点，开关有 6 个挡位，用字母表示，各字母所表示的挡位见表 1-9。

表1-9　LW2-Z-La、4、6a、40、20/F8 型万能转换开关挡位符号意义

挡位	预备合闸	合闸	合闸后	预备跳闸	跳闸	跳闸后
符号	PC	C	CD	PT	T	TD

图 1-3 中与每对触点在一条水平线上的黑点表示该触点在此位置接通。例如触点 1、3 在预备合闸（PC）位置和合闸后（CD）位置接通，触点 6、7 只在跳闸位置接通，触点 2、4 在预备跳闸（PT）和跳闸后（TD）位置接通，等等。这种表示方法的优点是直接，无需附加

图表。

（2）**图表法**　图表法是用触点通断表配合回路控制图表示的一种方法。如图 1-4 所示是 LW2-Z-La、4、6a、40、20/F8 型万能转换开关的部分触点在展开图中的一种表示方法。其他型号的控制开关和转换开关在电气二次回路图中也可采用此表示方法。图中大数字的圆圈表示开关的触点。很明显，仅靠此图无法了解触点的通断情况，所以在控制回路图上都配有控制开关的触点表，见表 1-10。

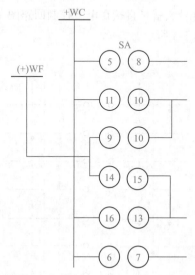

图 1-4　LW2-Z-La、4、6a、40、20/F8 型万能转换开关展开图

表 1-10　LW2-Z-La、4、6a、40、20/F8 型万能转换开关触点表

在"跳闸后"位置的手柄（正面）的样式和触点盒（背面）的接线图		合跳	②①③④	⑥⑤⑧⑦	⑨⑫⑩⑪	⑬⑯⑭⑮	⑱⑰⑲⑳
手柄和触点盒型式		F8	La	4	6a	40	20
触点号		—	1—3 / 2—4	5—8 / 6—7	9—10 / 9—12 / 11—10	14—13 / 14—15 / 16—13	19—17 / 17—18 / 18—20

位置		F8	1—3	2—4	5—8	6—7	9—10	9—12	11—10	14—13	14—15	16—13	19—17	17—18	18—20
	跳闸后	—	·	—	—	·	—	·	—	—	—	·	—	—	·
	预备合闸	·	—	·	·	—	—	·	—	·	—	—	·	—	—
	合闸	—	—	·	·	—	·	—	·	·	—	—	·	—	—
	合闸后	·	·	—	—	·	—	—	·	—	·	—	—	·	—
	预备跳闸	—	·	—	—	·	—	·	—	—	·	—	—	·	—
	跳闸	—	·	—	—	·	·	—	·	—	—	·	—	—	·

在表 1-10 中，黑点表示触点在该位置时接通，横线表示触点不接通。例如触点 1—3 是在"预备合闸"和"合闸后"的两个位置接通，在其他四个挡位都不接通。触点 2—4 则是在"跳闸后"和"预备跳闸"挡位接通。触点 5—8 只在"合闸"挡位接通，而触点 6—7 则只是在"跳闸"挡位接通。结合表 1-10，就可在展开图中了解回路的动作情况。

四、位置图与接线图识图

1. 二次位置图

二次位置图简称位置图，是根据二次原理图进行设计的。位置图包括屏面布置图和小母线布置图等。屏面布置图是成套厂家加工屏、柜壳体的依据，也是成套厂家设计屏背面接线图的依据之一。小母线布置图是安装单位现场安装小母线的依据。

（1）**屏面布置图**　屏面布置图是一种表示二次设备在屏面上布置的位置图，屏面布置图采用简化的图形符号（方框符号或一般符号）表示二次设备。设计屏面布置图必须在完成原理图的设计并确保其正确后才能进行。屏面布置图不需要考虑具体的二次原理接线，只需要根据原理图中设备材料表表明的装设在该屏的所有设备及其型号规格进行合理布置。

屏面布置图作图的基本要求如下：

❶ 采用简化的图形符号表示具体的二次设备，图形符号要按照所表示的二次设备的具体尺寸按一定的比例绘制。为了表示清楚，个别尺寸过小的设备，其图形符号可适当放大。

❷ 各设备的具体位置和相互间的距离要按照实际情况按一定的比例绘制。

❸ 设备间的距离要考虑到安装接线和维护检修的要求。

❹ 同一块屏中有两个或两个以上安装单位时各安装单位要对称布置，且各安装单位间的分界要按纵向划分。

❺ 控制屏屏面设备布置的相对位置自上而下依次为：测量指示仪表、光字牌、辅助切换开关和按钮、信号指示灯控制和调节开关。

❻ 保护屏屏面设备布置的相对位置自上而下依次为：电流、电压继电器和中间继电器等，体积相对较大的差动、重合闸继电器等，信号继电器，试验盒，连接片和切换片。

❼ 控制屏要绘制相关一次接线的简图（模拟图）。

图 1-5 所示为某电厂 35kV 线路控制屏、保护屏的屏面布置图和保护屏后视图。从图中可以看出，控制屏和保护屏为该电厂两条线路所共用，分别用安装单位Ⅰ、Ⅱ、Ⅲ加以区分，安装单位之间以纵向分界。无论是控制屏还是保护屏，其屏面布置图均为正面视图。为了符合运行人员从正面观察的习惯，安装单位从左至右排列。但每个安装单位内部各设备顺序号却是从右向左排列的（从屏后看为从左向右排列，见保护屏后视图），这是因为电气人员接线、查线都是在屏后进行的。

实际工程设计中没有后视图（有屏面接线图），本处画出后视图的目的是为了与屏面布置图进行比较，从而加深对屏面布置图中同一安装单位内各设备的顺序编号的理解。

（2）**小母线布置图**　小母线的种类很多，如：为控制、保护和信号系统提供直流电源的直流电源小母线，由电压互感器供电的交流二次电压小母线，同期系统的同期小母线，以及其他各种小母线。每块屏所需的各种小母线的数量和种类各不相同。在进行小母线布置图设计时，首先应根据原理图统计每块屏所需的各种小母线的数量和小母线名称，然后再进行绘制。

需要注意的是：一起拼屏安装的各块屏中的相同名称的小母线的位置要求一致。小母线一般布置在屏的顶部。小母线布置图比较简单。

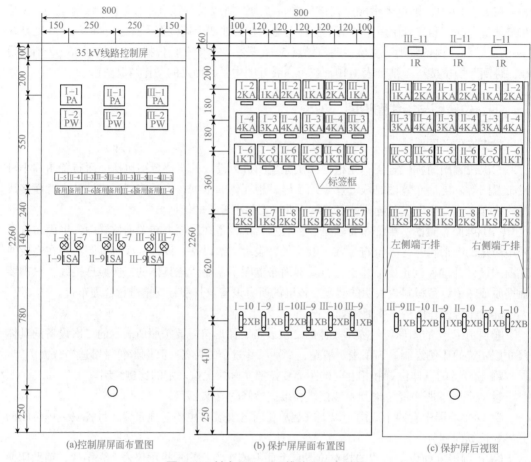

图 1-5　某电厂 35kV 线路屏面布置图

2. 二次接线图

二次接线图简称接线图，是根据二次原理图和屏面布置图进行设计的。在进行电力工程设计时，必须先完成原理图的设计并确保其正确后才能进行接线图的设计。接线图必须完全符合原理图和屏面布置图。

二次接线图反映了一个二次系统内各二次设备之间的连接关系。接线图包括端子接线图和屏背面接线图等。

（1）端子接线图　屏内设备和屏外（包括屏顶）设备之间的连接通过端子进行，通常一块屏与外界连接的端子很多，将端子集中在一起组成端子排。每块屏的端子排一般布置在屏的两侧，如图 1-5（c）所示。屏两侧端子排的样式成镜像关系。

端子接线图习惯称为端子排图。端子排图有两种，分别由成套厂和设计单位提供，两家单位提供的端子排图必须完全对应，应以一家为主（一般为设计单位），另一家在对方提供的端子排图基础上进行绘制。

端子排图的设计原则如下：

❶ 应根据各回路的性质选择合适的端子。

❷ 端子排的每个接线端一般只接入一根导线，最多允许并接两根。

❸ 端子排的位置应考虑到运行、维护和检修的方便，适当考虑与所连接设备之间的位置对应。

❹ 同屏安装的不同安装单位的端子排分别成组布置，相互间有明显的分界。

❺ 端子排内端子数量应合适，不遗漏，不浪费，但要留有一定的备用量。

a. 不遗漏：凡是规定需要通过端子排进行连接的回路（如内设备与屏外设备之间的连接、屏内设备与屏顶设备之间的连接、不同安装单位屏内设备之间的连接等）不应遗漏。

b. 不浪费：凡是没有规定需要通过端子排进行连接的回路（如同一安装单位屏内设备与屏内设备之间的连接等），原则上不通过端子排进行连接。

❻ 端子排的每一排端子，应该按照所接回路的性质和功能分组并按顺序排列，从上到下依次为交流电流回路、交流电压回路、控制回路（保护回路）、信号回路、其他回路。图1-6所示为端子排图表示方法和工程实例。

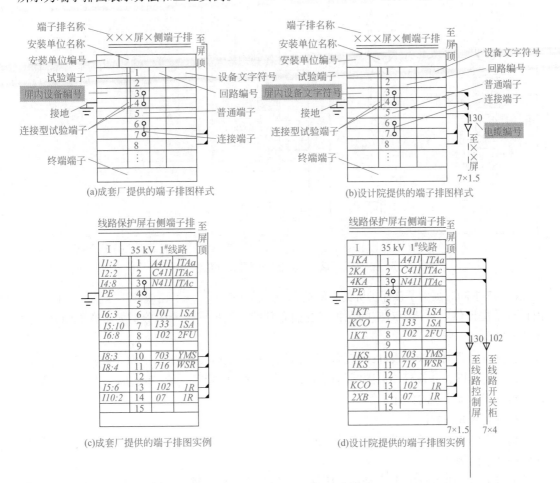

图1-6　端子排图表示方法和工程实例

由图1-6可见，成套厂和设计单位在端子排图的表达方式上有所不同：在屏内设备一侧，设计单位一般填写的是屏内设备的文字符号，而成套厂填写的是屏内设备的安装单位编号。其余空格填写内容和方式相同。此外，设计单位提供的端子排图必须标明外部电缆，而成套厂提供的端子排图则不需要标明外部电缆。

（2）屏背面接线图　屏背面接线图一般由成套厂的技术人员根据设计院设计的原理图、屏面布置图和端子排图进行设计。屏背面接线图和端子排图是成套厂家在屏、柜内配线、接线的依据，也是安装施工和检修过程中查线、对线的重要参考图纸。图1-7（a）所示为某电厂35kV线路保护屏屏背面接线图（图中只画出了其中的1号线路）。

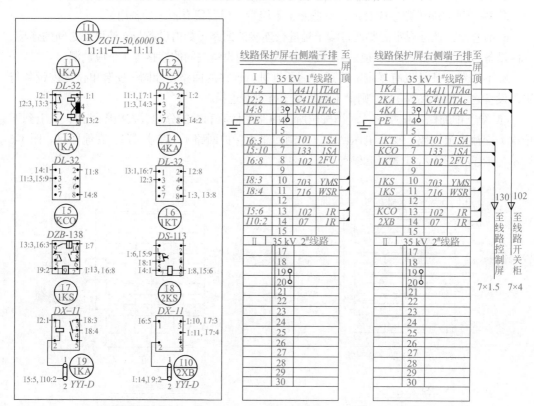

（a）屏背面接线图　　　　（b）端子排图一　　　　（c）端子排图二

图1-7　某电厂35kV线路保护屏屏背面接线图（部分）

图1-7中同时画出了该保护屏的右侧端子图，其中图1-7（b）由成套厂提供，图1-7（c）由设计单位提供。与该图对应的保护屏屏面布置图、保护屏后视图分别如本章前面介绍的图1-5（b）（c）所示。

在进行屏背面接线图设计工作前，首先要准备好对应的原理图、屏面布置图和设计单位提供的端子排图，并检查相关图纸的正确性，然后设计成套厂应该提供的端子排图，最后才能进行屏背面接线图的设计工作。

屏背面接线图的设计原则如下：

❶采用简化的图形符号（方框符号或一般符号）表示具体的设备，不必考虑图形符号与实物的大小比例。

❷各设备对应的图形符号旁应标明该设备的安装编号、型号规格和接线端子号，内部接线复杂的设备必须在图形符号内画出其内部接线图，其余设备的内部接线图可画可不画。

设备的安装编号由该设备所在的安装单位编号和该设备在安装单位内的顺序编号组成。其一般形式如图1-8所示。

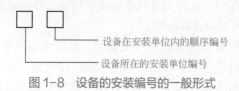

设备在安装单位内的顺序编号

设备所在的安装单位编号

图1-8　设备的安装编号的一般形式

例如图 1-7（a）中的Ⅰ1～Ⅰ8等，其中，Ⅰ为设备所在的安装单位编号，1～8为设备在安装单位内的顺序编号。

❸ 表示两个设备之间导线连接的中断线两端必须标注标记，标注的方法采用"相对编号法"。

表示两个设备之间导线连接的方法有两种：连续线和中断线。连续线表示法见图 1-7（a）中的设备Ⅰ7（1KS）的 2 号端子与设备Ⅰ9（1KA）的 1 号端子的连接。连续线表示法只能在所连接的两个端子之间距离很近，实际连接用的导线不通过导槽的情况下使用。连续线表示法不需要做标注。

中断线表示法见图 1-7（a）中的设备Ⅰ7（1KS）的 3 号端子与设备Ⅰ8（2KS）的 3 号端子间的连接。中断线表示的两个端子之间不画连接线，但每个端子均按照"相对编号法"的原则标注对侧端子的端子编号（不同于端子号），如在设备Ⅰ7（1KS）的 3 号端子处标注设备Ⅰ8（2KS）的 3 号端子的端子编号Ⅰ8:3，在设备Ⅰ8（2KS）的 3 号端子处标注设备Ⅰ7（1KS）的 3 号端子的端子编号Ⅰ7:3。

端子编号由设备的安装编号和设备的端子号（中间加冒号）组成。其一般形式如图 1-9 所示。

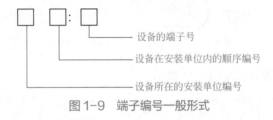

图 1-9　端子编号一般形式

例如图 1-7（a）中的Ⅰ7:3、Ⅰ8:3等，其中，Ⅰ7、Ⅰ8为设备的安装编号，3为设备的对应端子号。

❹ 各设备间的相对位置应与屏面布置图一致。屏背面接线图中各设备的布置只要求相对位置正确，相互间的距离不需要像屏面布置图那样按比例排布。

❺ 各设备接线端子间的连接及设备接线端子与端子排的连接，应严格符合原理图的工作原理。

❻ 屏面接线图中设备的安装编号应与屏面布置图中的安装编号一致；设备型号规格应与设备材料表中的型号规格一致；设备的文字符号应与原理图中的文字符号一致。

重要提示　对于接线图，需要注意保管屏背面接线图。丢失屏背面接线图，会给之后的二次系统故障处理带来极大的麻烦。原理图在故障分析时非常有用，但要在屏、柜内对线查线、处理故障却离不开屏背面接线图。而且，原理图、端子接线图一般由设计单位设计并提供多套（厂家也会提供端子接线图），而屏背面接线图一般只由成套厂随设备提供并且只有一套，电气技术人员要注意保管。

五、低压电路识图实例

下面以电机正、反转电路为例说明低压电路识图过程。

1. 按钮联锁正、反转控制

按钮联锁的正、反转控制线路如图 1-10 所示。

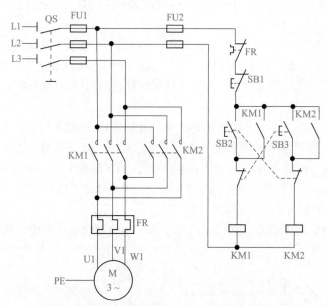

图 1-10 按钮联锁正、反转控制线路

控制板上的电器平面布置如图 1-11 所示。

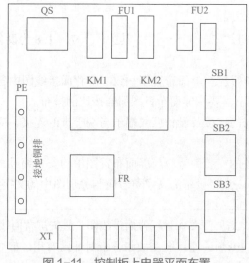

图 1-11 控制板上电器平面布置

　　按钮联锁的正、反转控制线路动作原理与图 1-12 所示的接触器联锁的正、反转控制线路大体相同，但是，由于图 1-10 中采用了复合按钮，当按下反转按钮 SB3 后，先是使接在正转控制线路中的反转按钮 SB3 的常闭触点分断，于是，正转接触器 KM1 的线圈断电，触点全部分断，电动机便断电做惯性运行；紧接着，反转按钮 SB3 的常开触点闭合，使反转接触器 KM2 的线圈通电，电动机立即反转启动。这样，既保证了正、反转接触器 KM1 和 KM2 不会同时通电，又可不按停止按钮 SB1 而直接按反转按钮 SB3 进行反转启动。同样，由反转运行转换成正转运行的情况，也只要直接按正转按钮 SB2 即可。

这种线路的优点是操作方便，缺点是易产生短路故障。

2. 接触器联锁的正、反转控制

接触器联锁的正、反转控制线路如图 1-12 所示。图中采用两个接触器，正转接触器 KM1 和反转接触器 KM2，当 KM1 的三个主触点接通时，三相电源按相序 L1-L2-L3 接入电动机。而当 KM2 的三个主触点接通时，三相电源按相序 L3-L2-L1 接入电动机。所以当两个接触器分别工作时，电动机的旋转方向相反。

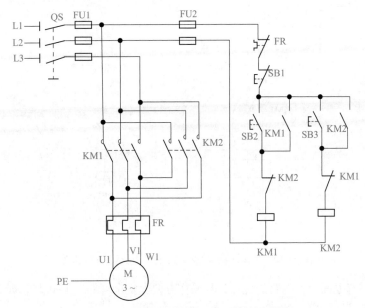

图 1-12　接触器联锁的正、反转控制线路

线路要求接触器 KM1 和 KM2 不能同时通电，不然它们的主触点同时闭合，会造成 L1、L3 两相电源短路，为此在接触器 KM1 与 KM2 线圈各自的支路中相互串联了对方的一个常闭辅助触点，以保证接触器 KM1 和 KM2 不会同时通电。KM1 与 KM2 的常闭辅助触点所起的作用称为联锁（或互锁）作用，这两个常闭触点就叫作联锁触点。

下面是接触器联锁正、反转控制线路动作原理。

❶ 合上 QS。

❷ 正转控制：

按 SB2 → KM1 线圈得电
　　　┌ KM1 自锁触点闭合
　　　│ KM1 主触点闭合→电动机 M 正转。
　　　└ KM1 联锁触点分断

❸ 反转控制：

a. 先按 SB1 → KM1 线圈失电
　　　┌ KM1 自锁触点分断
　　　│ KM1 主触点分断→电动机 M 停转。
　　　└ KM1 联锁触点闭合

b. 再按 SB3 → KM2 线圈得电
　　　┌ KM2 自锁触点闭合
　　　│ KM2 主触点闭合→电动机 M 反转。
　　　└ KM2 联锁触点分断

该线路的缺点是操作不方便，因要改变电动机的转向，必须先按停止按钮 SB1，再按反转按钮 SB2，才能使电动机反转。

3. 按钮和接触器复合联锁的正反转控制

复合联锁正反转控制线路如图 1-13 所示。

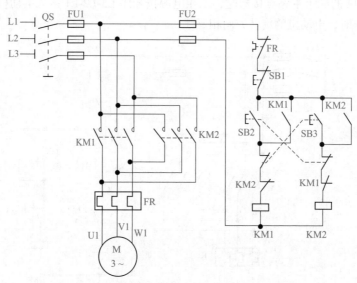

图 1-13　按钮和接触器复合联锁正反转控制线路

这种线路具有上面两种电路的优点，且操作方便，安全可靠，为电力拖动设备中所常用，读者可自行分析其动作原理。

六、高压电路二次回路识图

1. 原理接线图

二次接线的原理接线图是用来表示二次回路各元件（二次设备）的电气连接及其工作原理的电气回路图，是二次回路设计的原始依据。

（1）原理接线图的特点

❶ 原理接线图是将所有的二次设备以整体的图形表示，并和一次设备画在一起，使整套装置的构成有一个整体的概念，可以清楚地了解各设备间的电气关系和动作原理。

❷ 所有的仪表、继电器和其他电器，都以整体的形式出现。

❸ 其相互连接的电流回路、电压回路和直流回路，都综合画在一起。

下面以图 1-14 所示的 6～10kV 线路的继电保护原理接线图为例加以说明。从图 1-14 中可知，整套保护装置包括时限速断保护（由电流继电器 KA1、KA2，时间继电器 KT1 及信号继电器 KS1，连接片 XB1 组成）和过电流保护（由电流电器 KA3、KA4，时间继电器 KT2，信号继电器 KS2，连接片 XB2 组成）。当线路发生 U（A）、V（B）两相短路时，其动作如下：

若故障点在时限速断及过电流保护的保护范围内，因 U（A）相装有电流互感器 TA1，其二次侧反映出短路电流，使时限速断保护的电流继电器 KA1 和过电流保护的电流继电器 KA3 均动作，KA1、KA3 的常开触点闭合，使时限速断保护时间继电器 KT1 和过电流保护时间维电器 KT2 的线圈均通以直流电源而开始计时，由于时限速断保护的动作时间小于过电流保护的动作时间，所以 KT1 的延时闭合的动合触点先闭合，并经信号继电器 KS1 及连接片 XB1 到断路器线圈，跳开断路器，切除故障。

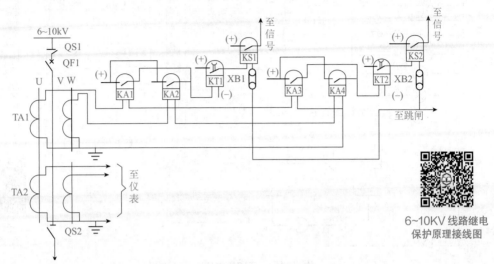

图 1-14　6～10kV 线路继电保护原理接线图

从图 1-14 中可以看出，一次设备（如 QF，TA 等）和二次设备（如 KA1、KT1、KS1 等）都以完整的图形符号表示出来，能使读图人员对整套继电保护装置的工作原理有一个整体概念。

（2）原理接线图的缺点

❶接线不清楚，没有绘出元件的内部接线。

❷没有元件引出端子的编号和回路编号。

❸没有绘出直流电源具体从哪组熔断器引来。

❹没有绘出信号的具体接线，故不便于阅读，更不便于指导施工。

2. 展开接线图

二次接线的展开接线图是根据原理接线图绘制的，展开图和原理图是一种接线的两种形式。如图 1-15 所示，展开接线图可以用来说明二次接线的动作原理，便于读图人员了解整个装置的动作程序和工作原理，它一般是以二次回路的每一个独立电源来划分单元进行编制的，根据这个原则，必须将属于同一个仪表或继电器的电流线圈、电压线圈以及触点，分别画在不同的路中。为了避免混淆，属于同一个仪表或继电器、触点的元件，都采用相同的文字符号。

（1）展开图的特点

❶直流电压母线或交流电压母线用相线条表示，以区别于其他回路的联络线。

❷继电器和每一个小的逻辑回路的作用都在展开图的右侧注明。

❸继电器和各种电气元件的文字符号和相应原理接线图中的文字符号一致。

❹继电器的触点和电气元件之间的连接线段都有数字编号（称为回路标号）。

❺继电器的文字符号与其本身触点的文字符号相同。

❻各种小母线和辅助小母线都有标号。

❼对于展开图中个别的继电器，或该继电器的触点在另一张图中表示，或在其他安装单位中有表示，都要在图纸上说明去向，对任何引进的触点或回路也要说明来处。

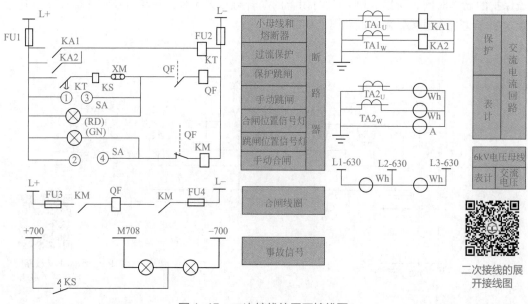

图 1-15　二次接线的展开接线图

⑧ 直流正极按奇数顺序标号，负极回路则按偶数顺序编号，回路经过元件（如线圈、电阻、电容等）后，其标号也随着改变。

⑨ 常用的回路都是固定的编号，如断路器的跳闸回路是 33，合闸回路是 3。

⑩ 交流回路的标号除用三位数外，前面加注文字符号，交流电流回路使用的数字范围是 $400 \sim 599$，电压回路为 $600 \sim 790$。其中个位数表示不同的回路，十位数表示互感器的组数（即电流互感器或电压互感器的组数）。回路使用的标号组，要与互感器文字符号后的数字序号相对应，如：U（A）相电流互感器 TA1 的回路标号是 $U411 \sim U419$，U（A）相电压互感器 TV2 的回路标号为 $U621 \sim U629$。

展开图上凡与屏外有联系的回路编号，均应在端子排图上占据一个位置，单纯看端子排图是看不出究竟的，它仅是一系列的数字和符号的集合，把它与展开图结合起来看，就知道它的连接回路了。

（2）展开图的绘制规律

❶ 按二次接线图的每个独立电源来绘图，一般分为交流电流回路、交流电压回路、直流回路、继电保护回路和信号回路等几个主要组成部分。

❷ 同一个电气元件的线圈和触点分别画在所属的回路内，但要采用相同的文字符号标出，若元件不止一个，还需加上数字序号，以示区别。属于同一回路的线圈和触点，按照电流通过的顺序依次从左向右连接，即形成图中的"各行按照元件动作先后，由上向下垂直排列，各行从左向右阅读，整个展开图从上向下阅读"。

❸ 在展开接线图的右侧，每一回路均有文字说明，便于阅读。

（3）展开图的阅读要求

❶ 首先要了解每个电气元件的简单结构及动作原理。

❷ 图中各电气元件都按国家统一规定的图形符号和文字符号标注，应熟悉其意义。

❸ 图中所示电气元件触点位置都是正常状态，即电气元件不通电时触点所处的状态，因此，常开触点是指电气元件不通电时，触点是断开的；常闭触点是指电气元件不通电时，触

头是闭合的。另外还要注意,有的触点具有延时动作的性能,如时间继电器,它们的触点动作时,要经过一定的时间(一般几秒)才闭合或断开,这种触点的符号与一般瞬时动作的触点符号有区别,读图时要注意区分。

(4)展开图的优点

① 展开图的接线清晰,易于阅读。

② 便于读图人员掌握整套继电保护装置的动作过程和工作原理,特别是在复杂的继电保护装置的二次回路中,用展开图绘制,其优点更为突出。

3.安装接线图

二次接线的安装接线图是制造厂加工制造和现场安装施工用的图纸,也是运行试验、检修等的主要参考图纸,它是根据展开接线图绘制的,屏面布置图、屏背面接线图和端子排图几个组成部分。

(1)安装接线图的特点 安装接线图的特点是各电气元件及连接导线都是按照它们的实际图形、实际位置和连接关系绘制的,为了便于施工和检查,所有元件的端子和导线都加上走向标志。

(2)安装接线图的阅读方法和步骤 阅读安装接线图时,应对照展开图,根据展开图阅读顺序,全图从上到下、每行从左到右进行,导线的连接应该用"对面原则"来表示,阅读步骤如下。

① 对照展开图了解由哪些设备组成。

② 看交流回路,每相电流互感器连接到端子排试验端子上,其回路编号分别为 U411、V411、W411,并分别接到电流继电器上,构成继电保护交流回路。

③ 看直流回路,控制电源从屏顶直流小母线,经熔断器后分别接到端子排上,通过端子排与相应仪表连接构成不同的直流回路。

④ 看信号回路,从屏顶小母线 +700、-700 引到端子排上,通过端子排与信号继电器连接,构成不同的信号回路。

(3)屏面布置图 开关柜的屏面布置图是加工制造屏、盘和安装屏、盘上设备的依据,上面有各个元件的排列布置,都是根据运行操作的合理性,并考虑维护运行和施工的方便性而确定的,因此要按照一定的比例进行绘制,如图 1-16 所示。屏内的二次设备应按国家规定,按一定顺序布置和排列。

① 在电器屏上,一般把电流继电器、电压继电器放在屏的最上部,中部放置中间继电器和时间继电器,下部放置调试工作量较大的继电器、压板及试验部件。

② 在控制屏上,一般把电流表、电压表、周波表和功率表等放在屏的最上部,光字牌、指示灯、信号灯和控制开关放在屏的中部。

(4)屏背面接线图 屏背面接线图是以屏面布置图为基础,并以展开图为依据而绘制成的接线图,它是屏内元件相互连接的配线图纸,标明屏上各元件在屏背面的引出端子的连接情况,以及屏上元件与端子排的连接情况,如图 1-17 所示。为了配线方便,在这种接线图中,对各设备和端子排一般采用"对面原则"进行编号。

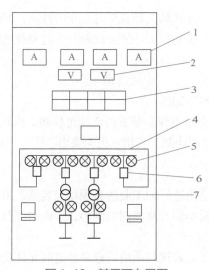

图 1-16　某屏面布置图

1—电流表；2—电压表；3—光字牌；4——次母线；5—指示灯；6—断路器；7—变压器

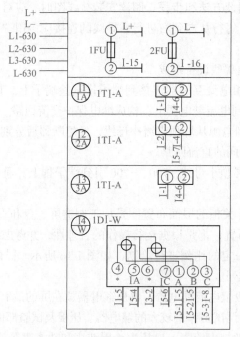

图 1-17　某控制屏的屏背面接线图

（5）端子排图

❶ 端子排的作用。端子是二次接线中不可缺少的配件，虽然屏内电气元件的连线多数是直接相连，但屏内元件与屏外元件之间的连接，以及同一屏内元件接线需要经常断开时，一般是通过端子或电缆来实现的。许多接线端子的组合称为端子排。端子排图就是表示屏上需要装设的端子数目、类型、排列次序以及它与屏内元件和屏外设备连接情况的图纸，如图1-18 所示。端子排的主要作用如下：

a. 利用端子排可以迅速可靠地将电气元件连接起来。

b. 端子排可以减少导线的交叉，便于分出支路。

c. 可以在不断开二次回路的情况下，对某些元件进行试验或检修。

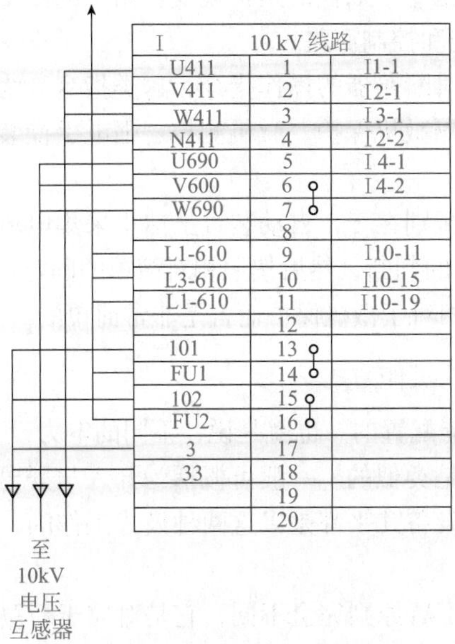

端子排图

I	10 kV 线路		
U411	1	I1-1	
V411	2	I2-1	
W411	3	I3-1	
N411	4	I2-2	
U690	5	I4-1	
V600	6	I4-2	
W690	7		
	8		
L1-610	9	I10-11	
L3-610	10	I10-15	
L1-610	11	I10-19	
	12		
101	13		
FU1	14		
102	15		
FU2	16		
3	17		
33	18		
	19		
	20		

至
10kV
电压
互感器

图 1-18　端子排图

❷ 端子排布置原则。每一个安装单位应有独立的端子排，垂直布置时，由上至下；水平布置时，由左至右，按下列回路分组顺序排列。

a. 交流电流回路（不包括自动调整励磁装置的电流回路），按每组电流互感器分组，同一保护方式的电流回路一般排在一起。

b. 交流电压回路，按每组电压互感器分组，同一保护方式的电压回路一般排在一起，其中又按数字大小排列，再按 U、V、W、N、L(A、B、C、N、L) 排列。

c. 信号回路，按预告、指挥、位置及事故信号分组。

d. 控制回路，其中又按各组熔断器分组。

e. 其他回路，其中又按远动装置、助磁保护、自动调整励磁装置、电流电压回路、远方调整及联锁回路分组，每一回路又按极性、编号和相序顺序排列。

f. 转接回路，先排列本安装单位的转接端子，再安装别的安装单位的转接端子。

· 第三节 ·

二次设备的工作方式

从功能上讲，可以将变电站自动化系统中的微机型二次设备分为微机保护、微机测控、操作箱（目前一般与微机保护整合为一台装置，以往多为独立装置）、自动装置、远动设备等。按照这种分类方法，对二次回路的分析可以更加详细，易于理解。在本书中，对微机型二次设备将一直沿用这种分类方法。

微机保护采集电流量、电压量及相关状态量数据，按照不同的算法实现对不同电力设备的保护功能，根据计算结果对目前状况做出判断并发出针对断路器的相应操作指令。

微机测控的主要功能是测量及控制，可以采集电流量、电压量和状态量，能发出针对断路器及其他电动机构的操作指令，取代的是常规变电站中的测量仪表（电流表、电压表、功率表）、就地及远动信号系统和控制回路。

操作箱用于执行各种针对断路器的操作指令，这类指令分为合闸、分闸、闭锁三种，可能来自多个方面，例如本间隔微机保护、微机测控、强电手操装置、外部微机保护、自动装置、本间隔断路器机构等。

自动装置与微机保护的区别在于，自动装置虽然也采集电流量、电压量，但只进行简单的数值比较，做"有""无"的判断，然后按照相对简单的固定逻辑动作发出针对断路器的相应操作指令。这个工作过程相对于微机保护而言是非常简单的。

1. 微机保护与微机测控的工作方式

微机保护是根据所需功能配置的。也就是说，不同的电力设备配置的微机保护是不同的，但各种微机保护的工作方式是类似的。一般可概括为开入与开出两个过程。事实上，整个变电站自动化系统的所有二次设备几乎都是以这两种模式工作的，只是开入与开出的信息类别不同而已。

微机测控与微机保护的配置原则完全不同，它是对应于断路器配置的，所以几乎所有的微机测控的功能都是一样的，区别仅在于其容量的大小而已。

如上所述，微机测控的工作方式也可以概括为开入与开出两个过程。

（1）开入 微机保护和微机测控的开入量都分为两种：模拟量和数字量。

❶ 模拟量的开入。微机保护需要采集电流和电压两种模拟量进行运算，以判断其保护对象是否发生故障。变电站配电装置中的大电流和高电压必须分别经电流互感器和电压互感器变换成小电流、低电压，才能供微机型二次设备使用。

微机测控开入的模拟量除了电流、电压外，有时还包括温度量（主变压器测温）、直流量（直流电压测量）等。微机测控开入模拟量的目的是获得数值，同时进行简单的计算以获得功率等其他电气量数值。

❷ 数字量的开入。数字量也称为开关量，它是由各种设备的辅助触点通过开/闭转换提供的，只有两种状态。对于110kV及以下电压等级的微机保护而言，微机保护外部数字量的采集一般只有闭锁条件一种，这个回路一般是电压为直流24V的弱电回路。对于220kV电压等级变电设备的微机保护，由于配置了双套保护装置，两套保护装置之间的联系较为复杂。

微机测控对数字量的采集主要包括断路器机构信号、隔离开关及接地开关状态信号等。这类信号的触发装置（即辅助开关）一般在距离主控室较远的地方，为了减少电信号在传输过程中的损失，通常采用电压为直流220V的强电回路进行传输。同时，为了避免强电系统对弱电系统的干扰，在进入微机测控单元前，需要使用光栅单元对强电信号进行隔离，转换变成弱电信号。

（2）开出 对微机保护而言，开出指的是微机保护对自身采集的信息加以运算后，对被保护设备目前状况做出判断以及针对此状况做出反应，主要包括操作指令、信号输出等反馈行为。反馈行为是指微机保护的动作永远都是被动的，即受设备故障状态激发而按照预先设定好的程序自动执行。

对微机测控而言，开出指的是对断路器及各类电动机构（隔离开关、接地开关）发出的操作指令。与微机保护不同的是，微机测控本身不会产生信号，而且其开出的操作指令也是手动行为，即人为发出的。

❶ 操作指令。一般来讲，微机保护只针对断路器发出操作指令。对线路保护而言，这类指令只有两种：跳闸或者重合闸；对主变压器保护、母线差动保护而言，这类指令只有一种：跳闸。

在某些情况下，微机保护也会对一些电动设备发出指令，如"主变压器过负荷启动风机"会对主变风冷控制箱内的风机控制回路发出启动命令；对其他微机保护或自动装置发出指令，如"母线差动保护动作闭锁线路保护重合闸""主变压器保护动作闭锁内桥备自投"等。微机保护发出的操作指令属于自动范畴。

微机测控发出的操作指令可以针对断路器和各类电动机构，这类指令也只有两种：对应断路器的跳闸、合闸或者对应电动机构的分、合。微机测控发出的操作指令属于手动范畴，也就是说，微机测控发出的操作指令必然是人为作业的结果。

❷ 信号输出。微机保护输出的信号只有两种：保护动作和重合闸动作。线路保护同时具备这两种信号，主变压器保护只输出保护动作一种信号。至于"装置断电"之类的信号属于装置自身故障，严格意义上讲不属于保护范畴。

微机测控不产生信号，但微机测控输出信号，它会将自己采集的开关量信号进行模式转换后通过网络传输给监控系统，起到单纯的转接作用。这里所说的不产生信号，是相对于微机保护的信号产生原理而言的。

2. 微机操作箱的工作方式

微机操作箱内安装的是针对断路器的操作回路，用于执行微机保护、微机测控对断路器发出的操作指令。操作箱的配置原则与微机测控是一致的，即对应于断路器，一台断路器配置且仅配置一台操作箱。一般来说，在同一电压等级中，所有类型的微机保护配套的操作箱都是一样的。在 110kV 及以下电压等级的二次设备中，由于断路器的操作回路相对简单，目前已不再设置独立的操作箱，而是将操作回路与微机保护整合在一台装置中。需要明确的是，尽管安装在一台装置中且有一定的电气联系，操作回路与微机保护回路在功能上仍然是完全独立的。

3. 自动装置的工作方式

变电站内最常见的自动装置是备自投装置和低频减载装置。自动装置的功能是为了维护整个变电站的运行，而不是像微机保护一样仅针对某一个带电间隔。例如备自投装置是为了防止全站失压而在变电站失去工作电源后自动接入备用电源，低频减载是为了防止因负荷大于电厂功率造成频率下降导致电网崩溃而按照事先设定的顺序自动切除某些负荷。

4. 微机保护、测控与操作箱的联系

对于一个含断路器的设备间隔，其二次设备系统均由三个独立部分组成：微机保护、微机测控、操作箱。这个系统的工作方式有以下三种。

❶ 在后台机上使用监控软件对断路器进行操作时，操作指令通过网络触发微机测控里的控制回路，控制回路发出的对应指令通过控制电缆到达微机保护里的操作箱，操作箱对这些指令进行处理后通过控制电缆发送到断路器机构箱内的控制回路，最终完成操作。动作流程为：微机测控—操作箱—断路器。

❷ 在微机测控屏上使用操作把手对断路器进行操作时，操作把手的控制接点与微机测控里的控制回路是并联的关系，操作把手发出的操作指令通过控制电缆到达微机保护里的操作

箱，操作箱对这些指令进行处理后，通过控制电缆发送到断路器机构箱内的控制回路，最终完成操作。使用操作把手操作也称为强电手操，它的作用是防止监控系统发生故障（如后台机死机）时无法操作断路器。所谓强电，是指断路器操作的启动回路在直流 220V 电压下完成。而使用后台机操作时，启动回路在后台机的弱电回路中。动作流程为：操作把手—操作箱—断路器。

❸ 微机保护在保护对象发生故障时，根据相应电气量计算的结果做出判断并发出相应的操作指令。操作指令通过装置内部接线到达操作箱，操作箱对这些指令进行处理后通过控制电缆发送到断路器机构箱内的控制回路，最终完成操作。动作流程为：微机保护—操作箱—断路器。

微机测控与操作把手的动作都是需要人为操作的，属于手动操作；微机保护的动作是自动进行的，属于自动操作。操作类型的区别对于某些自动装置、联锁回路的动作逻辑是重要的判断条件，将在相关的章节做专门介绍。

第二章

电力系统基础

电力系统与电力网的安全运行

一、电力系统

电能不能大量存储，电能的生产、输送和使用必须同时进行。发电厂生产的电能，除供本厂和附近的电力用户使用外，绝大部分要经升压变压器将电压升高后，再由高压输电线路送至距离很远的负荷中心去，在那里由降压变压器降压后分配到电力用户。

为了提高供电的可靠性和经济性，将各发电厂通过电力网连接起来，并联运行，组成庞大的联合动力系统。将各种类型发电厂中的发电机、升压和降压变压器、电力线路（输电线路）及各种电力用户（用电设备）联系在一起组成的统一的整体就是电力系统，用以实现完整的发电、输电、变电、配电和用电。图2-1所示为电力系统示意图。图2-2所示为从发电厂到用户的送电过程示意图。

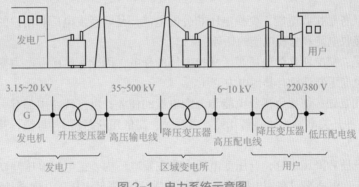

图 2-1　电力系统示意图

发电机生产的电能受发电机制造电压的限制，不能远距离输送，因此通常使发电机的电压经过升压达到 220 ～ 500kV，再通过超高压远距离输电网送往远离发电厂的区域或工业集中地区，通过那里的降压变电所将电压降到 35 ～ 110kV，然后再用 35 ～ 110kV 的高压输电线路，将电能送至工厂降压变电所（将电压降至 6 ～ 10kV 配电）或终端变电所。

常用的配电电压有 6 ～ 10kV 高压与 220/380V 低压两种。对于有些设备，如容量较大的容压机、泵与风机等采用高压电动机带动，直接由高压配电电路供电。大容量的低压电气设备需要 220/380V 电压，由配电变压器进行第二次降压来供电。

电力用户是消耗电能的场所，将电能通过用电设备转换为满足用户需求的其他形式的电能。例如，电动机将电能转换为机械能、电热设备将电能转换为热能、照明设备将电能转换为光能等。根据供电电压不同，电力用户分为：额定电压在 1kV 以上的高压用户和额定电压为 380/220V 的低压用户。

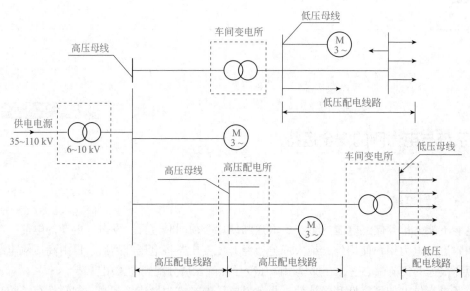

图 2-2　从发电厂到用户的送电过程示意图

电力系统中的各级电压线路及其联系的变配电所，叫作电力网，简称电网。由此可见，电网只是电力系统的一部分，它与电力系统的区别在于电网不包括发电厂和电能用户。

二、变电所与配电所

变电所的任务是接收电能、变换电压和分配电能，是联系发电厂和用户的中间环节；而配电所只担负接收电能和分配电能的任务。

两者区别是：变电所比配电所多了变换电压的任务，因此变电所有电力变压器，而配电所除了有自用电变压器外没有其他电力变压器。

两者的相同之处：都担负接收电能和分配电能的任务；电气线路中都有引入线（架空线或电缆线）、各种开关电器（如隔离开关、刀开关、高低压断路器）、母线、互感器、避雷器和引出线等。

变电所有升压和降压之分，升压变电所多建在发电厂内，把电能电压升高后，再进行长距离输送；降压变电所多设在用电区域，将高压电能适当降低电压后，向某地区或用户供电。降压变电所又可分为以下三类。

（1）**地区降压变电所**　地区降压变电所又称为一次变电站，位于一个大用电区域，如一个大城市附近，从 220 ～ 500kV 的超高压输电网或发电厂直接受电，通过变压器把电压降为 35 ～ 110kV，供给该地区或大型工厂用电。其供电范围较大，若全地区降压变电所停电，将使该地区中断供电。

（2）**终端变电所**　终端变电所又称为二次变电站，多位于用电的负荷中心，高压侧从地区降压变电所受电，通过变压器把电压降为 6 ～ 10kV，向某个市区或农村城镇供电。其供电范围较小，若全终端降压变电所停电，只使该部分用户中断供电。

（3）**工厂降压变电所及车间变电所**　工厂降压变电所又称工厂总降压变电所，与终端变电所类似，是对企业内部输送电能的中心枢纽。车间变电所接收工厂降压变电所提供的电能，将电压降为 220/380V，给车间设备直接供电。

三、电力网

电力系统中各级电压的电力线路及与其连接的变电所总称为电力网，简称电网。电力网是电力系统的一部分，是输电线路和配电线路的统称，是输送电能和分配电能的通道。电力网是把发电厂、变电所和电能用户联系起来的纽带。

电网由各种不同电压等级和不同结构的线路组成，按电压的高低可将电力网分为低压网、中压网、高压网和超高压网等。电压在 1kV 以下的称为低压网，1～10kV 的称为中压网，高于 10kV 低于 330kV 的称为高压网，330kV 及以上的称为超高压网。电网按电压高低和供电范围大小可分为区域电网和地方电网，区域电网供电范围大，电压一般在 220kV 以上；地方电网供电范围小，电压一般在 35～110kV。电网也往往按电压等级来称呼，如说 10kV 电网或 10kV 系统，就是指相互连接的整个 10kV 电压的电力线路。根据供电地区的不同，有时也将电网称为城市电网和农村电网。

四、三相交流电网和电力设备的额定电压

额定电压 U_N 通常指电气设备铭牌上标出的线电压，是指在规定条件下，保证电网、电气设备正常工作而且具有最佳经济效果的电压。电气设备都是按照指定的电压和频率设计制造的。这个指定的电压和频率称为电气设备的额定电压和额定频率，当电气设备在该电压和频率下运行时，能获得最佳的技术性能和经济效果。

为了成批生产和实现设备互换，各国都制定有标准系列的额定电压和额定频率。我国规定工业用标准额定频率为 50Hz（俗称工频）；国家标准规定，交流电力网和电力设备的额定电压等级较多，但考虑设备制造的标准化、系列化，电力系统额定电压等级不宜过多，具体规定见表 2-1。

表2-1 我国交流电力网和电力设备的额定电压 U_N

类别	电力网和用电设备额定电压	发电机额定电压	电力变压器额定电压	
			一次侧绕组	二次侧绕组
低压配电网/V	220/127 380/220	230 400	200/127 380/220	230/133 400/230
中压配电网/kV	3 6 10 —	3.15 6.3 10.5 13.8, 15.75, 18, 20	3及3.15 6及6.3 10及10.5 13.8, 15.75, 18, 20	3.15及3.3 6.3及6.6 10.5及11 —
高压配电网/kV	35 63 110 220	— — — —	35 63 110 220	38.5 69 121 242
输电网/kV	330 500 750	— — —	330 500 750	363 550 —

五、电力系统的中性点运行方式

在电力系统中，当变压器或发电机的三相绕组为星形连接时，其中性点有两种运行方式：中性点接地和中性点不接地。中性点直接接地系统常称为大电流接地系统，中性点不接地和中性点经消弧线圈（或电阻）接地的系统称为小电流接地系统。

中性点运行方式的选择主要取决于单相接地时电气设备的绝缘要求及供电可靠性。图 2-3 所示为常用的电力系统中性点运行方式，图中电容 C 为输电线路对地分布电容。

1. 中性点直接接地方式

中性点直接接地方式发生一相对地绝缘破坏时，就构成单相短路，供电中断，可靠性会降低。但是，这种方式下的非故障相对地电压不变，电气设备绝缘按相电压考虑，降低设备要求。此外，在中性点直接接地低压配电系统中，如为三相四线制供电，可提供 380V 或 220V 两种电压，供电方式更为灵活。

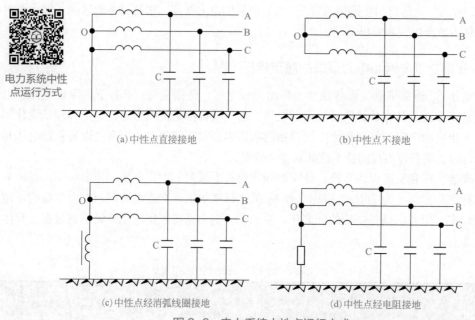

电力系统中性点运行方式

(a) 中性点直接接地 　　　　(b) 中性点不接地

(c) 中性点经消弧线圈接地 　　(d) 中性点经电阻接地

图 2-3　电力系统中性点运行方式

2. 中性点不接地方式

在正常运行时，各相对地分布电容相同，三相对地电容电流对称且其和为零，各相对地电压为相电压。这种系统中发生一相接地故障时，线间电压不变，非故障相对地电压升高到原来相电压的 $\sqrt{3}$ 倍，故障相电流增大到原来的 3 倍。因此对中性点不接地的电力系统，注意电气设备的绝缘要按照线电压来选择。

目前，在我国电力系统中，110kV 以上高压系统，为降低绝缘设备要求，多采用中性点直接接地运行方式；6 ～ 35kV 中压系统中，为提高供电可靠性，首选中性点不接地运行方式。当接地系统不能满足要求时，可采用中性点经消弧线圈或电阻接地的运行方式；低于 1kV 的低压配电系统中，考虑到单相负荷的使用，通常采用中性点直接接地的运行方式。

六、电源中性点直接接地的低压配电系统

电源中性点直接接地的三相低压配电系统中，从电源中性点引出中性线（代号 N）、保护线（代号 PE）或保护中性线（代号 PEN）。

1. 低压电力网接地形式分类及字母含义

（1）低压电力网接地形式分类 电源中性点直接接地的三相四线制低压配电系统可分成 3 类，TN 系统、TT 系统和 IT 系统。其中 TN 系统又分为 TN-S 系统、TN-C 系统和 TN-C-S 系统 3 类。

TN 系统和 TT 系统都是中性点直接接地系统，且都引出中性线（N 线），因此都称为"三相四线制系统"。但 TN 系统中的设备外露可导电部分（如电动机、变压器的外壳，高压开关柜、低压配电柜的门及框架等）均采取与公共的保护线（PE 线）或保护中性线（PEN 线）相连的保护方式，如图 2-4 所示；而 TT 系统中的设备外露可导电部分则采取经各自的 PE 线直接接地的保护方式，如图 2-5 所示。IT 系统的中性点不接地或经电阻（约 1000Ω）接地，且通常不引出中性线，因它一般为三相三线制系统，其中设备的外露可导电部分与 TT 系统一样，也是经各自的 PE 线直接接地，如图 2-6 所示。

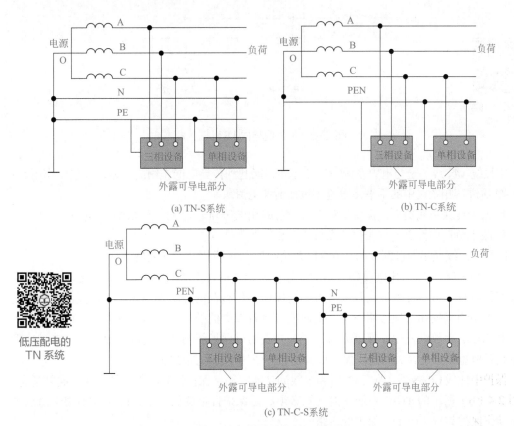

图 2-4 低压配电的 TN 系统

低压配电的
TN 系统

所谓外露可导电部分是指电气装置中能被触及的导电部分。它在正常情况时不带电，但在故障情况下可能带电，一般是指金属外壳，如高低压柜（屏）的框架、电机机座、变压器或高压多油开关的箱体及电缆的金属外护层等。装置外导电部分也称为外部导电部分。它并

不属于电气装置，但也可能引入电位（一般是地电位），如水、暖、煤气、空调等的金属管道及建筑物的金属结构。

低压配电的
TT 系统

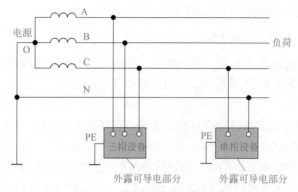

图 2-5　低压配电的 TT 系统

低压配电的
IT 系统

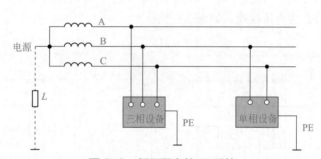

图 2-6　低压配电的 IT 系统

中性线（N 线）是与电力系统中性点相连，能起到传导电能作用的导体，其主要作用是：

❶ 通过三相系统中的不平衡电流（包括谐波电流）；

❷ 便于连接单相负载（提供单相电气设备的相电压和电流回路）及测量相电压；

❸ 减小负荷中性点电位偏移，保持 3 个相电压平衡。

因此，N 线是不容许断开的，在 TN 系统的 N 线上不得装设熔断器或开关。

保护线（PE 线）与用电设备外露的可导电部分（指在正常工作状态下不带电，在发生绝缘损坏故障时有可能带电，而且极有可能被操作人员触及的金属表面）可靠连接，其作用是在发生单相绝缘损坏对地短路时，一是使电气设备带电的外露可导电部分与大地同电位，可有效避免触电事故的发生，保证人身安全；二是通过保护线与地之间的有效连接，能迅速形成单相对地短路，使相关的低压保护设备动作，快速切除短路故障。

保护中性线（PEN 线）兼有 PE 线和 N 线的功能，用于保护性和功能性结合在一起的场合，如图 2-4（b）所示的 TN-C 系统，但首先必须满足保护性措施的要求，PEN 线不用于由剩余电流动作保护装置（RCD）保护的线路内。

（2）接地系统字母符号含义

❶ 第一个字母表示电源端与地的关系：

T——电源端有一点（一般为配电变压器低压侧中性点或发电机中性点）直接接地；

I——电源端所有带电部分均不接地，或有一点（一般为中性点）通过阻抗接地。

❷第二个字母表示电气设备（装置）正常不带电的外露可导电部分与地的关系：

T——电气设备外露可导电部分独立直接接地，此接地点与电源端接地点在电气上不相连接；

N——电气设备外露可导电部分与电源端的接点有用导线所构成的直接电气连接。

❸"-"（半横线）后面的字母表示中性导体（中性线）与保护导体的组合情况：

S——中性导体与保护导体是分开的；

C——中性导体与保护导体是合一的。

2. TN 系统

TN 系统是指在电源中性点直接接地的运行方式下，电气设备外露可导电部分用公共保护线（PE 线）或保护中性线（PEN 线）与系统中性点 O 相连接的三相低压配电系统。TN 系统又分 3 种形式。

（1）TN-S 系统　整个供电系统中，保护线 PE 与中性线 N 完全独立分开，如图 2-4（a）所示。正常情况下，PE 线中无电流通过，因此对连接 PE 线的设备不会产生电磁干扰。而且该系统可采用剩余电流保护，安全性较高。TN-S 系统现已广泛应用在对安全要求及抗电磁干扰要求较高的场所，如重要办公楼、实验楼和居民住宅楼等民用建筑。

（2）TN-C 系统　整个供电系统中，N 线与 PE 线是同一条线（也称为保护中性线 PEN，简称 PEN 线），如图 2-4（b）所示。PEN 线中可能有不平衡电流流过，因此可能对有些设备产生电磁干扰。且该系统不能采用灵敏度高的剩余电流保护来防止人员遭受电击。因此，TN-C 系统不适用于对抗电磁干扰和安全要求较高的场所。

（3)TN-C-S 系统　在供电系统中的前一部分，保护线 PE 与中性线 N 合为一根 PEN 线，构成 TN-C 系统，而后面有一部分保护线 PE 与中性线 N 分开，构成 TN-S 系统，如图 2-4(c)所示。此系统比较灵活，对安全要求及抗电磁干扰要求较高的场所采用 TN-S 系统配电，而其他场所则采用较经济的 TN-C 系统。

不难看出，在 TN 系统中，由于电气设备的外露可导电部分与 PE 线或 PEN 线连接，在发生电气设备一相绝缘损坏，造成外露可导电部分带电时，该相电源经 PE 线或 PEN 线形成单相短路回路，导致大电流的产生，引起过电流保护装置动作，切断供电电源。

3.TT 系统

TT 系统是指在电源中性点直接接地的运行方式下，电气设备的外露可导电部分与跟电源引出线无关的各自独立接地体连接后，进行直接接地的三相四线制低压配电系统，如图 2-5 所示。由于各设备的 PE 线之间无电气联系，因此相互之间无电磁干扰。此系统适用于安全要求及抗电磁干扰要求较高的场所。这种系统在国外使用较普遍，现在在我国也开始推广应用。

在 TT 系统中，若电气设备发生单相绝缘损坏，外露可导电部分带电，该相电源经接地体、大地与电源中性点形成接地短路回路，产生的单相故障电流不大，一般需设高灵敏度的接地保护装置。

4. IT 系统

IT 系统的电源中性点不接地或经电阻（约 1000Ω）接地，其中所有电气设备的外露可导电部分也都各自经 PE 线单独接地，如图 2-6 所示。此系统主要用于对供电连续性要求较高及易燃易爆的危险场所，如医院手术室、矿井下等。

七、电力负荷的分级及对供电电源的要求

负荷是指电网提供给用户的电力，负荷的大小用电气设备（发电机、变压器、电动机和线路）中通过的功率线电流来表示。

1. 电力负荷分级

电力负荷按其对供电可靠性的要求和意外中断供电所造成的损失和影响，分为一级负荷、二级负荷和三级负荷。

（1）一级负荷　一级负荷是指发生意外中断供电事故后，将造成人员伤亡或者在经济上造成重大损失，使重大设备损坏、重要产品报废，需要长时期才能恢复生产，或者在政治上造成重大不良影响等后果的电力负荷。

一级负荷电力用户的主要类型有：重要交通枢纽、重要通信枢纽、国民经济重点企业中的重大设备和连续生产线、重要宾馆、政治和外事活动中心等。

在一级负荷中，中断供电将使实时处理计算机及计算机网络正常工作中断，或中断供电后将发生中毒、爆炸和火灾等情况的负荷，以及特别重要场所不允许中断供电的负荷，应视为特别重要负荷。

（2）二级负荷　二级负荷是指发生意外中断供电事故，将在经济上造成如主要设备损坏、大量产品报废、短期无法恢复生产等较大损失，或者会影响重要单位的正常工作，或者会产生社会公共秩序混乱等后果的电力负荷。

二级负荷电力用户的主要类型有：交通枢纽、通信枢纽、重要企业的重点设备、大型影剧院及大型商场等大型公共场所。普通办公楼、高层普通住宅楼、百货商场等用户中的客梯电力负荷、主要通道照明等用电设备也为二级负荷设备。

（3）三级负荷　三级负荷是指除一、二级负荷外的其他电力负荷。三级负荷应符合发生短时意外中断供电不至于产生严重后果的特征。

2. 各级电力负荷对供电电源的要求

（1）一级负荷的供电要求　一级负荷应由两个独立电源供电，有特殊要求的一般负荷还要求其两个独立电源来自不同的地点。"独立电源"是指不受其他任一电源故障的影响，不会与其他任一电源同时发生故障的电源。两个电源分别来自不同的发电厂；两个电源分别来自不同的地区变电所；两个电源中一个来自地区变电所，另一个为自备发电机组，便可视为两个独立电源。

一级负荷中的特别重要负荷，除需满足两个独立电源供电的一般要求外，有时还需要设置应急电源。应急电源仅供该一级负荷使用，不可与其他负荷共享，并且应采取防止与正常电源之间并列运行的措施。常用的应急电源有：独立于正常电源之外的自备发电机组，独立于正常工作电源的专用供电线路，蓄电池电源，等等。

（2）二级负荷的供电要求　二级负荷的电力用户一般应当采用两台变压器或两回路供电，要求当其中任一变压器或供电回路发生故障时，另一变压器或供电回路不应同时发生故障。对于负荷较小或地区供电条件困难的且难以取得两回路的，也可由一回路 10（6）kV 及以上的专用架空线路供电。

（3）三级负荷的供电要求　三级负荷属于一般电力用户，对供电方式无特殊要求。当用户以三级负荷为主，但有少量一级负荷时，其第二电源可采用自备应急发电机组或逆变器作为一级负荷的备用电源。

供电系统及供配电线路

一、电力用户供电系统的组成

电力用户供电系统由外部电源进线、用户变配电所、高低压配电线路和用电设备组成。按供电容量的不同，电力用户可分为大型（10000kV·A 以上）、中型（1000 ～ 10000kV·A）、小型（1000kV·A 以下）。

1. 大型电力用户供电系统

大型电力用户的供电系统，采用的外部电源进线供电电压等级为 35kV 及以上，一般需要经用户总降压变电所和车间变电所两级变压。总降压变电所将进线电压降为 6 ～ 10kV 的内部高压配电电压，然后经高压配电线路引至各车间变电所，车间变电所再将电压变为 220/380V 的低压供用电设备使用。其结构如图 2-7 所示。

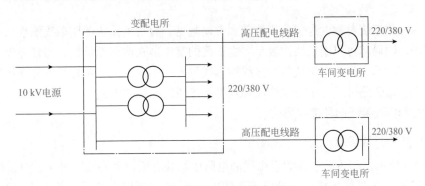

图 2-7　大型电力用户供电系统

某些厂区的环境和设备条件许可的大型电力用户，也有的采用"高压深入负荷中心"的供电方式，即 35kV 的进线电压直接一次降为 220/380V 的低电压。

2. 中型电力用户供电系统

中型电力用户一般采用 10kV 的外部电源进线供电电压，经高压配电所和 10kV 用户内部高压配电线路送电给各车间变电所，车间变电所再将电压变换成 220/380V 的低电压供用电设备使用。高压配电所通常与某个车间变电所共建，其结构如图 2-8 所示。

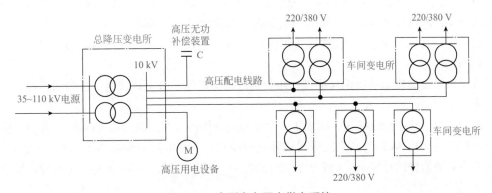

图 2-8　中型电力用户供电系统

3. 小型电力用户供电系统

一般的小型电力用户也用 10kV 外部电源进线电压，通常只设有一个相当于建筑物变电所的降压变电所，容量特别小的小型电力用户可不设变电所，采用低压 220/380V 直接进线。

二、电气主接线的基本形式

变配电所的电气主接线是以电源进线和引出线为基本环节，以母线为中间环节构成的电能输配电电路。变电所的主接线（或称一次接线、一次电路）是由各种开关设备（断路器、隔离开关等）、电力变压器、避雷器、互感器、母线、电力电缆、移相电容器等电气设备按一定次序相连的具有接收和分配电能的电路。

母线又称汇流排，它是电路中的一个电气节点，由导体构成，起着汇集电能和分配电能的作用，它将变压器输出的电能分配给各用户馈电线。

如果母线发生故障，则所有用户的供电将全部中断，因此要求母线应有足够的可靠性。

变电所主接线形式直接影响到变电所电气设备的选择、变电所的布置、系统的安全运行和保护控制等许多方面。因此，正确确定主接线的形式是建筑供电中一个不可缺少的重要环节。

考虑到三相系统对称，为了分析清楚和方便起见，通常主接线图用单线图表示。如果三相不尽相同，则局部可以用三线图表示。主接线的基本形式按有无母线，通常分为有母线接线和无母线接线两大类。有母线的主接线按母线设置的不同，又有单母线不分段接线、单母线分段接线、带旁路母线的单母线接线和双母线接线四种接线形式。无母线接线有线路—变压器组接线和桥式接线两种接线形式。

1. 单母线不分段接线

如图 2-9 所示，每条引入线和引出线的电路中都装有断路器和隔离开关，电源的引入与引出是通过同一组母线连接的。断路器（QF1、QF2）主要用来切断负荷电流或故障电流，是主接线中最主要的开关设备。隔离开关（QS）有两种：靠近母线侧的称为母线隔离开关（QS2、QS3），隔离母线电源，以便检修母线和断路器 QF1、QF2 用；靠近线路侧的称为线路隔离开关（QS1、QS4），防止在检修断路器时从用户（负荷）侧反向供电，或防止雷电过电压沿线路侵入，以保证维修人员安全。

隔离开关与断路器必须实行联锁操作，以保证隔离开关"先通后断"，不带负荷操作。如出线 1 送电时，必须先合上 QS3、QS4，再合上断路器 QF2；如停止供电，须先断开 QF2，然后再断开 QS3、QS4。

单母线接线简单，使用设备少，配电装置投资少，但可靠性、灵活性较差。当母线或母线隔离开关故障或检修时，必须断开所有回路，造成全部用户停电。

这种接线适用于单电源进线的一般中小型容量且对供电连续性要求不高的用户，电压为 6 ～ 10kV 级。

有时为了提高供电系统的可靠性，用户可以将单母线不分段接线进行适当的改进，如图 2-10 所示。

改进的单母线不分段接线，增加了一个电源进线侧的母线隔离开关（QS3），并将一段母线分为两段（W1、W2）。当某段母线故障或检修时，先将电源切断（QF1、QS1 分断），再将故障或需要检修的母线 W1（或 W2）的电源侧母线隔离开关 QS2（或 QS3）打开，使故障或需检修的母线段与电源隔离。然后，接通电源（QS1、QF1 闭合），可继续对非故障母线段 W2（或 W1）供电。这样，缩小了因母线故障或检修造成的停电范围，提高了单母线不分段接线方式供电的可靠性。

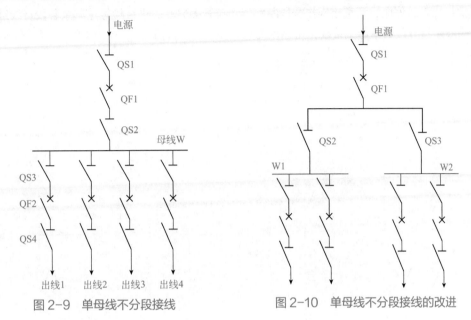

图 2-9　单母线不分段接线　　　　图 2-10　单母线不分段接线的改进

2. 单母线分段接线

当出线回路数增多且有两路电源进线时，可用隔离开关（或断路器）将母线分段，成为单母线分段接线。如图 2-11 所示，QSL（或 QFL）为分段隔离开关（或断路器）。母线分段后，可提高供电的可靠性和灵活性。在正常工作时，分段隔离开关（或断路器）可接通也可断开运行。即单母线分段接线可以分段运行，也可以并列运行。

（1）分段运行　采用分段运行时，各段相当于单母线不分段接线。各段母线之间在电气上互不影响，互相分列，母线电压按非同期（同期指的是两个电源的频率、电压幅值、电压波形、初相角完全相同）考虑。

任一路电源故障或检修时，如其余电源容量还能负担该电源的全部引出线负荷时，则可经过"倒闸操作"恢复对故障或检修部位引出线的供电，否则该电源所带的负荷将全部或部分停止运行。当任意一段母线故障或检修时，该段母线的全部负荷将停电。

单母线分段接线方式根据分段的开关设备不同，有以下几种：

❶用隔离开关分段。如图 2-11（a）所示，用隔离开关 QSL 分段的单母线接线，由于隔离开关不能带电流操作，当需要切换电源（某一电源故障停电或开关检修）时，会造成部分负荷短时停电。如母线Ⅰ的电源Ⅰ停电，需要电源Ⅱ带全部负荷时，首先将 QF1、QS2 分断，再将Ⅰ段母线各出线开关断开，然后将母线隔离开关 QSL 闭合。这时，Ⅰ段母线由电源Ⅱ供电，可分别合上该段各引出线开关恢复供电。当母线故障或检修时，则该段母线上的负荷将停电。当需要检修母线隔离开关 QS2 时，需要将两段母线上的全部负荷停电。用隔离开关分段的单母线接线方式，适用于具有由双回路供电、允许短时停电的二级负荷。

❷用负荷开关分段。其功能与特点与用隔离开关分段的单母线基本相同。

❸用断路器分段。接线如图 2-11（b）所示。分段断路器 QFL，除具有分段隔离开关的

作用外，该断路器一般都装有继电保护装置，能切断负荷电流或故障电流，还可实现自动分、合闸。当某段母线故障时，分段断路器 QFL 与电源进线断路器（QF1 或 QF2）的继电保护动作将同时切断故障母线的电源，从而保证了非故障母线正常运行。当母线检修时，也不会引起正常母线段的停电，可直接操作分段断路器，拉开隔离开关进行检修，其余各段母线继续运行。用断路器分段的单母线接线，可靠性提高。如果有后备措施，一般可以对一级负荷供电。

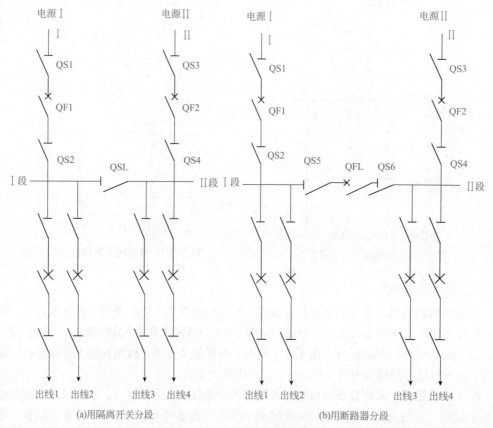

图 2-11　单母线分段接线

（2）并列运行　采用并列运行时，相当于单母线不分段接线形式。当某路电源停电或检修时，无需整个母线停电，只需断开停电或故障电源的断路器及其隔离开关，调整另外电源的负荷量，但当某段母线故障或检修时，将会引起正常母线段的短时停电。

母线可分段运行，也可不分段运行。实际运行中，一般采取分段运行的方式。

单母线分段便于分段检修母线，减小母线故障影响范围，提高了供电的可靠性和灵活性。这种接线适用于双电源进线的比较重要的负荷，电压为 6 ～ 10kV 级。

3. 带旁路母线的单母线接线

单母线分段接线，不管是用隔离开关分段还是用断路器分段，在母线检修或故障时，都避免不了使该母线的用户停电。另外，单母线接线在检修引出线断路器时，该引出线的用户必须停电（双回路供电用户除外）。为了克服这一缺点，可采用单母线加旁路母线的接线方式。

单母线带旁路母线接线方式如图 2-12 所示，增加了一条母线和一组联络用开关电器、多个线路侧隔离开关。

当对出线断路器 QF3 检修时，先闭合隔离开关 QS7、QS4、QS3，再闭合旁路母线断路器 QF2，将 QF3 断开，打开隔离开关 QS5、QS6；不需停电就可进行出线断路器 QF3 的检修，保证供电的连续性。

这种接线适用于配电线路较多、负载性质较重要的主变电所或高压配电所，运行方式灵活，检修设备时可以利用旁路母线供电，减少停电。

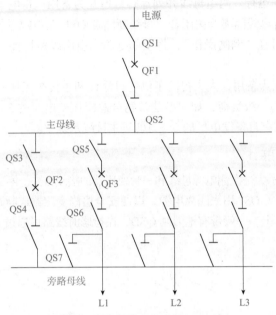

图 2-12　带旁路母线的单母线接线

4. 双母线接线

双母线接线方式如图 2-13 所示。其中，母线 W1 为工作母线，母线 W2 为备用母线，两段母线互为备用。任一电源进线回路或负荷引出线都经一个断路器和两个母线隔离开关接于双母线上，两个母线通过母线断路器 QFL 和隔离开关相连接。其工作方式可分为两种。

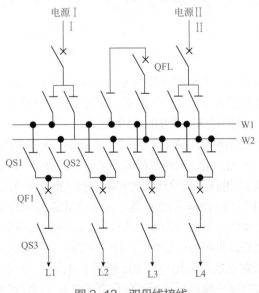

图 2-13　双母线接线

（1）两组母线分列运行 其中一组母线运行，一组母线备用，即两组母线分别为运行或备用状态。与 W1 连接的母线隔离开关闭合，与 W2 连接的母线隔离开关断开，母线断路器 QFL 在正常运行时处于断开状态，其两侧与之串联的隔离开关为闭合状态。当工作母线 W1 故障或检修时，经"倒闸操作"即可使用备用母线继续供电。

（2）两组母线并列运行 两组母线并列运行，但互为备用。将电源进线与引出线路与两组母线连接，并将所有母线隔离开关闭合，母线断路器 QFL 在正常运行时也闭合。当某组母线故障或检修时，仍可经"倒闸操作"，将全部电源和引出线路均接于另一组母线上，继续为用户供电。

由于双母线两组互为备用，大大提高了供电可靠性和主接线工作的灵活性。一般用在对供电可靠性要求很高的一级负荷，如大型建筑物群总降压变电所的 35 ～ 110kV 主接线系统中，有重要高压负荷或有自备发电厂的 6 ～ 10kV 主接线系统中。

5. 线路—变压器组接线

❶ 图 2-14（a）所示为一次侧电源进线和一台变压器的接线方式。断路器 QF1 用来切负荷或故障电流，线路隔离开关 QS1 用来隔离电源，以便安全检修变压器或断路器等电气设备。在进线的线路隔离开关 QS1 上，一般带有地刀闸 QSD，在检修时线路可通过 QSD 将线路与地短接。

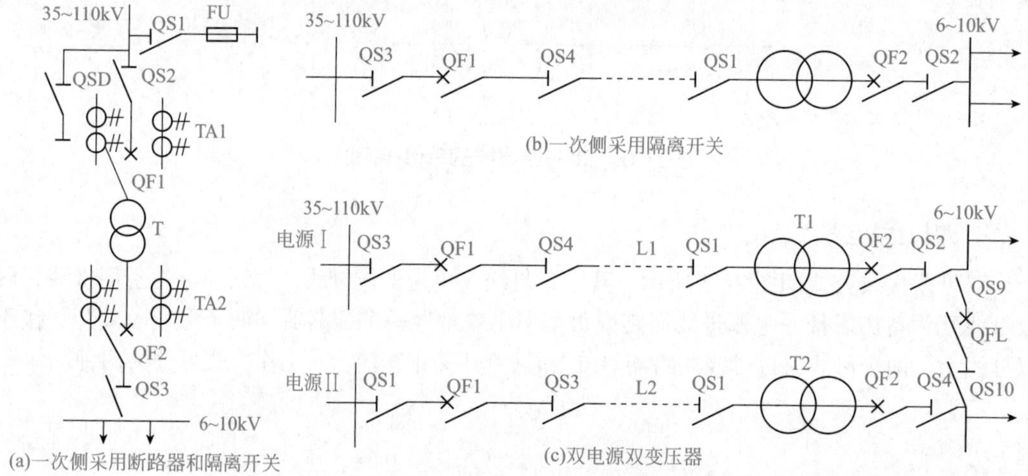

图 2-14 线路—变压器组接线

❷ 图 2-14（b）所示接线，当电源由区域变电所专线供电，且线路长度在 2 ～ 3km，变压器容量不大，系统短路容量较小时，变压器高压侧可不装设断路器，只装设隔离开关 QS1，由电源侧出线断路器 QF1 承担对变压器及其线路的保护。

若切除变压器，先切除负荷侧的断路器 QF2，再切除一次侧的隔离开关 QS1；投入变压器时，则操作顺序相反，即先合上一次侧的隔离开关 QS1，再使二次侧断路器 QF2 闭合。

利用线路隔离开关 QS1 进行空载变压器的切除和投入时，电压为 35kV 的变压器，容量限制在 1000kVA 以内；电压为 110kV 的变压器，容量限制在 3200kVA 以内。

❸ 图 2-14（c）所示接线，采用两台电力变压器，并分别由两个电源供电，二次侧母线设有自投装置，可极大地提高供电的可靠性。二次侧可以并列运行，也可分列运行。

该接线的特点是直接将电能送至用户，变压侧无用电设备，若电源线路发生故障或检修时，须停变压器；变压器故障或检修时，所有负荷全部停电。该接线方式适用于出线为二级、三级负荷，只有 1 ～ 2 台变压器的单电源或双电源进线的供电。

6. 桥式接线

对于具有双电源进线、两台变压器的终端总降压变电所，可采用桥式接线。桥式接线实质上是连接了两个 35 ～ 110kV 线路—变压器组的高压侧，其特别是有一条横连跨桥的"桥"。桥式接线比单母线分段接线结构简单，减少了断路器的数量，二路电源进线只采用 3 台断路器就可实现电源的互为备用。根据跨接桥横连位置的不同，分内桥接线和外桥接线。

（1）内桥接线　图 2-15（a）为内桥接线，跨接桥接在进线断路器之下，即靠近变压器侧，桥断路器（QF3）装在线路断路器（QF1、QF2）之内，变压器高压侧仅装隔离开关，不装断路器。采用内桥接线可以提高输电线路运行方式的灵活性。

如果电源进线 I 失电或检修时，先将 QF1 和 QS3 断开，然后合上 QF3（其两侧的 QS7、QS8 应先合上），即可使两台主变压器 T1、T2 均由电源进线 II 供电，操作比较简单。如果要停用变压器 T1，则需先断开 QF1、QF3 及 QF4，然后断开 QS5、QS9，再合上 QF1 和 QF3，使主变压器 T2 仍可由两路电源进线供电。

内桥接线适用于：变电所对一级、二级负荷供电；电源线路较长；变电所跨接桥没有电源线之间的穿越功率；负荷曲线较平衡，主变压器不经常退出工作；终端型总降压变电所等场合。

（2）外桥接线　图 2-15（b）为外桥接线，跨接桥接在进线断路器之上，即靠近线路侧，桥断路器（QF3）装在变压器断路器（QF1、QF2）之外，进线回路仅装隔离开关，不装断路器。

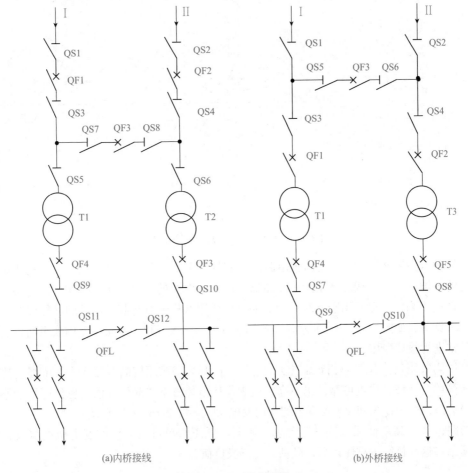

(a)内桥接线　　　　　　　　(b)外桥接线

图 2-15　桥式接线

如果电源进线Ⅰ失电或检修时，需断开 QF1、QF3，然后断开 QS1，再合上 QF1、QF3，使两台主变压器 T1、T2 均由电源进线Ⅱ供电。如果要停用变压器 T1，只要断开 QF1、QF4 即可；如果要停用变压器 T2，只要断开 QF2、QF5 即可。

外桥接线适用于：变压所对一级、二级负荷供电；电源线路较短；允许变电所高压进线之间有较稳定的穿越功率；负荷曲线变化大，主变压器需要经常操作；中间型总降压变电所，易于构成环网等场合。

三、变电所的主接线

高压侧采用电源进线经过跌落式熔断器接入变压器。结构简单经济，供电可靠性不高，一般只用于 630kV·A 及以下容量的露天的变电所，对不重要的三级负荷供电，如图 2-16（a）所示。

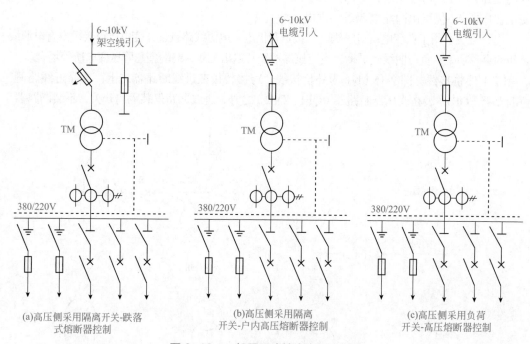

(a)高压侧采用隔离开关-跌落式熔断器控制　　(b)高压侧采用隔离开关-户内高压熔断器控制　　(c)高压侧采用负荷开关-高压熔断器控制

图 2-16　一般民用建筑变电所主接线

高压侧采用隔离开关 - 户内高压熔断器控制的变电所，通过隔离开关和户内高压熔断器接入进线电缆。这种接线由于采用了断路器，因此变电所的停电、送电操作灵活方便，但供电可靠性仍不高，一般只用于三级负荷。如果变压器低压侧有与其他电源的联络线时，则可用于二级负荷，如图 2-16（b）所示，一般用于 320kV·A 及以下容量的室内变电所，且变压器不经常进行投切操作。

高压侧采用负荷开关 - 熔断器控制，通过负荷开关和高压熔断器接入进线电缆。这种接线结构简单、经济，供电可靠性仍不高，但操作比上述方案要简便灵活，也只适用于不重要的三级负荷，容量在 320kV·A 以上的室内变电所，如图 2-16（c）所示。

两路进线、高压侧无母线、两台主变压器、低压侧单母线分段的变电所主接线，如图 2-17 所示。这种接线可靠性较高，可供二、三级负荷。

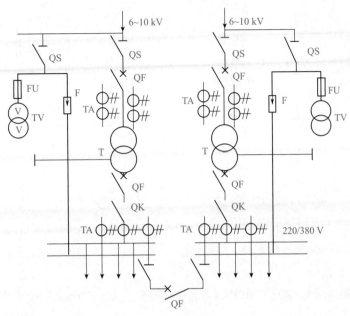

图 2-17　两路进线、高压侧无母线、两台主变压器、低压侧单母线分段的变电所主接线

一路进线、高压侧单母线、两台主变压器、低压侧单母线分段的变电所主接线，如图 2-18 所示。这种接线可靠性也较高，可供二、三级负荷。

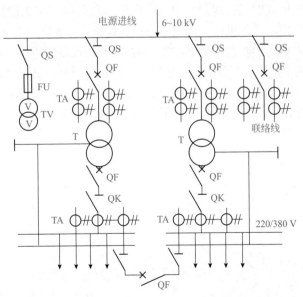

图 2-18　一路进线、高压侧单母线、两台主变压器、低压侧单母线分段的变电所主接线

两路进线、高压侧单母线分段、两台主变压器、低压侧单母线分段的变电所主接线，如图 2-19 所示。这种接线可靠性高，可供一、二级负荷。

图 2-19　两路进线、高压侧单母线、两台主变压器、低压侧单母线分段的变电所主接线

四、供配电线路的接线方式

1. 高压供配电线路的接线方式

高压供配电线路的接线方式有放射式、树干式及环式。

（1）放射式　高压放射式接线是指由变配电所高压母线上引出的任一回线路，只直接向一个充电所或高压用电设备供电，沿线不分接其他负荷，如图 2-20（a）所示。这种接线方式简单、操作维护方便，便于实现自动化；但高压开关设备用得多，投资高，线路故障或检修时，由该线路供电的负荷要停电。为提高可靠性，根据具体情况可增加备用线路，如图 2-20（b）所示为采用双回路放射式线路供电，如图 2-20（c）所示为采用公共备用干线的发射式供电线路，如图 2-20（d）所示为采用低压联络线供电线路，都可以增加供电的可靠性。

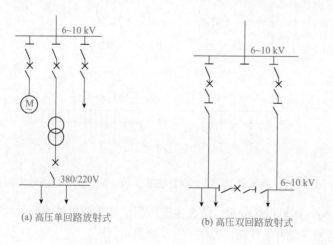

(a) 高压单回路放射式　　　　　　(b) 高压双回路放射式

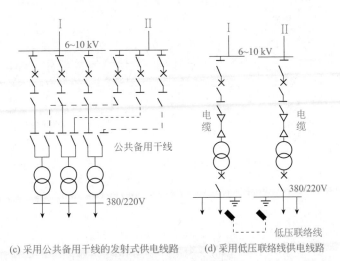

(c) 采用公共备用干线的发射式供电线路　(d) 采用低压联络线供电线路

图2-20 高压放射式接线

（2）**树干式**　高压树干式接线是指由建筑群变配电所高压母线上引出的每路高压配电干线上，沿线要分别连接若干个建筑物变电所用电设备或负荷点的接线方式，如图2-21（a）所示。这种接线从变配电所引出的线路少，高压开关设备相应用得少。配电干线少可以节约有色金属，但供电可靠性差，干线检修将引起干线上的全部用户停电。所以，一般干线上连接的变压器不得超过5台，总容量不应大于3000kV·A。为提高供电可靠性，同样可采用增加备用线路的方法。图2-21（b）为采用两端电源供电的单回路树干式供电，若一侧干线发生故障，还可采用另一侧干线供电。另外，不可采用树干式供电和带单独公共备用线路的树干式供电来提高供电可靠性。

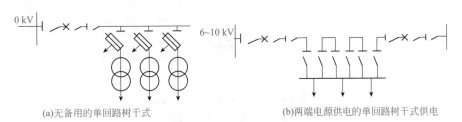

(a)无备用的单回路树干式　　　　　　　(b)两端电源供电的单回路树干式供电

图2-21 高压树干式接线

（3）**环式**　对建筑供电系统而言，高压环式接线其实是树干式接线的改进，如图2-22所示，两路树干式线路边连接起来就构成了环式接线。这种接线运行灵活，供电可靠性高。当干线上任何地方发生故障时，只要找出故障段，拉开其两侧的隔离开关，把故障段切除后，全部线路可以恢复供电。由于闭环运行时继电保护整定比较复杂，因此正常运行时一般均采用开环运行方式。

以上简单分析了3种基本接线方式的优缺点，实际上，建筑高压配电系统的接线方式往往是几种接线方式的组合，究竟采用什么接线方式，应根据具体情况，经技术经济综合比较后才能确定。

2. 低压配电线路的接线方式

低压配电线路的基本接线方式也可分为放射式、树干式和环式3种。

（1）**放射式**　低压放射式接线如图2-23所示，由变配电所低压配电屏供电给主配电箱，

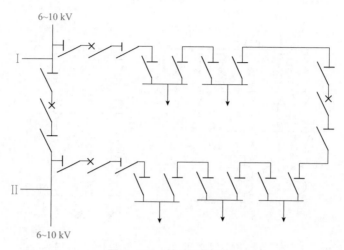

图 2-22 高压环式接线

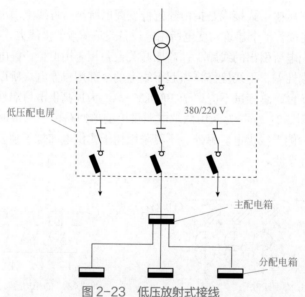

图 2-23 低压放射式接线

再呈放射式分配至分配电箱。由于每个配电箱由单独的线路供电，这种接线方式供电可靠性较高，所用开关设备及配电线路也较多，因此，多用于用电设备容量大，负荷性质重要，建筑物内负荷排列不整齐及有爆炸危险的厂房等场合。

（2）**树干式** 低压树干式接线主要供电给用电容量较小且分布均匀的用电设备。这种接线方式引出的配电干线较少，采用的开关设备自然较少，但干线出现故障就会使所连接的用电设备受到影响，供电可靠性较差。图 2-24 所示为几种树干式接线方式。图中，链式接线适用于用电设备距离近，容量小（总容量不超过 10kW），台数约 3 ~ 5 台的情况。变压器—干线式接线方式的二次侧引出线经过负荷开关（或隔离开关）直接引至建筑物内，省去了变电所的低压侧配电装置，简化了变电所结构，减少了投资。

（3）**环式** 建筑群内各建筑物变电所的低压侧，可以通过低压联络线连接起来，构成一个环，如图 2-25 所示。这种接线方式供电可靠性高，一般线路故障或检修只是引起短时停电或不停电，经切换操作后就可恢复供电。环式接线保护装置整定配合比较复杂，因此低压环式供电多采用开环运行。

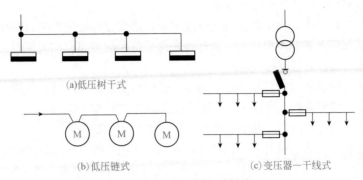

(a)低压树干式

(b)低压链式　　　(c)变压器—干线式

图2-24 低压树干式接线

实际工厂低压配电系统的接线，也往往是上述几种接线方式的组合，可根据具体实际情况而定。

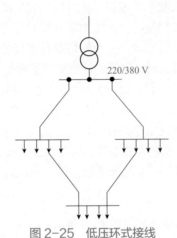

220/380 V

图2-25 低压环式接线

五、识读电气主电路图

1. 电气主电路图的绘制特点

电气主电路图中的电气设备、元件，如电源进线、变压器、隔离开关、断路器、熔断器、避雷器等都垂直绘制，而母线则水平绘制。

电气主电路图，除特殊情况外，几乎无一例外地画成单线图，并以母线为核心将各个项目（如电源、负载、开关电器、电线电缆等）联系在一起。

母线的上方为电源进线，电源的进线如果以出线的形式送至母线，则将此电源进线引至图的下方，然后用转折线接至开关柜，再接到母线上。母线的下方为出线，一般都是经过配电屏中的开关设备和电线电缆送至负载的。

为了监测、控制主电路设备，母线上接有电压互感器，进线和出线上均串接在电流互感器。为了了解同压侧的三相电压情况及有无单相接地故障，应装设 $Y_0/Y_0/\triangle$ 型接线的电压互感器。如果只要了解三相电压情况或计量三相电能，则可装设 V/V 型接线的电压互感器。为了了解各条线路的三相负荷情况及实现相间短路保护，高压侧应在 L1、L3 两相装设电流互感器；低压侧总出线及照明出线由于三相负荷可能不均衡，应在三相装设电流互感器，而低压动力回路则可只在一相装设电流互感器。

在分系统主电路图中，为了较详细地描述对象，通常应标注主要项目的技术数据。技术数据的表示方法采用两种基本形式：一是标注在图形符号的旁边，如变压器、发电机等；二是以表格的形式给出，如各种开关设备等。

为了突出系统的功能，供使用、维修参考，图中标注了有关的设计参数，如系统的设备容量、计算容量、需要系数、计算电流，以及各路出线的安装功率、计算功率、电压损失等。这些是图样所表达的主要内容，也是这类主电路图重要特色之一。

（1）**安装容量**　安装容量是某一供电系统或某一供电干线上所安装的用电设备（包括暂时停止不用的设备，但不包括备用设备）铭牌上所标定的容量之和，单位是 kW 或 kV・A。安装容量又称设备容量，符号为 P_S（计算负荷）或 S_S。

（2）**计算容量**　某一系统或某一干线上虽然安装了许多用电设备，但这些设备不一定满载运行，也不一定同时都在工作，还有一些设备的工作是短暂的或间断式的，各种电气设备的功率因数也不相同，因此，在配电系统中，运行的实际负荷并不等于所有电气设备的额定负荷之和，即不能完全根据安装容量的大小来确定导线和开关设备的规格及保护整定值。因此，在进行变配电系统设计时，必须确定一个假想负荷来代替运行中的实际负荷，从而进行选择电气设备和导体。通常采用 30min 内最大负荷所产生的温度来选择电气设备。实践表明，将导体持续发热 30min 的负荷值绘制成负荷大小与时间关系的负荷曲线，其中的负荷最大值称为计算容量，用 P_{JS}、S_{JS}、Q_{JS} 表示。其相应的电流称为计算电流，用符号 I_{JS} 表示。

（3）**需要系数**　计算容量的确定是一项比较复杂的统计工作。统计的方法很多，通常采用比较简单的需要系数法确定。所谓需要系数，就是考虑了设备是否满负荷、是否同时运行，以及设备工作效率等因素而确定的一个综合系数，以 K_X 表示，显然 K_X 是小于 1 的数。

2. 电流互感器的接线方案

在电气主电路中电流互感器的画法如图 2-26 所示。

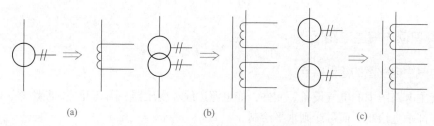

(a)　　　　　　　　(b)　　　　　　　　(c)

图2-26　电气主电路中电流互感器的画法

电流互感器在三相电路中常见有 4 种接线方案，如图 2-27 所示。

❶ 一相式接线，如图 2-27（a）所示。这种接线在二次侧电流线圈中通过的电流，反映一次电路对应相的电流。这种接线通常用于负荷平衡的三相电路，供测量电流和接过负荷保护装置用。

❷ 两相电流接线（两相 V 形接地），如图 2-27（b）所示。这种接线也叫两相不完全星形接线，电流互感器通常接于 L1、L3 相上，流过二次侧电流线圈的电流，反映一次电路对应相的电流，而流过公共电流线圈的电流为 $I_1+I_3=-I_2$，它反映了一次电路 L2 相的电流。这种接线广泛应用于 6 ～ 10kV 高压线路中，测量三相电能、电流和作过负荷保护用。

❸ 两相电流差接线，如图 2-27（c）所示。这种接线也常把电流互感器接于 L1、L3 相，在三相短路对称时流过二次侧电流线圈的电流为 $I=I_1-I_3$，其值为相电流的 $\sqrt{3}$ 倍。这种接线在不同短路故障下，反映到二次侧电流线圈的电流各自不同，因此对不同的短路故障具有不同的灵敏度。这种接线主要用于 6 ～ 10kV 高压电路中的过电流保护。

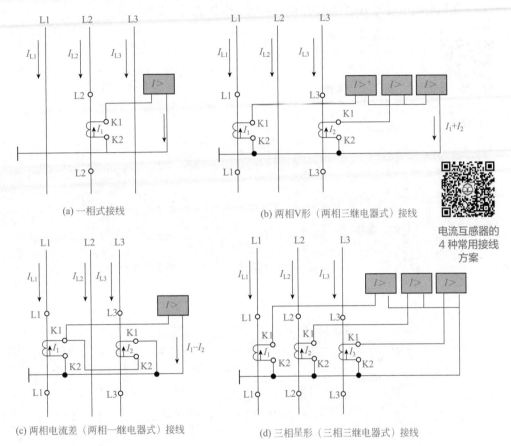

电流互感器的
4 种常用接线
方案

图 2-27　电流互感器的 4 种常用接线方案

❹ 三相星形接线，如图 2-27（d）所示。这种接线流过二次侧电流线圈的电流分别对应主电路的三相电流，它广泛用于负荷不平衡的三相四线制系统和三相三线制系统中，用于电能、电流的测量及过电流保护。

3. 电压互感器的接线方案

电压互感器在三相电路中常见的接线方案有 4 种，如图 2-28 所示。

❶ 一个单相电压互感器的接线，如图 2-28（a）所示。仪表、继电器接于三相电路的一个线电压上。

❷ 两个单相电压互感器接线，如图 2-28（b）所示。仪表、继电器接于三相三线制电路的各个线电压上，它广泛地应用在 6 ～ 10kV 高压配电装置中。

❸ 三个单相电压互感器接线（Y_0/Y_0 型），如图 2-28(c)所示。供电给要求相电压的仪表、继电器，并供电给接相电压的绝缘监察电压表。小电流接地的电力系统在发生单相接地故障时，另外两个完好相的对地电压要升高到线电压（$\sqrt{3}$ 倍相电压），因此绝缘监察电压表不能接入按相电压选择的电压表，否则在一次电路发生单相接地时，电压表可能被烧坏。

❹ 三个单相三绕组电压互感器或一个三相五柱式三绕组电压互感器接成 $Y_0/Y_0/\triangle$（开口三角形）型，如图 2-28（d）所示。接成 Y_0 的二次绕组，供电给需相电压的仪表、继电器及作为绝缘监察的电压表，而接成开口三角形的辅助二次绕组，供电给用作绝缘监察的电压继电器。一次电路正常工作时，开口三角形（△）两端的电压接近于无序，当某一相接地时，开口三角形两端出现近 100V 的零序电压，供继电器使用，发出信号。

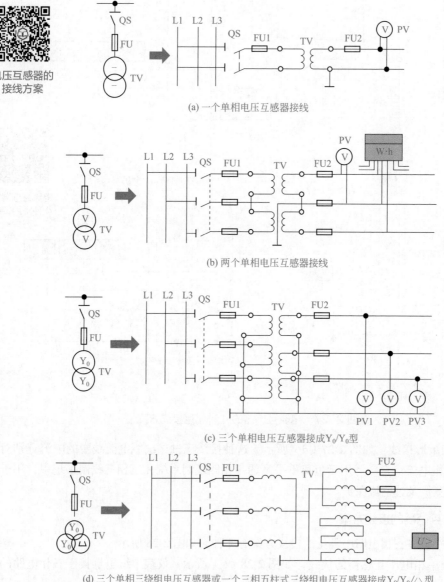

电压互感器的接线方案

(a) 一个单相电压互感器接线

(b) 两个单相电压互感器接线

(c) 三个单相电压互感器接成 Y_0/Y_0 型

(d) 三个单相三绕组电压互感器或一个三相五柱式三绕组电压互感器接成 $Y_0/Y_0/\triangle$ 型

图 2-28　电压互感器的接线方案

4. 变电所主电路图的两种基本绘制方式——系统式主电路图和装置式主电路图

系统式主电路图按照电能输送和分配的顺序用规定的图形符号和文字符号来表示设备的相互连接关系，表示出了高压、低压开关柜相互连接关系。这种主电路图全面、系统，但未标出具体安装位置，不能反映出其成套装置之间的相互排列位置，如图 2-29 所示，这种图主要在设计过程中，进行分析、计算和选择电气设备时使用，在运行中的变电所值班室中，作为模拟演示供配电系统运行状况用。

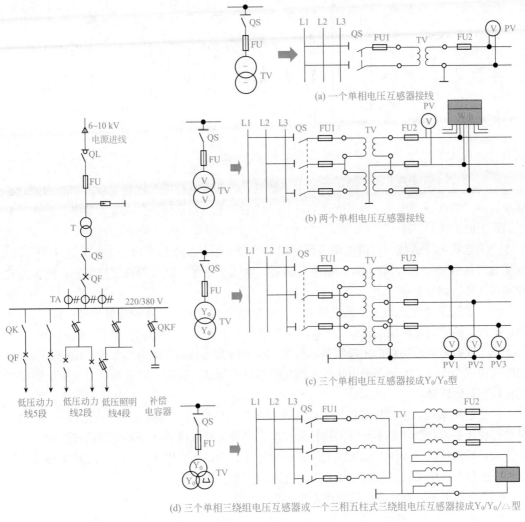

(a) 一个单相电压互感器接线

(b) 两个单相电压互感器接线

(c) 三个单相电压互感器接成Y_0/Y_0型

(d) 三个单相三绕组电压互感器或一个三相五柱式三绕组电压互感器接成$Y_0/Y_0/\triangle$型

图 2-29 系统式主电路图

在工程设计的施工设计阶段和安装施工阶段，通常需要把主电路图转换成另外一种形式，即按高压或低压配电装置之间的相互连接和排列位置而画出的主接线图，称为装置式主电路图，各成套装置的内部设备的接线以及成套装置之间的相互连接和排列位置一目了然，这样才能便于成套配电装置订货采购和安装施工。以系统式主电路图（图 2-29）为例，经过转换，可以得出如图 2-30 所示的装置式主电路图。

5. 识读电气主电路图的方法

当你拿到一张图纸时，若看到有母线，就知道它是变配电所的主电路图。然后，再看看是否有电力变压器，若有电力变压器就是变电所的主电路图，若无则是配电所的主电路图。但是不管是变电所的还是配电所的主电路图，它们的分析（识图）方法一样，都是从电源进线开始，按照电能流动的方向进行识图。

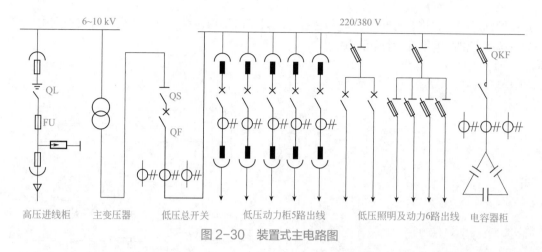

图 2-30　装置式主电路图

电气主电路图是变电所、配电所的主要图纸，有些主电路图又比较复杂，要能读懂它必须掌握一定的读图方法。一般从变压器开始，然后向上、向下读图。向上识读电源进线，向下识读配电出线。

（1）查看电源进线　看清电源进线回路的个数、编号、电压等级、进线方式（架空线、电缆及其规格型号）、计算方式、电流互感器、电压互感器和仪表规格型号数量、防雷方式和避雷器规格型号数量。

（2）了解主变压器的主要技术数据　这些技术数据（主变压器的规格型号、额定容量、额定电压、额定电流和额定频率）一般都标在电气主电路图中，也有另列在设备表内的。

（3）明确各电压等级的主接线基本形式　变电所都有二或三级电压等级，识读电气主电路图时应逐个阅读，明确各个电压等级的主接线基本形式，这样，对复杂的电气主电路图就能比较容易地读懂。

对变电所来说，主变压器高压侧的进线是电源，因此要先看高压侧的主接线基本形式，是单母线还是双母线，是不分段的还是分段的，是带旁路母线的还是不带旁路母线的；是不是桥式，是内桥还是外桥。如果主变压器有中压侧，则最后看中压侧的主接线基本形式，其思考方法与看高压侧的相同。还要了解母线的规格型号。

（4）了解开关、互感器、避雷器等设备配置情况

❶ 电源进线开关的规格型号及数量、进线柜的规格型号及台数、高压侧联络开关规格型号。

❷ 低压侧联络开关（柜）规格型号。

❸ 低压出线开关（柜）的规格型号及台数；回路个数、用途及编号；计量方式及表计；有无直控电动机或设备及其规格型号、台数、启动方法、导线电缆规格型号。

❹ 对主变压器、线路和母线等，与电源有联系的各侧都应配置有断路器，当它们发生故障时，就能迅速切除故障。

❺ 断路器两侧一般都应该配置隔离开关，且刀片端不应与电源相连接。

❻ 了解互感器、避雷器配置情况。

（5）了解电容补偿装置和自备发电设备或 UPS 的配置情况　了解有无自备发电设备或UPS，其规格型号、容量与系统连接方式及切换方式，切换开关及线路的规格型号、计量方式及仪表，电容补偿装置的规格型号及容量、切换方式及切换装置的规格型号。

六、识图实例

1. 有两台主变压器的降压变电所的主电路

电路如图 2-31 所示，该变电所的负荷主要是地区性负荷。变电所 110kV 侧为外桥接线，10kV 侧采用单母线分段接线。这种接线要求 10kV 各段母线上的负荷分配大致相等。

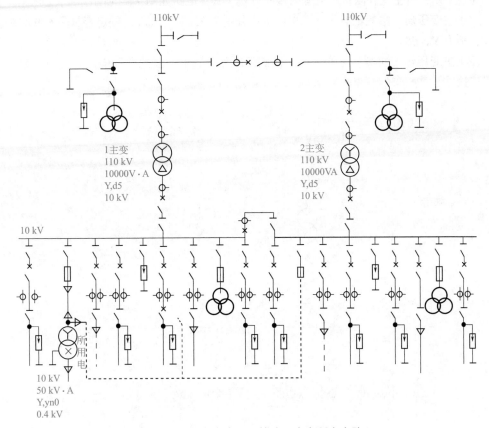

图 2-31　两台主变压器的降压变电所主电路

（1）**主变压器**　1# 主变压器与 2# 主变压器的一、二次侧电压分别为 110kV、10kV，其容量都是 10000V·A，而且两台主变压器的接线组别也相同，都为 Y，d5 接线。主电路图一般都画成单线图，局部地方可画成多线图。由这些情况得知，这两台主变压器既可单独运行也可并列运行。电源进线为 110kV。

（2）**110kV 电源入口**　在 110kV 电源入口处，都有避雷器、电压互感器和接地隔离开关（俗称接地刀闸），供保护、计量和检修之用。

（3）**主变压器的二次侧**　两台主变压器的二次侧出线各经电流互感器、断路器和隔离开关，分别与两段 10kV 母线相连。这两段母线由母线联络开关（由两个隔离开关和一个断路器组成）进行联络。正常运行时，母线联络开关处于断开状态，各段母线分别由各自主变压器供电。当一台主变压器检修时，接通母线联络开关，于是两段母线合成一段，由另一台主变压器供电，从而保证不间断地向用户供电。

（4）**配电出线**　在每段母上接有 4 条架空配电线路和 2 条电缆配电线路。在每条架空配电线路上都接有避雷器，以防线路对地击穿损坏。变电所用电由所用变压器供给，这是一台容量为 50kV·A，接线组别为 Y，yn0 的三相变压器，它可由 10kV 两段母线双向受电，以提高用电的可靠性。此外，在两段母线上还各接有电压互感器和避雷器作为计量和防雷保护用。

2.有一台主变附备用电源的降压变电所主电路

对不太重要、允许短时间停电的负荷供电时，为使变电所接线简单，节省电气元件和投资，往往采用一台主变并附备用电源的接线方式，其主电路如图2-32所示。

（1）主变压器　主变压器一、二次侧电压分别为35kV、10kV，额定容量为6300kV·A，接线组别为Y，d5。

（2）主变压器一次侧　主变压器一次侧经断路器、电流互感器和隔离开关与35kV架空线路连接。

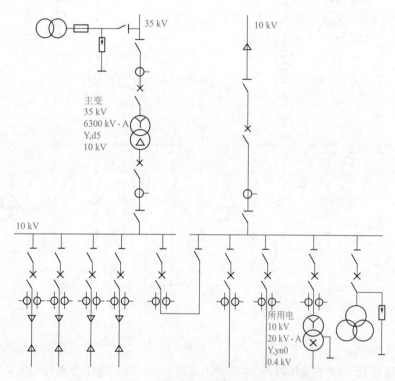

图2-32　一台主变附备用电源的变电所主电路

（3）主变压器二次侧　主变压器二次侧出口经断路器、电流互感器和隔离开关与10kV母线连接。

（4）备用电源　为防止35kV架空线路停电，备有一条10kV电缆电源线路，该电缆经终端电缆头变换成三相架空线路，经隔离开关、断路器、电流互感器和隔离开关也与10kV母线连接。正常供电时，只使用35kV电源，备用电源不投入；当35kV电源停用时，方投入备用电源。

（5）配电出线　10kV母线分成两段，中间经母线联络开关联络。正常运行时，母线联络开关接通，两段母线共同向6个用户供电。同时，还通过一台20kV·A三相变压器向变电所供电。此外，母线上还接电压互感器和避雷器，用作测量和防雷保护，电压互感器三相户内式，由辅助二次线圈接成开口三角形。

3. 组合式成套变电所

组合式成套变电所又叫箱式变电所（站），其各个单元部分都是由制造厂成套供应，便于在现场组合安装。组合式成套变电所不需建造变压器室和高、低压配电室，并且易于深入负荷中心。图 2-33 所示为 XZN-1 型户内组合式成套变电所的高、低压主电路图。

其电气设备分为高压开关柜、变压器柜和低压柜 3 部分。高压开关柜采用 CFC-10A 型手车式高压开关柜，在手车上装有 N4-10C 型真空断路器；变压器柜主要装配 SCL 型环氧树脂浇注干式变压器，防护工可拆装结构，变压器装有滚轮，便于取出检修；低压柜采用 BFC-10A 型抽屉式低压配电柜，主要装配 ME 型低压断路器等。

4. 低压配电线路

低压配电线路一般是指从低压母线或总配电箱（盘）送到各低压配电箱的低电线路。图 2-34 所示为低压配电线路。电源进线规格型号为 BBX-500，$3 \times 95+1 \times 50$，这种线为橡胶绝缘铜芯线，三根相线截面积为 $95mm^2$，一根零线的截面积 $50mm^2$。电源进线先经隔离开关，用三相电流互感器测量三相负荷电流，再经断路器作短路和过载保护，最后接到低压母线，在低压母线排上接有若干个低压开关柜，可根据其使用电源的要求分类设置开关柜。

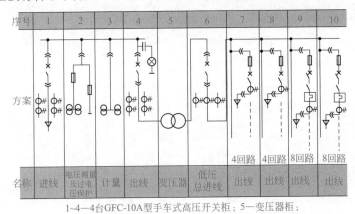

1~4—4台GFC-10A型手车式高压开关柜；5—变压器柜；
6—低压总过线柜；7~10—4台BFC-10A型抽屉式低压柜

图 2-33 XZN-1 型户内组合式成套变电所的高、低压主电路

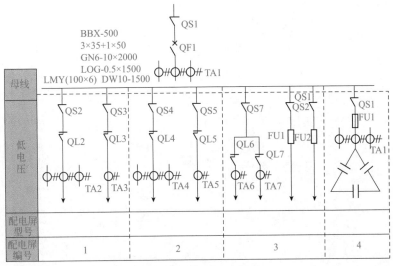

图 2-34 低压配电线路

该线路采用放射式供电系统，从低压母线上引出若干条支路直接接支路配电箱（盘）或用户设备配电，沿线不再接其他负荷，各支路间无联系。这种供电方式线路简单，检修方便，适合于负荷较分散的系统。

母线上方是电源及进线。380/220V 三相四线制电源，经隔离开关 QS1、断路器 QF1 送至低压母线。QF1 用作短路与过载保护。三相电流互感器 TA1 用于测量三相负荷电流。

在低压母线排上接有若干个低压开关柜，在配电回路上都接有隔离开关、断路器或负荷开关，作为负荷的控制和保护装置。

高压隔离开关

一、高压隔离开关结构

　　常用的高压隔离开关有 GN19-10、GN19-10C，相对应类似的老产品有 GN 6-10、GN 8-10。以 GN 6-10T 为例讲解其结构，如图 3-1 所示，主要有下述部分。

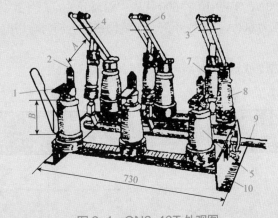

图 3-1　GN6-10T 外观图

1—连接板；2—静触头；3—接触条；4—夹紧弹簧；5—套管瓷瓶；
6—镀锌钢片；7—传动绝缘；8—支持瓷瓶；9—传动主轴；10—底架

1. 导电部分

　　由一条弯成直角的铜板构成静触头（零件 2），其有孔的一端可通过螺钉和母线相连接，叫连接板（零件 1），另一端较短，合闸时它与动力片（动触头）相接触。

　　两条铜板组成接触条（零件 3），又称为动触头，可绕轴转动一定的角度，合闸时它吸合静触头。两条铜板之间有夹紧弹簧（零件4）用以调节动、静触头间的接触压力，同时两条铜板在流过相同方向的电流时，它们之间产生相互吸引的电磁力，这就增大了接触压力，提高了运行可靠性。在接触条两端安装有镀锌钢片（零件6）叫磁锁，它保证在流过短路故障电流时，磁锁磁化后产生相互吸引的力量，加强触头的接触压力，提高隔离开关的动、热稳定性。

2. 绝缘部分

动、静触头分别固定在支持瓷瓶（零件8）或套管瓷瓶（零件5）上。为了使动触头与金属的、接地的传动部分绝缘，采用了瓷质绝缘的拉杆绝缘子（零件7）。

3. 传动部分

传动部分有主轴、拐臂、拉杆绝缘子等。

4. 底座部分

底座部分由钢架组成。支持瓷瓶或套管瓷瓶以及传动主轴都固定在底座上。底座应接地。

总之，隔离开关结构简单，无灭弧装置，处于断开位置时有明显的断开点，其分、合状态很直观。

二、高压隔离开关的型号及技术数据

隔离开关的型号，如GN6-10T/400，由六个部分组成。从左至右：第一位，是代表该设备的名称，G代表隔离开关；第二位，是代表该设备的使用环境，W代表户外，N代表户内；第三位，是设计序号，有6、8、19等；横杠后的为第四位，代表工作电压等级，以kV为单位，工作电压等级用数字表示；第五位，表示其他特征，G—改进型，T—统一设计，D—带接地刀闸，K—快分式，C—套管出线；第六位，是额定电流，以A为单位。

例如，GN19-10C/400表示：隔离开关，户内式，设计序号为19，工作电压为10kV，套管出线，额定电流为400A。GW9-10／600代表：隔离开关，户外式，设计序号为9，工作电压为10kV，额定电流为600A。这种开关一般装设在供电部门与用电单位的分界杆上，称为第一断路隔离开关。

隔离开关的技术数据，见表3-1。

表3-1　常用高压隔离开关主要技术数据

型号	额定电压/kV	额定电流/kA	极限通过电流/kA		5s热稳定电流/kA
			峰值	有效值	
GN6-10T/400 GN8-10T/400	10	400	52	30	14
GN19-10/400 GN19-10C/400	10	400	52	30	20
GW1-10/400	10	400	25	15	14
GW9-10/400	10	400	25	15	14

三、高压隔离开关的性能

隔离开关没有灭弧装置，不可以带负荷进行操作。

对于10kV的隔离开关，在正常情况下，它允许的操作范围是：

❶ 分、合母线的充电电流。

❷ 分、合电压互感器和避雷器。

❸ 分、合一定容量的变压器或一定长度的架空线、电缆线路的空载电流（详见有关的运行规程）。

四、高压隔离开关的用途

户外型的，包括单极隔离开关以及三极隔离开关，常用作把供电线路与用户分开的第一断路隔离开关。户内型的，往往与高压断路器串联连接，配套使用，用以保证停电的可靠性。

此外，在高压成套配电设备装置中，隔离开关往往用作电压互感器、避雷器、配电所用变压器及计量柜的高压控制电器。

五、高压隔离开关的安装

户外型的隔离开关，露天安装时应水平安装，使带有瓷裙的支持瓷瓶能起到防雨作用；户内型的隔离开关，在垂直安装时，静触头在上方，带有套管的可以倾斜一定角度安装。一般情况下，静触头接电源，动触头接负荷，但安装在受电柜里的隔离开关，采用电缆进线时，则电源在动触头侧，这种接法俗称"倒进火"。

隔离开关两侧与母线及电缆的连接应牢固，如有铜、铝导体，接触时，应采用铜铝过渡接头，以防电化学腐蚀。

隔离开关的动、静触头应对准，否则合闸时就会出现旁击现象，合闸后动、静触头接触面压力不均匀，会造成接触不良。

隔离开关的操作机构、传动机械应调整好，使分、合闸操作能正常进行，没有抗劲现象。还要满足三相同期的要求，即分、合闸时三相动触头同时动作，不同期的偏差应小于 3mm。此外，处于合闸位置时，动触头要有足够的切入深度，以保证接触面积符合要求；但又不能合过头，要求动触头距静触头底座有 3～5mm 的空隙，否则合闸过猛时将敲碎静触头的支持瓷瓶。处于拉开位置时，动、静触头间要有足够的拉开距离，以便有效地隔离带电部分，这个距离应不小于 160mm，或者动触头与静触头之间拉开的角度不应小于 65°。

六、高压隔离开关的操作与运行

隔离开关都配有手力操动机构，一般采用 CS6-1 型。操作时要先拔出定位销，分、合闸动作要果断、迅速，结束时注意不可用力过猛，操作完一定要用定位销固定住，并目测其动静触头位置是否符合安全要求。

用绝缘杆操作单极隔离开关时，合闸应先合两边相，后合中相，分闸时，顺序与此相反。

必须强调，不管合闸还是分闸的操作，都应在不带负荷或负荷在隔离开关允许的操作范围之内时才能进行。为此，操作隔离开关之前，必须先检查与之串联的断路器，应确定其处于断开位置。如隔离开关带的负荷是规定容量范围内的变压器，则必须先停掉变压器的全部低压负荷，令其空载之后再拉开该隔离开关，送电时，先检查变压器低压侧主开关确在断开位置，才能合隔离开关。

如果发生了带负荷分或合隔离开关的误操作，则应冷静地避免可能发生的另一种反方向的误操作，即已发现带负荷误合闸后，不得再立即拉开，当发现带负荷分闸时，若已拉开，不得再合（若刚拉开一点，发觉有火花产生时，可立即合上）。

对运行中的隔离开关应进行巡视。在有人值班的配电所中应每班一次，在无人值班的配电所中，每周至少一次。

日常巡视的内容主要是：首先，观察有关的电流表，其运行电流应在正常范围内；其次，根据隔离开关的结构，检查其导电部分接触应良好，无过热变色，绝缘部分应完好，以及无闪络放电痕迹；再就是，传动部分应无异常（无扭曲变形、销轴脱落等）。

七、高压隔离开关的检修

隔离开关连接板的连接点过热变色，说明接触不良，接触电阻大。检修时应打开连接点，将接触面锉平再用砂纸打磨抛光（但开关连接板上镀的锌不要去除），然后将螺钉拧紧，并要用弹簧垫片防松。

动触头存在旁击现象时，可旋动固定触头的螺钉，或稍微移动支持绝缘子的位置，以消除旁击；三相不同期时，则可调整拉杆绝缘子两端的螺钉，通过改变其有效长度来克服。

触头间的接触压力可通过调整夹紧弹簧来实现，而夹紧的程度可用塞尺来检查。触头间一般可涂中性凡士林以减少摩擦阻力，延长使用寿命，还可防止触头氧化。隔离开关处于断开位置时，触头间拉开的角度或其拉开距离不符合规定时，应通过拉杆绝缘子来调整。

· 第二节 ·

高压负荷开关

一、负荷开关的结构及工作原理

负荷开关主要有 FN2-10 型及 FN3-10 型两种。图 3-2 所示是 FN2-10 型高压负荷开关外形图。现就 FN2-10 型的结构及工作原理，简介如下。

图 3-2 FN2-10 型高压负荷开关外形图

1. 导电部分

出线连接板、静主触头及动主触头，接通时流过大部分电流，而与之并联的静弧触头与动弧触头则流过小部分电流。动弧触头及静弧触头的主要任务是在分、合闸时保护主触头，使它们不被电弧烧坏。因此，合闸时弧触头先接触，然后主触头才闭合，分闸时主触头先断开，这时弧触头尚未断开，电路尚未切断，不会有电弧。待主触头完全断开后，弧触头才断开，这时才燃起电弧。然而动、静弧触头已迅速拉开，且又有灭弧装置的配合，电弧很快熄灭，电路被彻底切断。

2. 灭弧装置

气缸、活塞、喷嘴等。

3. 绝缘部分

支持瓷瓶，用以支持动触头；气缸绝缘子、用以支持静触头并作为灭弧装置的一部分。

4. 传动部分

主轴、拐臂、分闸弹簧、传动机构、绝缘拉杆，分闸缓冲器等。

5. 底座

钢制框架。

总之，负荷开关的结构虽比隔离开关要复杂，但仍比较简单，且断开时有明显的断开点。由于它具有简易的灭弧装置，因而有一定的断流能力。

下面简要分析其分闸过程。

分闸时，通过操动机构，使主轴转动90°，在分闸弹簧迅速收缩复原的爆发力作用下，主轴的这一转动完成得非常快，主轴转动带动传动机构，使绝缘拉杆向上运动，推动动主触头与静主触头分出，此后，绝缘拉杆继续向上运动，又使动弧触头迅速与静弧触头分离，这是主轴分闸转动引起的一部分联动动作。同时，还有另一部分联动动作，即主轴转动，通过连杆使活塞向上运动，从而使气缸内的空气被压缩，缸内压力增大，当动弧触头脱开静弧触头引燃电弧时，气缸内强有力的压缩空气从喷嘴急速喷出，使电弧很快熄灭，弧触头之间分离速度快，压缩空气吹弧力量强，使燃弧持续时间不超过0.03s。

二、负荷开关的型号及技术数据

负荷开关的型号，如FN2-10RS/400，由七个部分组成。从左至右：第一位，是该设备的名称，F代表负荷开关；第二位，表示该设备的使用环境，W代表户外，N代表户内；第三位，设计序号，有1、2、3型，其中1型是老产品，目前常用的是2型及3型，3型的外观图如图3-3所示；横线后的第四位代表该设备的额定工作电压，以kV为单位；第五位表示是否带高压熔断器，用R表示带有熔断器，不带熔断器的就不注；第六位是进一步表明带熔断器的负荷开关，其熔断器是装在负荷开关的上面还是下面，S表示装在上面，如装在下面就不注；第七位，表示其规格，即额定电流，以A为单位。

例如，FN2-10R/400的含义是：负荷开关，户内，设计序号为2，额定电压为10kV，带熔断器（装在负荷开关下方），额定电流为400A。

负荷开关的技术数据列于表3-2中。

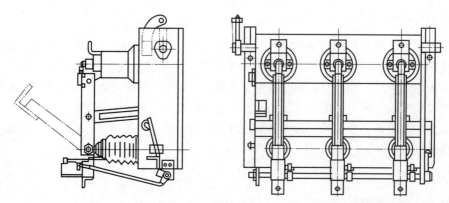

图 3-3　FN3-10 型高压负荷开关外观图

表3-2　高压负荷开关技术数据

型号	额定电压/kV	额定电流/A	10kV最大开断电流/A	极限通过电流峰值/kA	10s热稳定电流有效值/kA
FN2-10/400 FN2-10R/400	10	400	1200	25	4

三、负荷开关的用途

负荷开关可分、合低于或等于额定电流值的负荷电流，可以分断不大的过负荷电流。因此可用来操作一般负荷电流、变压器空载电流、长距离架空线路的空载电流、电缆线路及电容器组的电容电流。配有熔断器的负荷开关，可分开短路电流，对中小型用户可当作断流能力有限的断路器使用。

此外，负荷开关在断开位置时，像隔离开关一样无显著的断开点，因此也能起到隔离开关的隔离作用。

四、负荷开关的维护

根据分断电流的大小及分合次数来确定负荷开关的检修周期。工作条件差、操作任务重的负荷开关易造成静弧触头及喷嘴的烧坏。烧损较重的应予以更换，而烧损轻微者可以修整再用。

· 第三节 ·

高压熔断器

一、户内型高压熔断器

高压熔断器是一种保护电器，当系统或电气设备发生过负荷或短路时，故障电流使熔断器内的熔体发热熔断，切断电路，起到保护作用。

1. 结构及工作原理

户内型高压熔断器又称作限流式熔断器，它的结构主要是由四部分组成，如图3-4所示。

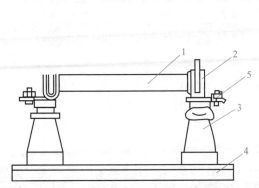

图 3-4　RN1-10 型熔断器外形图
1—熔体管；2—触头座；3—支持绝缘子；
4—底板；5—接线座

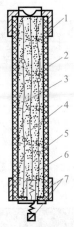

图 3-5　RN1 型熔断器熔体管剖面图
1—管帽；2—瓷管；3—工作熔件；4—指示熔件；
5—锡球；6—石英砂填料；7—熔断指示器

（1）**熔体管**　其构造如图 3-5 所示。7.5A 以下的熔体往往绕在截面为六角形的陶瓷骨架上，7.5A 以上的熔体则可以不用骨架。采用紫铜作为熔体材料，熔体为变截面的，在截面变化处焊上锡球或搪一层锡。

保护电压互感器专用的熔体，其引线采用镍铬线，以便造成 100Ω 左右的限流电阻。

熔体管的外壳为瓷管，管内充填石英砂，以获得灭弧性能。

（2）**触头座**　熔体管插接在触头座内，方便更换。触头座上有接线板，以便于与电路相连接。

（3）**绝缘子**　是基本绝缘，用它支持触头座。

（4）**底板**　钢制框架。

它的工作原理是，当过电流使熔体发热以至熔断时，整根熔体熔化，金属微粒喷向四周，钻入石英砂的间隙中，由于石英砂对电弧的冷却作用和去游离作用，使电弧很快熄灭。由于灭弧能力强，在短路电流达到最大值之前，电弧就被熄灭，因此可限制短路电流的数值，特别是专门用于保护电压互感器的熔断器内的限流电阻，其限流效果非常明显。熔体熔断后，指示器即弹出，显示熔体"已熔断"。

变截面的熔体、石英砂充填、限流电阻和很强的灭弧能力，这都是普通熔体管所不具备的，因而不得用普通熔体管来代替 RN 型熔体管。

2. 户内型高压熔断器的型号及技术数据

高压熔断器的型号，如 RN1-10 20/10，由六部分组成，从左起：第一位，设备名称，R 代表熔断器；第二位，使用环境，N 代表户内型；第三位，设计序号，以数字表示，"1"是老产品；第四位（横线之后），额定工作电压，用数字表示，单位是 kV；第五位（空格后，斜线前），熔断器的额定电流，以数字表示，单位是 A；第六位（斜线后），熔体的额定电流，用数字表示，以 A 为单位。

如，RN1-10 20/10 代表：熔断器，户内型，设计序号为 1，额定工作电压 10kV，熔断器额定电流 20A，熔体额定电流 10A。

表 3-3 列出了 RN1-10 型及 RN3-10 型熔断器容量及熔体额定电流，可供选配。

表3-3　RN1-10型及RN3-10型熔断器规格表

熔断器容量/A	熔体额定电流/A	熔断器容量/A	熔体额定电流/A
20	2、3、5、7、7.5、10、15、20	150	150
50	30、40、50	200	200
100	75、100		

RN2-10 型高压熔断器是为保护电压互感器而专门安装的熔断器，其熔体只有额定电流为 0.5A 这一种，其引线为镍铬丝，阻值约为 100Ω，起限制故障电流的作用。

RN 型高压熔断器的技术数据详见表 3-4。

表3-4　RN型高压熔断器的技术数据

型号	额定电压/kV	额定电流/A	最大分断电流有效值/kA	最小分断电流额定电流倍数	最大三相断流容量/MVA
RN1-10	10	20	12	不规定	200
		50			
		100		1.3	
		150			
		200			
RN2-10	10	0.5	50	0.6~1.8A 1min内熔断	100

3. 户内型高压熔断器的用途

RN1-10 型及 RN3-10 型高压熔断器，用于 10kV 配电线路和电气设备（如所用变压器、电容器等）作过载以及短路保护。RN2-10 及 RN4-10 型高压熔断器，为电压互感器专用熔断器。

二、户外型高压熔断器的结构及工作原理

户外型高压熔断器又称为跌落式熔断器。目前常用的是 RW3-10 型和 RW4-10 型两种。图 3-6 和图 3-7 所示是它们的外形图。它们的结构大同小异，一般由以下几个部分组成。

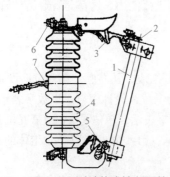

图 3-6　RW3-10 型跌落式熔断器外形图

1—熔体管；2—熔体元件；3—上触头；
4—绝缘瓷套管；5—下触头；6—端部螺栓；7—紧固板

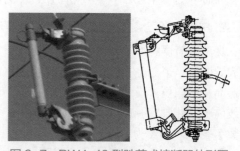

图 3-7　RW4-10 型跌落式熔断器外形图

1. 导电部分

上、下接线板，用以串联接入被保护电路中；上静触头、下静触头，用来分别与熔体管两端的上、下动触头相接触，来进行合闸，接通被保护的主电路，下静触头与轴架组装在一起。

2. 熔体管

由熔管、熔体、管帽、操作环、上动触头、下动触头、短轴等组成。熔管外层为酚醛纸管或环氧玻璃布管，管内壁套以消弧管，消弧管的材质是石棉，它的作用是防止熔体熔断时产生的高

图 3-8　RW-10 型熔断器的熔体外形图
1—熔体；2—套圈；3—绞线

温电弧烧坏熔管，另一作用是方便灭弧。熔体的结构如图 3-8 所示。熔体在中间，两端为多股软裸铜绞线作为引线，拉紧两端的引线通过螺钉分别压按在熔管两端的动触头接线端上。短轴可嵌入下静触头部分的轴架内，使熔体管可绕轴转动自如。操作环用来进行分、合闸操作。

3. 绝缘部分

绝缘部分主要是绝缘瓷瓶。

4. 固定部分

在绝缘瓷瓶的腰部有固定安装板。跌落式熔断器的工作原理是：将熔体穿入熔管内，两端拧紧，并使熔体位于熔管中间偏上的地方，上动触头会因为熔体拉紧的张力而垂直于熔体管向上翘起，用绝缘拉杆将上动触头推入上静触头内，成闭合状态（合闸状态）并保持这一状态。

当被保护线路发生故障，故障电流使熔体熔断时，形成电弧，消弧管在电弧高温作用下分解出大量气体，使管内压力急剧增大，气体向外高边喷出，对电弧形成强有力的纵向吹弧，使电弧迅速拉长而熄灭。与此同时，由于熔体熔断，熔体的拉力消失，使锁紧机构释放，熔体管在上静触头的弹力及其自重的作用下，会绕轴翻转跌落，形成明显的断开距离。

三、跌落式熔断器的型号及技术数据

跌落式熔断器的型号与户内型高压熔断器基本相同，只是把户内（N）改为户外（W）而已。RW 型跌落式熔断器的技术数据列于表 3-5。

表3-5　RW型跌落式熔断器技术数据

型号	额定电压/kV	额定电流/A	熔体额定电流/A	断流容量/MVA
RW3-10及 RW4-10	10	50	3，5，7.5，10，15，20，25，30，40，50，60，75，100，150，200	75
		100		100
		200		200

另外，RW 型跌落式熔断器像户外型隔离开关一样可以分、合。正常情况下，560kVA 及以下容量的变压器空载电流，可以分、合 10km 及以下长度的架空线路正常情况下的空载电流，还可以分、合一定长度的正常情况下的电缆线路的空载电流。

四、跌落式熔断器的用途

跌落式熔断器在中小型企业的高压系统中，被广泛地用作变压器和线路的过载和短路保护及控制电器，并在被检修及停电的电气设备或线路中作为起隔离作用而设置的明显断开点。

五、跌落式熔断器的安装

对跌落式熔断器的安装要求应满足产品说明书及电气安装规程的要求。

❶ 对下方的电气设备的水平距离，不能小于 0.5m。

❷ 相间距离，室外安装时应不小于 0.7m，室内安装时不能小于 0.6m。

❸ 熔体管底端对地面的距离，装于室外时以 4.5m 为合适，装于室内时以 3m 为宜。

❹ 熔体管与垂线的夹角一般应为 15°～30°。

❺ 熔体应位于消弧管的中部偏上处。

六、跌落式熔断器的操作与运行

操作跌落式熔断器时，应有人监护，使用合格的绝缘手套，穿戴符合标准。操作时动作应果断、准确而又不要用力过猛、过大。要用合格的绝缘杆来操作。对 RW3-10 型，拉闸时应往上顶鸭嘴；对 RW4-10 型，拉闸时应用绝缘杆金属端钩，穿入熔体管的操作环中拉下。合闸时，先用绝缘杆金属端钩穿入操作环，令其绕轴向上转动到接近上静触头的地方，稍加停顿，看到上动触头确已对准上静触头，果断而迅速地向斜上方推，使上动触头与上静触头良好接触，并被锁紧机构锁在这一位置，然后轻轻退出绝缘杆。

运行中，触头接触处滋火，或一相熔体管跌落，一般都属于机械性故障（如熔体未上紧，熔体管上的动触头与上静触头的尺寸配合不合适，锁紧机构有缺陷，受到强烈震动等），应根据实际情况进行维修。如由于分断时的弧光烧蚀作用使触头出现不平，应停电并采取安全措施后，进行维修，将不平处打平、抛光，消除缺陷。

· 第四节 ·

高压开关

一、操动机构

1. 操动机构的作用

为了保证人身安全，即操作人应与高压带电部分保持足够的安全距离，以防触电和电弧灼伤，必须借助于操动机构间接地进行高压开关的分、合闸操作。

首先，使用操动机构可以满足对受力情况及动作速度的要求，保证了开关动作的准确、可靠和安全。其次，操动机构可以与控制开关以及继电保护装置配合，完成远距离控制及自动操作。

总之，操动机构的作用是：保证操作时的人身安全，满足开关对操动速度、力度的要求，根据运行方式需要实现自动操作。

2. 操动机构的型号

常用的操动机构主要有三种形式：手力式、弹簧储能式以及电磁式。目前常用的操动机构的型号有 CS2、CT7、CT8、CD10 等。

操动机构的型号，如 CS2-114，由四部分组成，从左至右：第一位，设备名称，C 表示操动机构；第二位，操动机构的形式，S 表示手力式，T 表示弹簧储能式；D 表示电磁式；第三位，设计序号，以数字表示；第四位（横线后），其他特征，如挡类或脱扣器代号及个数等。一般用Ⅰ、Ⅱ、Ⅲ表示挡类，用 114 等代表脱扣器的代号及个数。

3. 操动机构的操作电源

操作电源是供给操动机构、继电保护装置及信号等二次回路的电源。

对操作电源的要求：首先是要求在配电系统发生故障时，仍可以保证继电保护和断路器的操动机构可靠地工作，这就要求操作电源相对于主回路电源有独立性，当主回路电源突然停电时，操作电源在一段时间内仍能维持供电；再有是该电源的容量应能满足合闸操作电流的要求。

操作电源主要分为交流和直流两大类。

❶ 交流操作电源，一般由电压互感器（或再通过升压）或由所用变压器提供。

CS2 型手力操动机构和 CT7、CT8 型弹簧操动机构采用交流操作电源，广泛地用于中小型变配电所。

❷ 直流操作电源往往是由整流装置或蓄电池组提供的。

在 10kV 变配电所中，直流操作电源的电压大多采用 220V，也有的采用 110V。CD 型电磁操动机构需配备直流操作电源。定时限保护一般也采用直流操作电源。

直流操作电源广泛应用于大中型及重要的变配电所。

二、弹簧操动机构

CT7、CT8 型弹簧操动机构可以电动储能，也可以手动储能。用手动储能时，CT7 采用摇把（CT8 采用压把），本小节仅介绍 CT7 型弹簧操动机构。

CT7 型弹簧操动机构可以用交流或直流操作，但一般采用交流操作，操作电源的电压多采用交流 220V，该电源可以取自所用变压器，但多数由电压互感器提供，这时要有一台容量在 1kV·A 左右的单相变压器，将电压互感器二次侧 100V 电压升高至 220V，供操作用。

1. 弹簧操动机构的操作方式

❶ 合闸：手动方式是通过弹簧操动机构箱体面板上的控制按钮或扭把进行合闸操作；电动方式通过高压开关柜面板上的控制开关，使合闸电磁铁吸合。

❷ 分闸：手动方式是通过弹簧操动机构箱体面板上的控制按钮或扭把进行分闸操作；电动方式又分为主动方式和被动（保护）方式两类。

主动方式通过高压开关柜面板上的控制开关，可使分闸电磁铁吸合；被动方式通过过电流脱扣器或者通过失压脱扣器进行分闸操作。

弹簧操动机构也可装设各种脱扣器，并同时在其型号中标明。如 CT8-114，就是装有两个瞬时过电流脱扣器和一个分离脱扣器的弹簧操动机构。

弹簧操动机构除用来进行少油断路器的分、合闸操作外，还可用来实现自动重合闸或备用电源的自动投入。为防止合闸弹簧疲劳，合闸后不再进行二次储能。但有自动重合闸或备用电源自动投入要求的，合闸弹簧应经常处于储能状态，即合闸后又自动使储能电动机启动，带动弹簧实现"二次储能"。

2. 弹簧操动机构的结构

CT7 型弹簧操动机构的结构原理图如图 3-9 所示，该操动机构有"储能""合闸"和"分闸"三种动作。

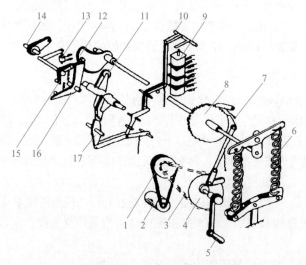

图 3-9　CT7 型弹簧机构原理

1—电动机；2—皮带；3—链条；4—偏心轮；5—手柄；6—合闸弹簧；7—棘爪；8—棘轮；
9—脱扣器；10、17—连杆；11—拐臂；12—凸轮；13—合闸线圈；14—输出轴；15—掣子；16—杠杆

3. 弹簧操动机构的控制电路

CT8 型弹簧操动机构的控制电路如图 3-10 所示。

整个控制电路原理可分为储能回路（〈1〉、〈2〉）、合闸回路（〈3〉、〈4〉）和分闸回路（〈5〉，〈6〉）三个部分。

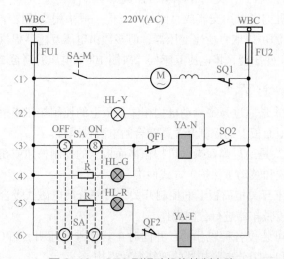

图 3-10　CT8 型操动机构控制电路

WBC—控制小母线；FU1、FU2—控制回路熔断器；SA-M—储能电机回路扳把开关；SQ—储能限位开关；
HL-Y—黄色（或白色）指示灯；HL-G—绿色指示灯；HL-R—红色指示灯；R—指示灯串接电阻器；
SA—分合闸操作开关；QF—断路器辅助接点；YA-N—断路器合闸线圈；YA-F—断路器分闸线圈

❶ 储能回路工作过程如下：

合 SA-M →机械弹簧拉伸、储能、到位→ SQ 动作 $\begin{cases} \text{SQ1 开→ M 停} \\ \text{SQ2 合→ HL-Y 亮} \end{cases}$

❷ 合闸回路动作过程如下：

将万能转换开关 SA 由垂直位置向右转 45°，使触点⑤、⑧接通

→SA5、SA8 合→ YA-N 动作→ $\begin{cases} \text{机械} \\ \text{断路器合闸} \\ \text{辅助接点动作} \end{cases}$ → $\begin{cases} \text{QF1 开→} \begin{cases} 〈3〉\text{YA-N 断电} \\ 〈4〉\text{HL-G 灭} \end{cases} \\ \text{QF2 合→} \begin{cases} 〈5〉\text{HL-R 亮} \\ 〈6〉\text{YA-F 准备} \end{cases} \end{cases}$

从以上过程可以看出：YA-N 通电工作时间不长，它由于 SA 的⑤、⑧触点接通而通电工作，由 QF1 断开而断电，工作时间只有零点几秒，QF 接点与断路器的状态几乎是同步变换，而 QF 接点同时又决定了哪个指示灯亮。因此，红灯（HL-R）亮就代表了断路器处于合闸状态，绿灯（HL-G）亮就代表了断路器处于分闸状态。

另外，操作机构内的 QF 接点，应调整得在合闸过程中使常开接点 QF2 先闭合，常闭接点 QF1 后断开，以保证当合闸发生短路故障时可以迅速分闸（QF2 先闭合为分闸提前准备好了条件），而 QF1 断得迟一些，用以保证合闸可靠。

❸ 分闸回路动作过程如下：

将万能转换开关 SA 由水平位置向左转 45°，使触点⑥、⑦接通

→ SA6、SA7 合→ YA-F 动作→ $\begin{cases} \text{机械} \\ \text{断路器分闸} \\ \text{辅助接点动作} \end{cases}$ → $\begin{cases} \text{QF1 合→} \begin{cases} 〈3〉\text{YA-N 准备} \\ 〈4〉\text{HL-G 亮} \end{cases} \\ \text{QF2 开→} \begin{cases} 〈5〉\text{HL-R 灭} \\ 〈6〉\text{YA-F 断电} \end{cases} \end{cases}$

通过以上过程可以看出：YA-F 通电工作时间很短，它由于 SA 的⑥、⑦触点接通而通电工作，由 QF2 断开而断电。

对于操作回路的几个电器，在此加以说明。

❶ SA 开关：用来发出分、合闸操作命令的。该开关有 6 个工作位置，如图 3-11 所示。其中"分""合"这两个位置是不能保持的，为保证分、合闸操作的可靠性，操作时，用手将操作手把转到"分""合"位置后不要立即松手，当听到断路器动作的声音，看到红、绿指示灯变换之后再松开，使其自动复位至"已分""已合"位置。

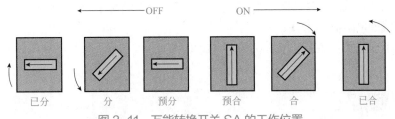

图 3-11　万能转换开关 SA 的工作位置

❷ FU1、FU2：操作回路熔断器，起过载及短路保护作用。常常采用 R1 型熔断器，其外形图如图 3-12 所示。为防止储能电动机旋转时熔体熔断，往往选用额定电流为 10A 的熔体管，而熔断器也选用 10A 的，即 R1-10/10。

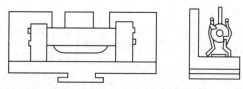

图 3-12　R1 型熔断器外形图

❸ HL-R、HL-G。断路器工作状态的指示灯，又是监视分、合闸回路完好性的指示灯。HL-R 红灯亮时表明断路器处于合闸状态，同时又表明分闸回路完好；HL-G 绿灯亮时表明断路器处于分闸状态，同时又表明合闸回路完好。HL-R、HL-G 指示灯总是串上一个电阻 R，这个电阻 R 可以防止因灯泡、灯口短路引起误分闸或误合闸。一般采用直流 220V 操作电源、指示灯泡用 220V 15W，则串入的电阻应为 2.5kΩ 25W。

4. 弹簧操动机构的电气技术数据

（1）储能电动机

❶ 型式：单相交流串励整流子式；

❷ 额定电流：不大于 5A；

❸ 额定功率：433W；

❹ 额定转速：6000r/min；

❺ 额定电压：交流 220V；

❻ 额定电压下储能时间：不大于 10s；

❼ 电机工作电压范围：额定电压的 85% ～ 110%。

（2）合闸电磁铁

❶ 额定电压：交流 220V；

❷ 额定电流：铁芯释放情况下为 6.9A，铁芯吸合情况下为 2.3A；

❸ 额定容量：铁芯释放情况下为 1520V·A，铁芯吸合情况下为 506V·A；

❹ 20℃时线圈电阻：28.2Ω；

❺ 动作电压范围：额定电压的 85% ～ 110%。

（3）脱扣器

❶ 型式：分励脱扣器（4 型）；

❷ 额定电压：交流 220V；

❸ 额定电流：铁芯释放情况下为 0.78A，铁芯吸合情况下为 0.31A；

❹ 额定功率：铁芯释放情况下为 172V·A，铁芯吸合情况下为 68V·A；

❺ 20℃线圈电阻值：127Ω；

❻ 动作电压范围：额定电压的 65% ～ 120%。

· 第五节 ·

高压开关的联锁装置

一、装设联锁装置的目的

为了保证操作安全，操作高压开关必须按一定的操作顺序，如果不按这种顺序操作，就可能导致事故。为防止可能出现的误操作，必须在高压配电设备装置上采用技术措施。装设联锁后，就必须按规定的操作顺序进行操作，否则就无法进行，有效地防止了误操作。

此外，两路电源不允许并路操作，或两台变压器不允许并列运行。一旦误并列就会发生事故，轻则由于环流而导致断路器掉闸，造成停电；重则由于相位不同，而导致相间短路，造成重大事故。故在有关的开关之间加装"联锁"，可以防止误并列。

总之，装设联锁的目的在于防止误操作和误并列。

二、联锁装置的技术要求

❶ 联锁装置应能根据实际需要分别实现以下功能。

a. 防止带负荷操作隔离开关，即只有当与之串联的断路器处于断开位置时，隔离开关才可以操作。

b. 防止误入带电设备间隔，即断路器、隔离开关未断开，则该高压开关柜的门打不开。

c. 防止带接地线合闸或接地隔离开关未拉开就合断路器送电。

d. 防止误分、合断路器，如手车式高压开关柜的手车未进入工作位置或试验位置，断路器不能合闸。

e. 防止带电挂接地线或带电合接地隔离开关。

以上这五个防止，简称为"五防"。此外，还有：

f. 不允许并路的两路电源向不分段的单母线供电时，应防误并路。

g. 不允许并路的两路电源向分段的单母线供电，如有高压联络开关时，应防止误并路。

❷ 联锁装置实现闭锁的方式应是强制性的。即在执行误操作时，由于联锁装置的闭锁作用而执行不了。一般不要采用提示性的，因为在误操作的某些特殊情况下，一般的提示形式可能不会引起注意或被误解，所以强制性的闭锁更直接、更有效。

❸ 联锁装置的结构应尽量简单、可靠，操作维修方便，尽可能不增加正常操作和事故处理的复杂性，不影响开关的分、合闸速度及特性，也不影响继电保护及信号装置的正常工作。因此，要优先选用机械类联锁装置；如果采用电气类联锁装置时，其电源要与继电保护、控制、信号回路分开。

三、联锁装置的类型

联锁装置根据其工作原理，可分为机械联锁和电气联锁两大类。

GG-1A 型固定式高压开关柜，其隔离开关和断路器都固定安装在同一个铁架构上。对于这种开关柜，常见的有以下联锁方式。

1. 机械联锁装置

（1）挡柱　在断路器的传动机构上加装圆柱形挡块，在开关柜的面板上有一圆洞，当断路器处于合闸状态时，挡柱从面板圆洞中被推出，恰好挡住隔离开关操作机构的定位销，使定位销无法拔出，隔离开关无法使用，这样就能有效地防止带负荷分、合隔离开关的误操作。

图 3-13 所示是挡柱联锁方式的示意图。

（2）连板　在电压互感器柜上，电压互感器隔离开关的操动机构，通过一个连板与一套辅助接点联动。辅助接点是电压互感器的二次侧开关，当通过操动机构拉开电压互感器一次侧隔离开关时，电压互感器二次侧开关（辅助接点）也通过连板被转动到断开位置，可以防止通过电压互感器造成反送电。

（3）钢丝绳　已调好长度的一条钢丝绳，通过滑轮导向后，将两台不允许同时合闸的隔离开关的操动机构连接起来，一台开关合上后，钢丝绳被拉紧，再合另一台开关时，由于一定长度的钢丝绳的限制而不能合闸，这样就可用来防止误并列。

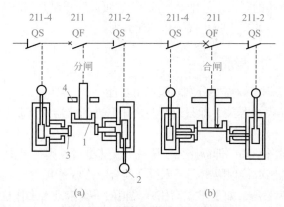

图 3-13　挡柱联锁方式示意图

1—与断路器传动机械联动的挡柱；2—隔离开关操作手柄；3—弹簧销钉；4—高压开关柜面板

（4）机械程序锁　KS1 型程序锁是一种机械程序闭锁装置，它具有严格的程序编码，使操作顺序符合规程规定，如果不按规定的操作顺序操作，操作就进行不下去。

这种程序闭锁装置已形成系列产品，目前有十几种锁，例如模拟盘锁、控制手把锁、户内左刀闸锁、户内右刀闸锁、户内前网门锁、户内后网门锁等，用户可以根据自己的接线方式和配电设备装置的布置型式，选择不同的锁组合后，进行程序编码，就能满足电力供电系统对防止误操作的要求。

程序锁都由锁体、锁轴及钥匙等部分组成。锁体是主体部件，锁体上有钥匙孔，孔边有两个圆柱销，这两个圆柱销与钥匙上的两个编码圆孔相对应。两孔和钥匙牙花都按一定规律变化相对位置进行排列组合，可以构成千种以上的编码，使上千把锁的钥匙不会重复，从而保证在同一个变配电所内的所有的锁之间互开率几乎为零。锁轴是程序锁对开关设备实现闭锁的执行元件，只有锁轴被释放时，开关设备才能操作。而锁轴的释放，必须要有两把合适的钥匙同时操作才行，一把是上一步操作所装的程序锁的钥匙，另一把是本步操作所装的程序锁的钥匙。用这两把钥匙使锁轴释放，进行本步开关操作，操作后，上一步操作的钥匙被锁住而留下来，而本步操作的钥匙取出来，去插到下步操作的程序锁上。由于这把钥匙取出，所以这步操作的程序锁，其锁轴被制止，该开关设备被锁定在这个运行状态。

2. 电气联锁装置

（1）电磁锁　在隔离开关的操作机构上安装成套电磁联锁装置。它由电磁锁和电钥匙两部分组成，其结构原理图如图 3-14 所示。

图 3-14 中 Ⅰ 为电磁锁部分，Ⅱ 为电钥匙部分。在电磁锁部分中，1 为锁销，平时在弹簧 2 的作用下，保持向外伸出状态，而伸出部分正好插到操动机构的定位孔中，将操作手柄锁住，使其不能动作。电磁锁上有两个铜管插座，与电钥匙的两个插头相对应。其中，一个铜管插座接操作直流电源的负极，另一个铜管插座连接断路器的常开辅助触点 QF，如图 3-15 所示。

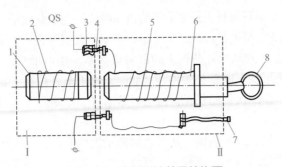

图 3-14　电气联锁装置结构图

1，3—锁销；2—弹簧；4—铜管插座；5—电钥匙；6—电磁铁；7—解除按钮；8—金属环

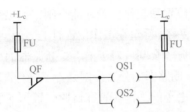

图 3-15　电气联锁接线原理图

图 3-15 中，QS1 为断路器电源侧的隔离开关的电磁锁插座，QS2 为断路器负荷侧的隔离开关的电磁锁插座。

正常合闸操作时，值班人员拿来电钥匙，插入电磁锁 QS1 插座内，于是，图 3-14 中电钥匙上的吸引线圈就改接入控制回路（操作回路），当断路器处于分网状态，其辅助触点 QF 吸合，则 QS1 电钥匙的吸引线圈通电，电磁铁 6 产生电磁吸力，将电磁锁中的锁销 1 吸出，解除了对电源侧隔离开关的闭锁，这时可以合上该隔离开关。确已合好后，将 QS1 的电钥匙的解除按钮按下，切断吸引线圈的电源，锁销在弹簧作用下插入与隔离开关合闸位置相对应的定位孔中，将该状态锁定，拔下电钥匙。再将它插入 QS2，合上负荷隔离开关，拔下电钥匙。然后再去合断路器。如此，有效地防止了带负荷操作隔离开关。

（2）辅助触点互锁　在不允许同时合闸的两台断路器的合闸电路中，分别串联接入对方断路器的常闭辅助触点，如图 3-16 所示。

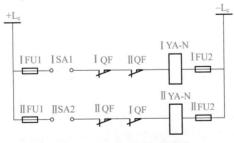

图 3-16　电气互锁原理图

当另一路电源断路器处于合闸状态时，其常闭辅助触点断开（ⅡQF 断开），则这一路电源断路器合闸线圈（ⅠYA-N）的电路被切断，就不可能进行合闸。同样，当这一路电源断路器合上闸时，其常闭辅助触点（ⅠQF）打开，阻断了另一路电源断路器的合闸回路（ⅡYA-N 的回路），使它不能合闸，如此实现了两台断路器之间的联锁。

以上是有关 GG-1A 型高压开关柜常采用的机械联锁和电气联锁的一些类型。

还有一种常用的 GFC 型手车式高压开关柜，它把开关安装在一个手车内，手车推入到柜内时，断路器两侧所连接的动触头与柜上的静触头接通，相当于 GG-1A 柜的上、下隔离开关，因此叫做一次隔离触头。断路器做传动试验时，将手车外拉至一定位置，上、下动触头都与柜的静触头脱开，但二次回路仍保持接通，这时可空试断路器的分、合动作。断路器检修时，可将手车整个拉出。

手车式高压开关柜具有以下联锁，这些联锁都是机械联锁：开关柜在工作位置时，断路器必须先分闸后，才能拉出手车，切断一次隔离触头，反之，断路器在合闸状态时，手车不能推入柜内，也就不能使一次隔离触头接触。这就保证了隔离触头不会带负荷改变分、合状态，相当于隔离开关不会在带负荷的情况下操作。

手车入柜后，只有在试验位置和工作位置才能合闸，否则断路器不能合闸。这一联锁保证了只有在隔离触头确已接触良好（手车在工作位置时）或确已隔离（手车在试验位置时）时，断路器才可以操作，才可进行分、合闸。对于前者，断路器的分、合闸是为了切断或接通主回路（一次回路），对于后者，断路器的分、合闸是为了进行调整和试验。

断路器处于合闸状态时，手车的工作位置和试验位置不能互换。如果未将断路器分闸就拉动手车，则断路器自动跳闸。

仪用互感器的构造和工作原理

一、仪用互感器的分类和用途

1. 仪用互感器的分类

仪用互感器是一种特殊的变压器，在电力供电系统中普遍采用，是供测量和继电保护用的重要电气设备，根据用途的不同分为电压互感器（简称 PT）和电流互感器（CT）两大类。

2. 仪用互感器的用途

在电力供电系统高压配电设备装置中，仪用互感器的用途有以下几个方面：

❶ 为配合测量和继电保护的需要，电压和电流需要统一的标准值，使测量仪表和继电器标准化，如电流互感器二次绕组的额定电流都是 5A，电压互感器二次绕组的额定线电压都是 100V。

❷ 电压互感器把高电压变成低电压，电流互感器把大电流变成小电流。

二、电压互感器的构造和工作原理

电压互感器按其工作原理可以分为电容分压原理（在 220kV 及以上系统中使用）和电磁感应原理两类。常用的电压互感器是利用电磁感应原理制造的，它的基本构造与普通变压器相同，如图 4-1 所示，主要由铁芯、一次绕组、二次绕组组成。电压互感器一次绕组匝数较多，二次绕组匝数较少，使用时一次绕组与被测量电路并联，二次绕组与测量仪表或继电器等电压线圈并联。由于测量仪表、继电器等电压线圈的阻抗很大，因此，电压互感器在正常运行时相当于一个空载运行的降压变压器，二次电压基本上等于二次电动势值，且取决于恒定的一次电压值，所以电压互感器在准确度所允许的负载范围内，能够精确地测量一次电压。

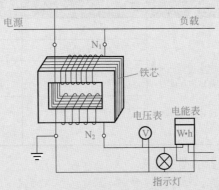

图 4-1　电压互感器构造原理图

三、电流互感器的构造和工作原理

电流互感器也是按电磁感应原理工作的。它的结构与普通变压器相似，主要由铁芯、一次绕组和二次绕组等几个主要部分组成，如图4-2所示。电流互感器的一次绕组匝数很少，使用时一次绕组串联在被测线路里，而二次绕组匝数较多，与测量仪表和继电器等电流线圈串联使用。运行中电流互感器一次绕组内的电流取决于线路的负载电流，与二次负载无关（与普通变压器正好相反），由于接在电流互感器二次绕组内的测量仪表和继电器的电流线圈阻抗都很小，所以电流互感器在正常运行时，接近于短路状态，类似于一个短路运行的变压器。这是电流互感器与变压器的不同之处。

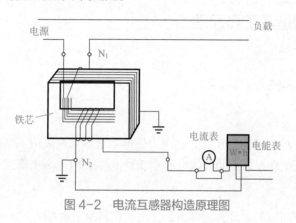

图4-2　电流互感器构造原理图

·第二节·

仪用互感器的型号及技术数据

一、电压互感器的型号及技术数据

1.电压互感器的型号表达式

电压互感器按其相数，可分为单相、三相，从结构上可分为双绕组、三绕组，以及户外装置、户内装置等。通常，型号用横列拼音字母及数字表示，各部位字母含义见表4-1。

表4-1　电压互感器的型号含义

电压互感器型号格式	字母排列顺序	代号含义
1 2 3 4—□ 额定电压(kV) 设计序号	1	J——电压互感器
	2（相数）	D——单相；S——三相
	3（绝缘型式）	J——油浸式；G——干式。 Z——浇注式；C——瓷箱式
	4（结构型式）	B——带补偿绕组。 W——五柱三绕组。 J——接地保护

下面举例说明电压互感器的型号含义。

❶ JDZ-10：单相双绕组浇注式绝缘的电压互感器，额定电压 10kV。

❷ JSJW-10：三相三绕组五铁芯柱油浸式电压互感器，额定电压 10kV。

❸ JDJ-10：单相双绕组油浸式电压互感器，额定电压 10kV。

2.电压互感器的额定技术数据

常用电压互感器的额定技术数据见表 4-2。

表4-2 常用电压互感器的额定技术数据

型号	额定电压/V			额定容量/VA			最大容量/VA	绝缘型式	附注
	原线圈	副线圈	辅助线圈	0.5级	1级	3级			
JDJ-10	10000	100	42	80	150	320	640	油浸式	单相户内
JSJB-10	10000	100		120	200	480	960	油浸式	三相户内
JSJW-10	10000	100	$100/\sqrt{3}$	120	200	480	960	油浸式	三相五柱户内
JDZ-10	10000	100		80	150	320	640	环氧树脂浇注	单相户内
JDZJ-10	$10000/\sqrt{3}$	$100/\sqrt{3}$	$100/\sqrt{3}$	40				环氧树脂浇注	单相户内
JSZW-10	10000	100	$100/\sqrt{3}$	120	180	450	720	环氧树脂浇注	三相五柱户内

（1）变压比 电压互感器常常在铭牌上标出一次绕组和二次绕组的额定电压，变压比是指一次与二次绕组额定电压之比。

（2）误差和准确级次 电压互感器的测量误差可分为两种：一种是变比误差（电压比误差），另一种是角误差。

变比误差取决于下式：

$$\Delta U\% = \frac{KU_2 - U_{1e}}{U_{1e}}$$

式中 K——电压互感器的变压比；

U_{1e}——电压互感器一次额定电压；

U_2——电压互感器二次电压实测值。

所谓角误差是指二次电压的相量与一次电压相量间的夹角 δ。当二次电压相量超前于一次电压相量时，规定为正角差，反之为负角差。正常运行的电压互感器角误差是很小的，最大不超过 4°，一般都在 1° 以下。

电压互感器的误差与下列因素有关：

❶ 与互感器二次负载大小有关，二次负载加大时，误差加大。

❷ 与互感器绕组的阻抗、感抗以及漏抗有关，阻抗和漏抗加大同样会使误差加大。

❸ 与互感器励磁电流有关，励磁电流变大时，误差也变大。

❹ 与二次负载功率因数（$\cos\phi$）有关，功率因数减小时，角误差将显著增大。

❺ 与一次电压波动有关，只有当一次电压在额定值的 ±10% 范围内波动时，才能保证不超过准确度规定的允许值。

电压互感器的准确级次，是以最大变比误差（简称比差）和相角误差（简称角差）来区分的，见表 4-3。通常电力工程上常把电压互感器的误差分为 0.5 级、1 级和 3 级三种。另外，在精密测量中尚有一种 0.2 级试验用互感器。准确级次的具体选用，应根据实际情况来确定，例如用来馈电给电度计量专用的电压互感器，应选用 0.5 级；用来馈电给测量仪表用的电压互感器，应选用 1 级或 0.5 级；用来馈电给继电保护用的电压互感器应具有不低于 3 级的准确度。实际使用中，经常是测量用电压表，继电保护以及开关控制信号用电源混合使用一个电压互感器，这种情况下，测量电压表的读数误差可能较大，因此不能作为计算功率或功率因数的准确依据。

由于电压互感器的误差与二次负载的大小有关，所以同一电压互感器对应于不同的二次负载容量，在铭牌上标注几种不同的准确级次，而电压互感器铭牌上所标定的最高的准确级次，称之为标准正确级次。

表4-3 电压互感器准确级次和误差限值

准确级次	误差限值		一次电压变化范围	二次负载变化范围
	比差/（±%）	角差/（±'）		
0.5级	0.5	20		
1级	1.0	40	（0.85~1.15）U_{1e}	（0.25~1）S_{2e}
3级	3.0	不规定		

注：1. U_{1e} 为电压互感器一次绕组额定电压。
2. S_{2e} 为电压互感器相应级次下的额定二次负荷。

（3）**容量** 电压互感器的容量，是指二次绕组允许接入的负载功率，分为额定容量和最大容量两种，单位为 VA。由于电压互感器的误差是随二次负载功率的大小而变化的，容量增大，准确度降低，所以铭牌上每一个给定容量是和一定的准确级次相对应的。

通常所说的额定容量，是指对应于最高准确级次的容量。最大容量是允许发热条件规定的最大容量，除特殊情况及瞬时负载需用外，一般正常运行情况下，二次负载不能到这个容量。

（4）**接线组别** 电压互感器的接线组别，是指一次绕组线电压与二次绕组线电压间的相位关系。10kV 系统常用的单相电压互感器，接线组别为 1/1-12，三相电压互感器接线组别为 Y/Y₀-12（Y，ynl2）或 Y/Y₀-12（Y_N，ynl2）。

3. 10kV 系统常用电压互感器

（1）**JDJ-10 型电压互感器** 这种类型电压互感器为单相双绕组，油浸式绝缘，户内安装，适用于 10kV 配电系统中，供给电压、电能和功率的测量以及继电保护用。目前在 10kV 配电系统中应用最为广泛。该种互感器的铁芯采用壳式结构，由条形硅钢片叠成，在中间铁芯柱上套装一次及二次绕组，二次绕组绕在靠近铁芯的绝缘纸筒上，一次绕组绕在二次绕组外面的胶纸筒上，胶纸筒与二次绕组间设有油道。器身利用铁芯夹件固定在箱盖上，箱盖上装有带呼吸孔的注油塞。外形及安装尺寸如图 4-3 所示。

（2）**JSJW-10 型电压互感器** 这种类型电压互感器为三相三绕组五柱式油浸电压互感器，适用于户内。在 10kV 配电系统中供测量电压（相电压和线电压）、电能、功率、功率因数，继电保护以及绝缘监察使用。该互感器的铁芯采用旁铁轭（边柱）的心式结构（称五铁芯柱），由条形硅钢片叠成。每相有三个绕组（一次绕组、二次绕组和辅助二次绕组），三个绕组构成一体，三相共有三组线圈，分别套在铁芯中间的三个铁芯柱上。辅助二次绕组绕在靠近铁芯里侧的绝缘纸筒上，外面包上绝缘纸板，再在绝缘纸板外面绕制二次绕组，一次绕组分段绕在二次绕组外面；一次和二次绕组之间置有角环，以利于绝缘和油道畅通。三相五柱式电压互感器铁芯结构示意图及线圈接线图如图 4-4 所示。

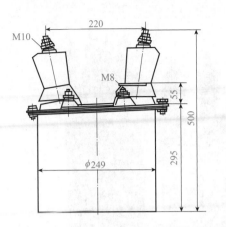

图 4-3　JDJ-10 型电压互感器外形及安装尺寸

　　这种类型互感器的器身用铁芯夹件固定在箱盖上，箱盖上装有高低压出线瓷套管、铭牌、吊攀及带有呼吸孔的注油塞，箱盖下的油箱呈圆筒形，用钢板焊制，下部装有接地螺栓和放油塞。JSJW-10 电压互感器外形及尺寸如图 4-5 所示。

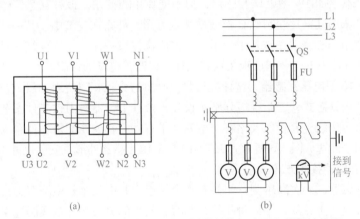

(a)　　　　　　　　　　(b)

图 4-4　三相五柱式电压互感器铁芯结构示意图及线圈接线图

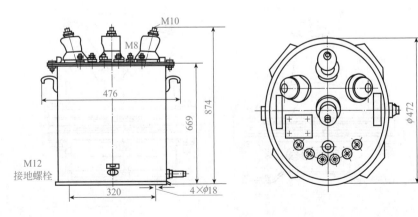

图 4-5

图 4-5　JSJW-10 型电压互感器外形及尺寸

（3）JDZJ-10 型电压互感器　这种类型电压互感器为单相三绕组浇注式绝缘户内用设备，在 10kV 配电系统中可供测量电压、电能、功率及接地继电保护等使用，可利用三台这种类型互感器组合来代替 JSJW 型电压互感器，但不能作单相使用。该种互感器体积较小，气候适应性强，铁芯采用硅钢片卷制成 C 形或叠装成方形，外露在空气中。其一次绕组、二次绕组及辅助二次绕组同心绕制在铁芯中，用环氧树脂浇注成一体，构成全绝缘型结构，绝缘浇注体下部涂有半导体漆并与金属底板及铁芯相连，以改善电场的性能。

（4）JSZJ-10 型电压互感器　这种类型电压互感器为三相双绕组油浸式户内用电压互感器。铁芯为三柱内铁芯式，三相绕组分别装设在三个柱上，器身由铁芯件安装在箱盖上，箱盖上装有高、低压出线瓷套管以及铭牌、吊攀及带有呼吸孔的注油塞，油箱为圆筒形，下部装有接地螺栓和放油塞。图 4-6 所示为 JSZJ-10 型电压互感器外形及安装尺寸，图 4-7 所示为 JSZJ-10 型电压互感器接线方式。

该种电压互感器，一次高压侧三相共有六个绕组，其中三个是主绕组，三个是相角差补偿绕组，互相接成 Z 形接线，即以每相线圈与匝数较少的另一相补偿线圈连接。为了能更好地补偿，要求正相序连接，即 U 相主绕组接 V 相补偿绕组，V 相主绕组接 W 相补偿绕组，W 相主绕组接 U 相补偿绕组。这种接法减少了互感器的误差，提高了互感器的准确级次。

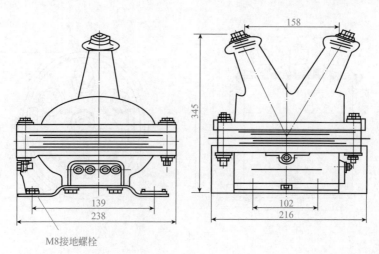

图 4-6　JSZJ-10 型电压互感器外形及安装尺寸

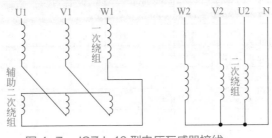

图 4-7　JSZJ-10 型电压互感器接线

（5）JSJB-10 型电压互感器　在 10kV 配电系统中，可供测量电压（相电压及线电压）、电能和功率以及继电保护用。由于采用了补偿线圈，减少了角误差，因此更适宜供给电度计量使用。

二、电流互感器的型号及技术数据

1. 电流互感器的型号表达式

电流互感器的型式多样，按照用途、结构型式、绝缘型式及一次绕组的型式来分类，通常型号用横列拼音字母及数字来表达，各部位字母含义见表 4-4。

表 4-4　电流互感器型号字母含义

字母排列次序	代号含义
1	L——电流互感器
2	A——穿墙式；Y——低压的；R——装入式； C——瓷箱式；B——支持式；C——手车式； F——贯穿复匝式；D——贯穿单匝式； M——母线式；J——接地保护； Q——线圈式；Z——支柱式
3	C——瓷绝缘；C——改进式；X——小体积柜用； K——塑料外壳；L——电缆电容型；Q——加强式； D——差动保护用；M——母线式；P——中频的； S——速饱和的；Z——浇注绝缘； W——户外式；J——树脂浇注
4	B——保护级；Q——加强式；D——差动保护用； J——加大容量；L——铝线式

下面是几个电流互感器型号的举例。

❶ LQJ-10：电流互感器，线圈式树脂浇注绝缘，额定电压为 10kV。

❷ LZX-10：电流互感器，支柱式小体积柜用，额定电压为 10kV。

❸ LFZ-10：电流互感器，贯穿复匝式，树脂浇注绝缘，额定电压为 10kV。

2. 电流互感器的额定技术数据

常用电流互感器的额定技术数据见表 4-5。

表4-5　常用电流互感器的额定技术数据

型号	额定电流比	级次组合	准确度	二次负载/Ω				10%倍数		1s稳定倍数	动稳定倍数
				0.5级	1级	3级	D级10级	Ω	倍数		
LFC-10	10/5	0.5/5	3			1.2	2.4	1.2	7.5	75	90
LFC-10	50~150/5	0.5/0.5	0.5	0.6	1.2	3		0.6	14	75	165
LFC-10	400/5	1/1	1		0.6	1.6		0.6	1.2	80	250
LFCQ-10	30~300/5	0.5/0.5	0.5	0.6				0.6	12	110	250
LFCD-10	200~400/5	D/0.5	0.5	0.6				0.6	14	175	165
LDCQ-10	100/5	0.5/0.5	0.5	0.8				0.8	38	120	95
LQJ-10	5~100/5	0.5/3	0.5	0.4				0.4	>5	90	225
LQZ$_1$-10	600~1000/5	0.5/3	0.5	0.4	0.6			0.4	≥25	50	90
LMZ$_1$-10	2000/5	0.5/D	0.5	1.6	2.4			1.6	≥2.5		

（1）变流比　电流互感器的变流比，是指一次绕组的额定电流与二次绕组额定电流之比。由于电流互感器二次绕组的额定电流都规定为 5A，所以变流比的大小主要取决于一次额定电流的大小。目前电流互感器的一次额定电流等级有：5，10，15，20，40，50，75，80，100，150，200，（250），300，400，（500），600，（750），800，1000，1200，1500，2000，3000，4000，5000~6000，8000，10000，15000，20000，25000。

目前，在 10kV 用户配电设备装置中，电流互感器一次额定电流选用规格，一般为 15 ～ 1500A。

（2）误差和准确级次　电流互感器的测量误差可分为两种：一种是相角误差（简称角差），另一种是变比误差（简称比差）。

变比误差由下式决定：

$$\Delta I\% = \frac{KI_2 - I_{1e}}{I_{1e}}$$

式中　K——电流互感器的变比；

　　　I_{1e}——电流互感器一次额定电流；

　　　I_2——电流互感器二次电流实测值。

电流互感器相角误差，是指二次电流的相量与一次电流相量间的夹角之间的误差。并规定，当二次电流相量超前于一次电流相量时，为正角差，反之为负角差。正常运行的电流互感器的相角差一般都在 2°以下。

电流互感器的两种误差，具体与下列条件有关：

❶ 与二次负载阻抗大小有关，阻抗加大，误差加大。

❷ 与一次电流大小有关，在额定值范围内，一次电流增大，误差减小，当一次电流为额定电流的 100% ~ 120% 时，误差最小。

❸ 与励磁安匝（$I_0 N_1$）大小有关，励磁安匝加大，误差加大。

❹ 与二次负载感抗有关，感抗加大，电流误差将加大，而相角误差相对减少。

电流互感器的准确级次，是以最大变比误差和相角差来区分的，准确级次在数值上就是变比误差限值的百分数，见表 4-6。电流互感器准确级次有 0.2 级、0.5 级、1 级、3 级、10 级和 D 级几种。其中 0.2 级属精密测量用。工程中电流互感器准确级次的选用，应根据负载性质来确定，如电度计量一般选用 0.5 级，电流表计选用 1 级，继电保护选用 3 级，差动保护选用 D 级。用于继电保护的电流互感器，为满足继电器灵敏度和选择性的要求，根据电流互感器的 10% 倍数曲线进行校验。

（3）电流互感器的容量　电流互感器的容量，是指它允许接入的二次负载功率 S_n，单位为 VA。由于 $S_n = I_{2e}^2 I_{f2}$，其中，I_{f2} 为二次负载阻抗，I_{2e} 为二次线圈额定电流（均为 5A），因此通常用额定二次负载阻抗来表示。根据国家标准规定，电流互感器额定二次负载的标准值，可为下列数值之一：5，10，15，20，25，30，40，50，60，80，100（单位为 VA）。那么，当额定电流为 5A 时，相应的额定负载阻抗值为：0.2，0.4，0.6，0.8，1.0，1.2，1.6，2.0，2.4，3.2，4.0（单位为 Ω）。

表 4-6　电流互感器的准确级次和误差限值

准确级次	一次电流为额定电流的百分数/%	误 差 限 值		二次负载变化范围
		比差/(± %)	相角差/(± °)	
0.2级	10	0.5	20	（0.25~1）S_N
	20	0.35	15	
	100~120	0.2	10	
0.5级	10	1	60	（0.25~1）S_N
	20	0.75	45	
	100~120	0.5	30	
1级	10	2	120	（0.25~1）S_N
	20	1.5	90	
	100~120	0.5	60	
3级	50~120	3.0	不规定	（0.5~1）S_N
10级	50~120	10	不规定	
D级	10	3	不规定	S_N
	100n	−10		

注：1. n 为额定 10% 倍数。
2. 误差限值是以额定负载为基准的。

由于互感器的准确级次与功率因数有关，因此，规定上列二次额定负载阻抗是在负载功率因数为 0.8（滞后）的条件下给定的。

（4）保护用电流互感器的 10% 倍数　由于电流互感器的误差与励磁电流 I_0 有着直接关系，当通过电流互感器的一次电流成倍增长时，使铁芯产生饱和磁通，励磁电流急剧增加，引起电流互感器误差迅速增加，这种一次电流成倍增长的情况，在系统发生短路故障时是客观存在的。为了保证继电保护装置在短路故障时可靠地动作，要求保护用电流互感器能比较正确地反映一次电流情况，因此，对保护用的电流互感器提出一个最大允许误差值的要求，即允许变比误差最大不超过10%，角差最大不超过7°。所谓10%倍数，就是指一次电流倍数增加到n倍（一般规定6～15倍）时，电流误差达到10%，此时的一次电流倍数n称为10%倍数，10%倍数越大表示此互感器的过电流性能越好。

影响电流互感器误差的另一个因素是二次负载阻抗。二次负载阻抗增大，使二次电流减小，去磁安匝减少，同样使励磁电流和误差加大。一次电流和二次负载阻抗这两个影响误差的主要因素互相制约，控制误差在10%范围以内。各种电流互感器产品规格给出了10%误差曲线。所谓电流互感器的10%误差曲线，就是电流误差为10%的条件下，一次电流对额定电流的倍数和二次负载阻抗的关系曲线（图4-8给出LQJC-10型电流互感器10%倍数曲线）。利用10%误差曲线，可以计算出与保护计算用一次电流倍数相适应的最大允许二次负载阻抗。

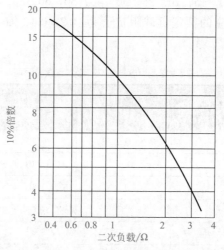

图4-8　LQJC-10型电流互感器10%倍数曲线

（5）热稳定及动稳定倍数　电流互感器的热稳定及动稳定倍数，是表征互感器能够承受短路电流热作用和机械力的能力。

热稳定电流，是指互感器在1s内承受短路电流的热作用而不会损伤的一次电流有效值。所谓热稳定倍数，就是热稳定电流与电流互感器额定电流的比值。

动稳定电流，是指一次线路发生短路时，互感器所能承受的无损坏的最大一次电流峰值。动稳定电流，一般为热稳定电流的2.55倍。所谓动稳定倍数，就是动稳定电流与电流互感器额定电流的比值。

3.10kV系统常用电流互感器

（1）LQJ-10、LQJC-10型电流互感器　这种类型电流互感器为线圈式、浇注绝缘、户内型，在10kV配电系统中，可供给电流、电能和功率测量以及继电保护用。互感器的一次绕组和部分二次绕组浇注在一起，铁芯是由条形硅钢片叠装而成，一次绕组引出线在顶部，二次接线端子在侧壁上。其外形及安装尺寸如图4-9所示。

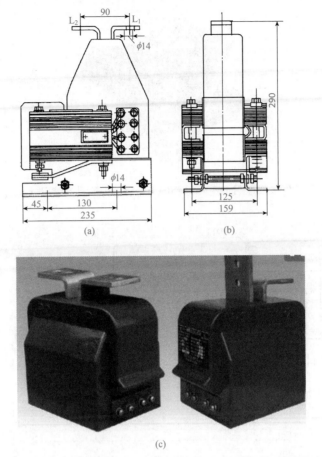

图 4-9 LQJ-10、LQJC-10 型电流互感器外形及安装尺寸

（2）LFZ2-10、LFZD2-10 型电流互感器 这种类型电流互感器，在 10kV 配电系统中可以用于供电流、电能和功率测量以及继电保护。结构为半封闭式，一次绕组为贯穿复匝式，一、二次绕组浇注为一体，叠片式铁芯和安装板夹装在浇注体上。LFZ2-10 型电流互感器外形及安装尺寸如图 4-10 所示，LFZD2-10 型电流互感器安装尺寸如图 4-11 所示。

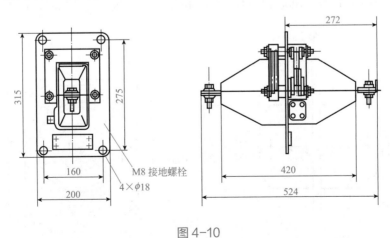

图 4-10

图 4-10 LFZ2-10 型电流互感器外形及安装尺寸

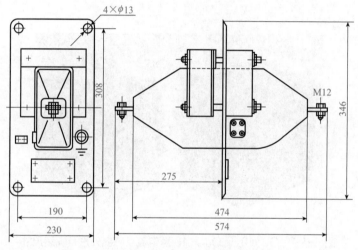

图 4-11 LFZD2-10 型电流互感器安装尺寸

（3）LDZ1-10、LDZJ1-10 型电流互感器 这种类型电流互感器为单匝式、环氧树脂浇注绝缘、户内型，用于 10kV 配电系统中，可以用于测量电流、电能和功率以及继电保护。本类互感器铁芯用硅钢带卷制成环形，二次绕组沿环形铁芯径向绕制，一次导电杆为铜棒（800A 及以下者）或铜管（1000A 及以上者）制成，外形及安装尺寸如图 4-12 所示。

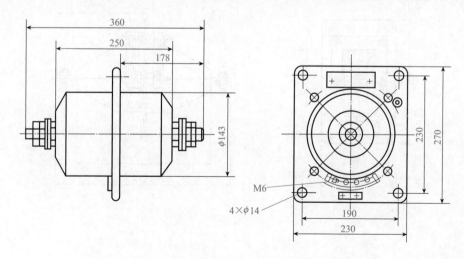

图 4-12 LDZ1-10、LDZJ1-10 型电流互感器外形及安装尺寸

仪用互感器的极性与接线

一、仪用互感器的极性

仪用互感器是一种特殊的变压器，它的结构和型式与普通变压器相同，绕组之间利用电磁相互联系。在铁芯中，交变的主磁通在一次和二次绕组中感应出交变电势，这种感应电势的大小和方向随时间在不断地做周期性变化。所谓极性，就是指在某一瞬间，一次和二次绕组同时达到高电位的对应端，称之为同极性端，通常用注脚符号"*"或"+"来表示，如图 4-13 所示。由于电流互感器是变换电流用的，因此，一般以一次绕组和二次绕组电流方向确定极性端。极性标注有加极性和减极性两种标注方法，在电力供电系统中，常用互感器都按减极性标注。减极性的定义是：当电流同时从一次和二次绕组的同极性端流入时，铁芯中所产生的磁通方向相同，或者当一次电流从极性端子流入时，互感器二次电流从同极性端子流出，称之为减极性。

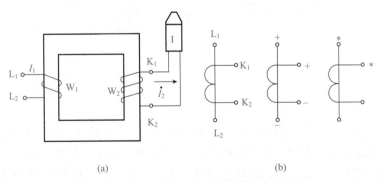

(a)   (b)

图 4-13 电流互感器极性标注

二、仪用互感器极性测试方法

在实际连接中，极性连接是否正确会影响到继电保护能否正确可靠动作以及计量仪表是否准确计量。因此，互感器投入运行前必须进行极性检验。测定互感器的极性有交流法和直流法两种，在现实测定中，常用简单的直流法，如图 4-14 所示。即在电流互感器的一次侧经

过一个开关 SA 接入 1.5V、3V 或 4.5V 的干电池，在电流互感器二次侧接入直流毫安表或毫伏表（也可用万用表的直流毫安挡或毫伏挡）。在测定中，当开关 SA 接通时，如电表指针正摆，则 L_1 端与 K_1 端是同名端，如果电表指针反摆就是异名端了。

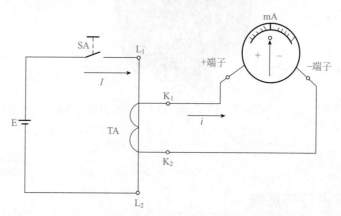

图 4-14　校验电流互感器绕组极性的接线图

mA—中心零位的毫安表；E—干电池；SA—刀开关；TA—被试电流互感器

三、电压互感器的接线方式

1. 一台单相电压互感器的接线

如图 4-15 所示，这种接线在三相线路上，只能测量其中两相之间的线电压，用来连接电压表、频率表及电压继电器等。为安全起见，二次绕组有一端接地。

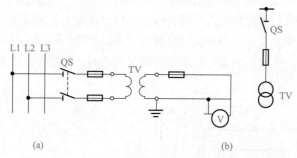

图 4-15　一台单相电压互感器的接线图

2. 两台单相电压互感器 V/V 形接线

V/V 形接线称为不完全三角形接线，如图 4-16 所示，这种接线主要用于中性点不接地系统或经消弧电抗器接地的系统，可以用来测量三个线电压，用于连接线电压表、三相电度表、电力表和电压继电器等。它的优点是接线简单、易于应用，且一次线圈没有接地点，减少系统中的对地励磁电流，避免产生过电压。但是由于这种接线只能得到线电压或相电压，因此，使用存在局限性，它不能测量相对地电压，不能起绝缘监察作用以及接地保护作用。V/V 形接线为安全起见，通常将二次绕组 V 相接地。

3. 三台单相电压互感器 Y / Y 形接线

如图 4-17 所示，这种接线方式可以满足仪表和继电保护装置取用相电压和线电压的要求。在一次绕组中性点接地情况下，也可装配绝缘监察电压表。

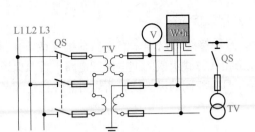

图 4-16 两台单相电压互感器 V/V 形接线

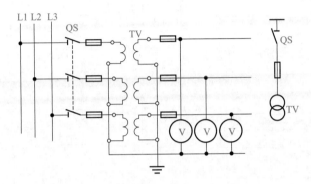

图 4-17 三台单相电压互感器 Y/Y 形接线

4. 三相五柱式电压互感器或三台单相三绕组电压互感器 Y/Y/ △形接线

如图 4-18 所示,这种互感器接线方式,在 10kV 中性点不接地系统中应用广泛,它既能测量线电压、相电压,又能组成绝缘监察装置,也能用于单相接地保护。两套二次绕组中,Y_0 形接线的二次绕组称作基本二次绕组,用来接仪表、继电器及绝缘监察电压表,开口三角形接线的二次绕组,被称作辅助二次绕组,用来连接绝缘监察用的电压继电器。系统正常工作时,开口三角形两侧的电压接近于零,当系统发生一相接地时,开口三角形两端出现零序电压,使电压继电器得电吸合,发出接地预警信号。

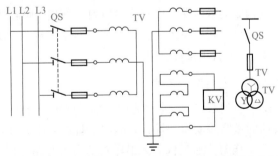

图 4-18 三台单相三绕组电压互感器或一台三相五柱式电压互感器接线

四、电流互感器的接线方式

1. 一台电流互感器接线

如图 4-19(a)所示,这种接线是用来测量单相负荷电流或三相系统中负荷中某一相电流。

2. 三台电流互感器组成星形接线

如图4-19（b）所示，这种接线可以用来测量负荷平衡或不平衡的三相电力供电系统中的三相电流。这种三相星形接线方式组成的继电保护电路，可以保证对各种故障（三相短路、两相短路及单相接地短路）具有相同的灵敏度，所以可靠性稳定。

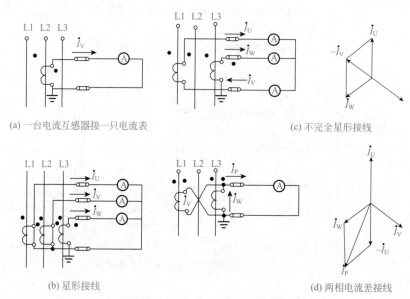

(a) 一台电流互感器接一只电流表　　　　(c) 不完全星形接线

(b) 星形接线　　　　(d) 两相电流差接线

图4-19　电流互感器的接线

3. 两台电流互感器组成不完全星形接线方式

如图4-19（c）所示，这种接线在 $6 \sim 10kV$ 中性点不接地系统中广泛应用。从图中可以看出，通过公共导线上仪表中的电流，等于U、W相电流的相量和，即等于V相的电流。即：

$$\dot{I}_U + \dot{I}_V + \dot{I}_W = 0$$
$$\dot{I}_V = -(\dot{I}_U + \dot{I}_W)$$

不完全星形接线方式构成的继电保护电路，可以对各种相间短路故障进行保护，但灵敏度一般相同，与三相星形接线比较，灵敏度较差。由于不完全星形接线方式比三相星形接线方式少了 1/3 的设备，因此，节省了投资费用。

4. 两台电流互感器组成两相电流差接线

如图4-19（d）所示，这种接线方式通常适用于继电保护线路中。例如，线路或电动机的短路保护及并联电容器的横联差动保护等，它能用于监测各种相间短路，但灵敏度各不相同。这种接线方式在正常工作时，通过仪表或继电器的电流是 W 相电流和 U 相电流的相量差，其数值为电流互感器二次电流的 $\sqrt{3}$ 倍。即：

$$\dot{I}_P = \dot{I}_W - \dot{I}_U$$
$$I_P = \sqrt{3}\, I_U$$

五、电压、电流组合式互感器接线

电压、电流组合式互感器，由单相电压互感器和单相电流互感器组合成三相，在同一油箱体内，如图 4-20（a）所示。目前，国产 10kV 标准组合式互感器型号为 JLSJW-10 型，具体接线方式如图 4-20（b）所示。这种组合式互感器，具有结构简单、使用方便、体积小的优点，通常在户外小型变电站及高压配电线路上作电能计量及继电保护用。

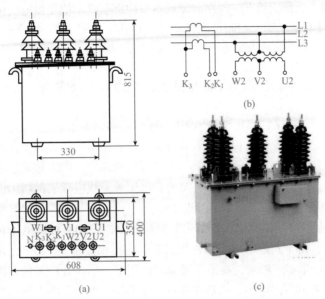

图 4-20 JLSJW-10 型电压、电流组合互感器外形及安装尺寸和具体接线方式

电压互感器的熔体保护

电压互感器通常安装在变配电所电源进线侧或母线上，电压互感器如果使用不当，会直接影响高压系统的供电可靠性。为防止高压系统受电压互感器本身故障或一次引线侧故障的影响，在电压互感器一次侧（高压侧）装设熔断器进行保护。

10kV 电压互感器采用 RN2 型（或 RN4 型）户内高压熔断器，这种熔断器熔体的额定电流为 0.5A，1min 内熔体熔断电流为 0.6 ～ 1.8A，最大开断电流为 50kA，三相最大断流容量为 1000MV·A，熔体具有 100Ω±7Ω 的电阻，且熔管采用石英砂填充，因此这种熔断器具有很好的灭弧性能和较大的断流能力。

电压互感器一次侧熔体的额定电流（0.5A），是根据其机械强度允许条件而选择的最小可能值，它比电压互感器的额定电流要大很多倍，因此二次回路发生过电流时，有可能不熔断。为了防止电压互感器二次回路发生短路所引起的持续过电流损坏互感器，在电压互感器二次侧还需装设低压熔断器，一般户内配电设备装置的电压互感器选用 10/3-5A 型，户外装置的电压互感器可选用 15/6A 型。常用二次侧低压熔断器型号有 R1 型、RL 型及 GF16 型或 AM16 型等，户外装置通常选用 RM10 型。

一、电压互感器一次侧（高压侧）熔体熔断的原因

运行中的电压互感器，高压侧熔体熔断是经常发生的，原因也是多方面的，归纳起来大

概有以下几方面。

❶ 电压互感器二次短路, 而二次侧熔断器由于熔体规格选用过大不能及时熔断, 造成一次侧熔体熔断。

❷ 电压互感器一次侧引线部位短路故障或本身内部短路（单相接地或相间短路）故障。

❸ 系统发生过电压（如单相间歇电弧接地过电压、铁磁谐振过电压、操作过电压等）, 电压互感器铁芯磁饱和, 励磁电流变大引起一次侧熔体熔断。

二、电压互感器一、二次侧熔体熔断后的检查与处理方法

1. 电压互感器一、二次侧一相熔体熔断后电压表指示值的变化

运行中的电压互感器发生一相熔体熔断后, 电压表指示值的具体变化与互感器的接线方式以及二次回路所接的设备状况都有关系, 不可以一概用定量的方法来说明, 而只能概括地定性为: 当一相熔体熔断后, 与熔断相有关的相电压表及线电压表的指示值都会有不同程度的降低, 与熔断相无关的电压表指示值接近正常。

在 10kV 中性点不接地系统中, 若采用有绝缘监察的三相五柱式电压互感器, 当高压侧有一相熔体熔断时, 由于其他未熔断的两相正常相电压相位相差 120°, 合成结果出现零序电压, 在铁芯中会产生零序磁通, 在零序磁通的作用下, 二次开口三角形接法绕组的端头间会出现一个 33V 左右的零序电压, 而接在开口三角形端头的电压继电器一般规定, 整定值为 25 ～ 40V, 因此有可能启动, 而发出"接地"警报信号。

在这里应当说明, 当电压互感器高压侧某相熔体熔断后, 其余未熔断的两相电压相量, 为什么还能保持 120° 相位差（即中性点不发生位移）。当电压互感器高压侧发生一相熔体熔断后, 熔断相电压为零, 其余未熔断两相绕组的端电压是线电压, 每个线圈的端电压应该是二分之一线电压值。这个结论在不考虑系统电网对地电容的前提下可以认为是正确的。

但是实际上, 在高压配电系统中, 各相对地电容及其所通过的电容电流是客观存在且不可忽视的, 如果把这些对地电容, 各相用一个集中的等值电容来代替, 可以画成如图 4-21 所示的系统分析图。从图中可知, 各相的对地电容是和电压互感器的一次绕组并联形成的。由于电压互感器的感抗相当大, 故对地电容所构成的容抗远远小于感抗, 那么负载中性点电位的变化, 即加在电压互感器一次绕组的电压对称度, 主要取决于容抗。因为容抗三相基本是对称的, 所以电压互感器绕组的端电压也是对称的。因此, 熔断器未熔断两相的相电压, 仍基本保持正常相电压, 且两相电压要保持 120° 的相位差（中性点不发生位移）。

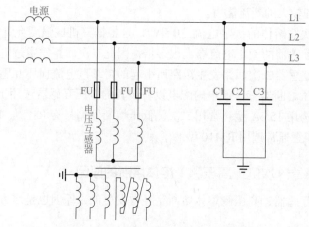

图 4-21 不接地系统对地电容示意图

此外，当电压互感器一次侧（高压侧）一相熔体熔断后，由于熔断相与非熔断相之间的磁路构成通路，非熔断两相的合成磁通可以通过熔断相的铁芯和边柱铁芯构成磁路，结果在熔断相的二次绕组中，感应出一定量的电势（通常在 0 ～ 60% 的相电压之间）。这就是当一次侧某相熔体熔断后，二次侧电压表的指示值不为零的主要原因。

2. 运行中电压互感器熔体熔断后的处理

❶ 运行中的电压互感器，当熔体熔断时，应首先用仪表（如万用表）检查二次侧（低压侧）熔体有无熔断。通常可将万用表挡位开关置于交流电压挡（量程置于 0 ～ 250V），测量每个熔体管的两端有没有电压以判断熔体是否完好。如果二次侧熔体无熔断现象，那么故障一般是发生在一次高压侧。

❷ 低压二次侧熔体熔断后，应更换符合规格的熔体试送电。如果再次发生熔断，说明二次回路有短路故障，应进一步查找和排除短路故障。

❸ 高压熔体熔断的处理及安全注意事项。10kV 及以下的电压互感器运行中发生高压熔体熔断故障，应首先拉开电压互感器高压侧隔离开关，为防止互感器反送电，应取下二次侧低压熔体管，经验证无电后，仔细查看一次引线侧及瓷套管部位是否有明显故障点（如异物短路、瓷套管破裂、漏油等），注油塞处有无喷油现象以及有无异常气味等，必要时，用兆欧表测量绝缘电阻。在确认无异常情况下，可以戴高压绝缘手套或使用高压绝缘夹钳进行更换高压熔体的工作。更换合格熔体后，再试送电，如再次熔断则应考虑互感器内部有故障，要进一步检查试验。

更换高压熔体应注意的安全事项：

a. 更换熔体必须采用符合标准的熔断器，不能用普通熔体，否则电压互感器一旦发生故障，由于普通熔体不能限制短路电流和熄灭电弧，很可能烧毁设备，造成大面积停电事故。

b. 停用电压互感器应事先取得有关负责人的许可，应考虑到对继电保护、自动装置和电度计量的影响，必要时将有关保护装置与自动装置暂时停用，以防止误动作。

c. 应有专人监护，工作中注意保持与带电部分的安全距离，防止发生人身伤亡。

· 第五节 ·

电压互感器的绝缘监察作用

一、中性点不接地系统一相接地故障

在我国电力供电系统中，3 ～ 10kV 的电力网从供电可靠性及故障发生的情况来看，目前均采用中性点不接地方式或经消弧电抗器接地的方式。

在中性点不接地的电力供电系统中，中性点的电位是不固定的，它随着系统三相对地电容的不平衡而改变。通常在架设电力线路时，采取合理的换位措施，从而使各相对地分布电容尽可能地相等，这样可以认为三相系统是对称的，系统中性点与大地等电位。为便于分析，我们可以将系统中每相对地的分布电容用一个集中电容 C 来代替，如图 4-22 所示。

在正常工作状态时，电源的相电流等于负载电流和对地的电容电流 I_{C0} 的相量和，每相对地电容电流大小相等，彼此相位差120°，每相电容电流超前相电压90°，如图 4-22（b）所示。三相对地电容电流的相量和等于零，没有电流在地中流动。每相对地电压 $\dot{U}_U$、$\dot{U}_V$ 和 $\dot{U}_W$

是对称的，在数值上等于电源的相电压。

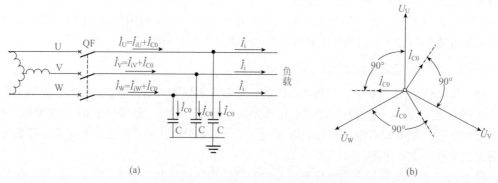

(a) (b)

图 4-22　中性点不接地的三相系统正常工作状态

　　如果线路换位不完善，使各相对地电容不相等，三相对地电容电流相量和就会不等于零，系统的中性点与大地的电位不等，产生电位差，使得三相对地电压不对称。

　　当系统发生一相金属性接地故障时，如果当 W 相发生金属性接地时，它与大地间的电压变为零（$\dot{U}_\text{W} = 0$），而其他未接地故障的两相（U 相和 V 相）对地电压各升高到正常情况下的 $\sqrt{3}$ 倍，即等于电源的线电压值，即 $\dot{U}'_\text{U} = \sqrt{3}\ \dot{U}_\text{U}$，$\dot{U}'_\text{V} = \sqrt{3}\ \dot{U}_\text{V}$，如图 4-23 所示。可以假设在 W 相发生接地故障时，在接地处产生一个与电压 $\dot{U}_\text{W}$ 大小相等而符号相反的 $-\dot{U}_\text{W}$ 电压，这样各相对地电压的相量和为：

$$\dot{U}'_\text{U} = \dot{U}_\text{U} + (-\dot{U}_\text{W}) = \dot{U}_\text{U} - \dot{U}_\text{W} = \sqrt{3}\ \dot{U}_\text{U}$$

$$\dot{U}'_\text{V} = \dot{U}_\text{V} + (-\dot{U}_\text{W}) = \dot{U}_\text{V} - \dot{U}_\text{W} = \sqrt{3}\ \dot{U}_\text{V}$$

　　从图 4-23 的相量图可知，$\dot{U}_\text{V}$ 与 $\dot{U}_\text{U}$ 之间的相角差是 60°，由于 U 相和 V 相的对地电压都增大到 $\sqrt{3}$ 倍，所以 U 相和 V 相的对地电容电流也都增大到 $\sqrt{3}$ 倍，即 $I_\text{CU} = \sqrt{3}\ I_\text{C0}$，$I_\text{CV} = \sqrt{3}\ I_\text{C0}$。W 相因发生接地，所以本身对地电容被短路，电容电流等于零，但接地点的故障电流，根据节点电流定律可以写出：

$$\dot{I}_\text{C} = -(\dot{I}_\text{CU} + \dot{I}_\text{CV})$$

　　从图 4-23（b）可以看出：$\dot{I}_\text{CU}$ 超前 $\dot{U}_\text{U}$90°，$\dot{I}_\text{CV}$ 超前 $\dot{U}_\text{V}$90°，可见这两个电流之间的相角差亦是 60°。通过相量分析计算可以求得：

$$I_\text{C} = \sqrt{3}\ I_\text{CU} = \sqrt{3}\ I_\text{CV}$$

　　又因为 $I_\text{CU} = \sqrt{3}\ I_\text{C0}$，所以 $I_\text{C} = 3I_\text{C0}$。由此可知，系统发生金属性接地故障时，接地点电容电流是每相正常电容电流的 3 倍。如果知道系统每相对地电容 C，通过欧姆定律可以推出接地电容电流绝对值为：

$$I_\text{C} = 3\omega C U_\text{U}$$

式中　U_U——系统的相电压，V；

　　　　ω——角频率，r/s；

　　　　C——相对地电容，F。

上式说明，接地电容电流 I_C 与电网的电压、频率和相对地间的电容值构成正比关系。接地电容电流 I_C 还可以近似利用下列公式估算。

对于架空网路，$I_C = \dfrac{UL}{350}$；

对于电缆网路，$I_C = \dfrac{UL}{10}$。

式中　　U——电网线电压，kV；

　　　　L——同一电压系统电网总长度，km。

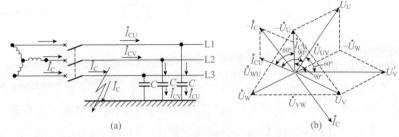

图 4-23　中性点不接地系统，W 相一相接地的情形

综上所述，在中性点不接地的三相电力供电系统中，发生一相接地故障时，会出现以下情况：

❶ 金属性接地时，接地相对地电压为零，非接地两相对地电压升高到相电压的 $\sqrt{3}$ 倍，即等于线电压，而各相之间电压大小和相位保持不变，可概括为"一低，两高，三不变"。

❷ 虽然发生一相接地后，三相系统的平衡没有破坏（相电压和线电压的大小、相位均不变），用电器可以继续运行，但由于未接地，相对地电压升高，在绝缘薄弱系统中有可能发生另外一相接地故障，造成两相短路，使事故扩大。因此，不允许长时间一相接地运行（一般规定不超过 2h）。应当注意，电缆线路一旦发生单相接地，其绝缘一般不可能自行恢复，因此不宜继续运行，应尽快切断故障电缆的电源，避免事故扩大。

❸ 单相弧光接地具有很大的危险性，因为电弧容易引起两相或三相短路，会造成事故扩大。此外断续性电弧还能引起系统内过电压，这种内部过电压能达到 4 倍相电压，甚至更高，容易使系统内绝缘薄弱的电气设备击穿，造成较难修复的故障。弧光接地故障的形成与接地故障点通过容性电流的大小有关，为避免弧光接地对电力供电系统造成的危险，当系统接地电流大于 5A 时，发电机、变压器和高压电动机应考虑装设动作跳闸的接地保护装置。当 10kV 系统接地电流大于 30A 时，为避免出现的电弧接地危害，中性点应采用经消弧电抗器接地的方式（如图 4-24 所示）。消弧电抗器是一个带有可调铁芯的线圈，当发生单相接地故障时，它产生一个与接地电容电流相位差 180° 的电感电流来达到补偿作用，通过调整铁芯电感来达到适当补偿，能使接地故障处的电流变得很小，从而减轻了电弧接地的危害。

❹ 在发生单相不完全接地故障时，各相对地电压的变化与接地过渡电阻的大小有关系，具体情况比较复杂。在一般情况下，接地相对地电压降低，但不到零；非接地的两相对地电压升高，但不相等，其中一相电压低于线电压，另一相允许超过线电压。

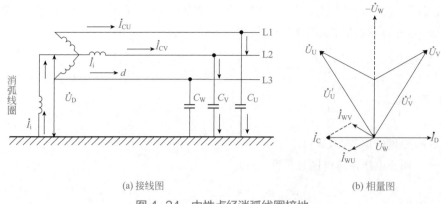

(a) 接线图   (b) 相量图

图 4-24 中性点经消弧线圈接地

二、绝缘监察作用

在中性点不接地系统中，由于单相接地故障并不会破坏三相系统的平衡，相电压和线电压的数值和相位均不变，只是接地相对地电压降低，未接地的两相对地电压升高，系统仍能维持继续运行。但是这种接地故障必须及早发现和排除，以防止发展成两相短路或其他形式的短路故障。由于在中性点不接地系统中，任何一处发生接地故障都会出现零序电压，可以利用零序电压来产生信号，实现对系统接地故障的监视，称为绝缘监察装置。

1. 绝缘监察装置原理接线

绝缘监察用电压互感器的原理接线图，如图 4-25 所示，它是由一台三相五柱式电压互感器（JSJW-10）或三台单相三线圈电压互感器（JDZJ-10）组成的。为进行绝缘监察，电压互感器高压侧中性点应接地。互感器二次侧的基本绕组接成星形，供测量电压及提供信号、操作电源用，辅助绕组连接成开口三角形，在开口三角形两端接有过电压继电器。

电压互感器通常安装在变电站电源进线侧或母线上，正常运行情况下，系统三相对地电压对称，没有零序电压，三只相电压表读数基本相等（由于系统三相对地电容不完全平衡及互感器磁路不对称等，三只相电压表读数会略有差别），开口三角形两端没有电压或有一个很小的不平衡电压（通常不超过 10V），当系统某一相发生金属性接地故障时，接地相对地电压为零，而其他两相对地电压升高√3倍，此时接在电压互感器二次星形绕组上的三只电压表反映出"一低，两高"。同时，在开口三角处两端出现零序电压，使过电压继电器动作，发出接地故障预告信号。

当系统发生金属性接地故障时，开口三角形绕组两端出现的零序电压约为 100V；如果是非金属性接地故障，则开口三角形绕组两端的零序电压小于 100V。为保证在系统发生接地故障时，电压继电器可靠、灵敏地发出信号，通常电压继电器整定动作电压为 26～40V。

2. 开口三角形两端零序电压相量分析

正常运行时，由于电力供电系统三个相电压是对称的，感应到电压互感器二次绕组中的三个相电压也是对称的，它们的接线原理和相量图，如图 4-26 所示。开口三角形的三个绕组是首、尾串联接线。因此，开口端（a_P、x_D）的电压是三个相电压的相量和，在正常运行情况下应为零（或有一个很小的不平衡电压），即 $\dot{U}_{ax} = \dot{U}_U + \dot{U}_V + \dot{U}_W = 0$。当电力供电系统发生接地故障时（例如假定 W 相接地），从图 4-27（a）中可以看出，电压互感器一

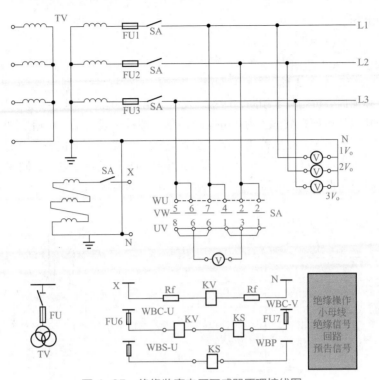

图 4-25　绝缘监察电压互感器原理接线图

FU—熔断器；SA—辅助开关；KV—电压继电器；KS—信号继电器；R—附加电阻

次侧 W 相绕组的首端和尾端均是地电位，因此 W 相绕组上没有电压，感应到电压互感器二次 W 相绕组的电压也为零。由于 W 相接地后，W 相与大地等电位，因此，电压互感器一次侧 V 相绕组两端的电压值为 U_{VW}，U 相绕组两端的电压值为 U_{UW}，即都等于线电压大小。显然，感应到电压互感器二次侧相应的 U 相、V 相绕组电压也应该为正常情况下相电压的 $\sqrt{3}$ 倍。

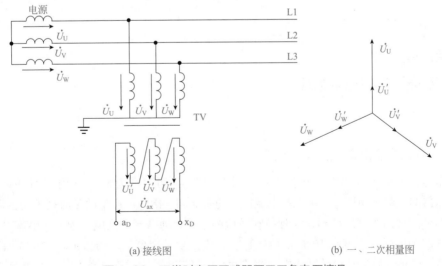

(a) 接线图　　　　　　　　　　(b) 一、二次相量图

图 4-26　正常时电压互感器开口三角电压情况

从图 4-27（b）所示的相量图分析，由于 W 相接地时，系统电源中性点对地电位为 $-\dot{U}_W$，

因此各相对地电压为：

$$\dot{U}_{We} = \dot{U}_W + (-\dot{U}_W) = 0,$$

$$\dot{U}_{Ue} = \dot{U}_U + (-\dot{U}_U) = \sqrt{3}\,\dot{U}_U$$

$$\dot{U}_{Ve} = \dot{U}_V + (-\dot{U}_W) = \sqrt{3}\,\dot{U}_V$$

这个结论和前面分析是基本相同，即系统发生金属性接地故障时，接地相对地电压为零，其他未接地两相对地电压在数值上为相电压的$\sqrt{3}$倍，即等于线电压。从相量图上还可以看出$\dot{U}_{Ue}$和$\dot{U}_{Ve}$的夹角为60°，在这种情况下，加在电压互感器一次侧的三个相电压不对称了，通过相量计算不难求得，$\dot{U}_{Ue} + \dot{U}_{Ve} = 3\dot{U}_0$，即合成电压为3倍的零序电压，同理感应到电压互感器二次侧开口三角形两端的电压$\dot{U}_{ax} = \dot{U}_U + \dot{U}_V = 3\dot{U}_0$，即此开口三角形两个端头间出现3倍的零序电压。

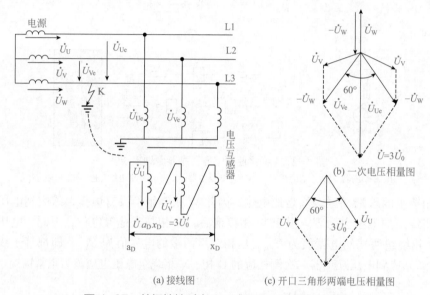

图 4-27　单相接地时电压互感器开口三角电压情况

电流互感器二次开路故障

一、电流互感器二次开路的后果

　　正常运行的电流互感器，由于二次负载阻抗很小，可以认为是一个短路运行的变压器，根据变压器的磁势平衡原理，由二次电流产生的磁通和一次电流产生的磁通是相互去磁关系，使得铁芯中的磁通密度（$B = \phi/S$）保持在较低的水平，通常当一次电流为额定电流时，电流互感器铁芯中的磁通密度在1000Gs（Gs是磁感应强度常用单位，10000Gs=1T）左右，根据这个道理，电流互感器在设计制造中，铁芯截面选择较小。当二次开路时，二次电流变为零，二次去磁磁通消失，此时，由一次电流所产生的磁通全部成为励磁磁通，铁芯中磁通加速地增加，使铁芯达到磁饱和状态（在二次开路情况下，一次侧流过额定电流时，铁芯中的磁通密度可达 14000 ～ 18000Gs)。由于磁饱和这一根本的原因，产生下列情况：

❶ 二次绕组侧产生很高的尖峰波电压（可达几千伏），危害设备绝缘和人身安全。

❷ 铁芯中产生剩磁，使电流互感器变比误差和相角误差加大，影响计量准确性，所以运行中的电流互感器二次不允许开路。

❸ 铁芯损耗增加，发热严重，有可能烧坏绝缘。

二、电流互感器二次开路的现象

运行中的电流互感器二次发生开路，在一次侧负荷电流较大的情况下，可能会有下列情况：

❶ 因铁芯电磁振动加大，有异常噪声。

❷ 因铁芯发热，有异常气味。

❸ 有关表计（如电流表、功率表、电度表等）指示减少或为零。

❹ 如因二次回路连接端子螺钉松动，可能会有滋火现象和放电声响，随着滋火，有关表计指针有可能随之摆动。

三、电流互感器二次开路的处理方法

运行中的电流互感器发生二次开路，能够停电的应尽量停电处理，不能停电的应设法转移和降低一次负荷电流，待渡过高峰负荷后，再停电处理。如果是电流互感器二次回路仪表螺钉或端子排螺钉松动造成开路，在尽量降低负荷电流和采取必要安全措施（有人监护，注意与带电部位安全距离，使用带有绝缘柄的工具等）的情况下，可以不停电修理。

如果是高压电流互感器二次出口端处开路，则限于安全距离，人不能靠近，必须在停电后才能处理。

高压电气二次回路继电保护装置的作用与原理

电力供电系统包括发电、变电、输电、配电和用电等环节，成千上万的电气设备和数百或上千公里的线路组合在一起构成了复杂的系统。由于自然条件和人为的影响（如雷电、暴雨、狂风、冰雹、误操作等），发生电气事故的可能性普遍存在。而电力供电系统又是一个统一的整体，一处发生事故就可能迅速扩大到其他地方。例如 10kV 中性点不接地系统，当一相发生金属性接地故障时，另两相对地电压就会升高，威胁着整个线路上的电气设备。另外，发生电气短路事故时，由于短路电流的热效应和电动力的作用，电气设备往往会受到致命的破坏。

因此，电力供电系统必须保证安全可靠地运行，只有在此前提下才能谈到运行的经济性、合理性。为了保证电力供电系统运行可靠，必须设置继电保护装置。

一、继电保护装置的任务

❶ 监视电力供电系统的正常运行。当电力供电系统发生异常运行时（如在中性点不直接接地的供电系统中，发生单相接地故障、变压器运行温度过高、油面下降等），继电保护装置应准确地下做出判断并发出相应的信号或警报，以便使值班人员及时发现、迅速处理，使之尽快恢复正常。

❷ 当电力供电系统中发生损坏设备或危及系统安全运行的故障时，继电保护装置应能立即动作，使故障部分的断路器掉闸，切除故障点，防止事故扩大，以确保系统中非故障部分继续正常供电。

❸ 继电保护装置还可以实现电力系统自动化和运动化，如自动重合闸、备用电源自动投入、遥控、遥测、遥信等。

二、对继电保护装置的基本要求

1. 动作选择性

电力供电系统发生故障时，继电保护动作，但只切除系统中的故障部分，而其他非故障部分仍继续供电，如图 5-1 所示。

继电保护装置的选择性，是靠选择合适的继电保护类型和正确计算整定值，使各级继电保护相互很好地配合而实现的。当确定了继电保护装置类型后，在整定值的配合上，通过设定不同的动作时限，可以使上级线路断路器继电保护动作时限比本级线路的断路器继电保护动作时限大一个时限级差 Δt，一般取 $0.5 \sim 0.7s$。

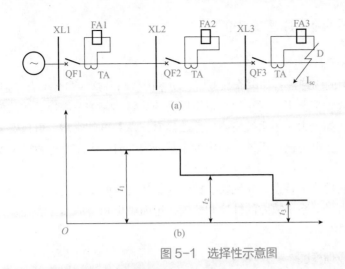

图 5-1 选择性示意图

图 5-1 线路的始端装有过电流保护，当线路 3（XL3）发生短路故障时，短路电流从电源流经线路 1（XL1）、线路 2（XL2）及线路 3（XL3），把故障电流传递到短路点 D 处。短路电流要同时通过各线路的电流互感器进入各自的继电保护系统，各组继电保护中的电流继电器都应该有反应，甚至于同时动作（只要电流达到保护整定电流时），但由于整定的动作时限不同（原则是 $t_1 > t_2 > t_3$，时限级差 Δt 为 0.5 ～ 0.7s），所以线路 3 的继电保护首先动作使断路器出现掉闸，其他线路的继电保护由于故障线路已经切除，则立即返回，这样就实现了动作选择性，保证了非故障线路的正常供电。

2. 动作迅速性

为了减少电力供电系统发生故障时造成的经济损失，要求继电保护装置快速切除故障，因此继电保护的整定时限不宜过长，对某些主设备和重要线路采用快速动作的继电保护以零秒时限使断路器掉闸，一般速断保护的总体掉闸时间不会超过 0.2s。

3. 动作灵敏性

对于继电保护装置，应验算整定值的灵敏度。它应保证对于保护范围内的故障有足够的灵敏性。即，对于保护范围内的故障，不论故障点的位置和故障性质如何，都应迅速做出反应，为了保证继电保护动作的灵敏性，在计算出整定值时，应进行灵敏度的校验。

故障后参数量（如电流）增加的继电保护装置的灵敏度，又叫继电保护的灵敏系数，是保护装置所保护的区域内，在系统为最小运行方式的条件下的短路电流与继电保护的动作电流换算到一次侧的电流值之比，灵敏度以 K_{se} 表示。

$$K_{se} = \frac{保护范围末端的最小短路电流}{继电保护装置折算到一次侧的动作电流}$$

规程中规定，继电保护的灵敏系数应为 1.2 ～ 1.5 才能满足要求。对于电动机和变压器的速断保护，灵敏系数要求大于 2。

4. 动作可靠性

继电保护的可靠性，是指在保护范围内发生故障时，继电保护应可靠地动作，而在正常运行状态继电保护装置不会动作，就是说，继电保护既不误动作，也不拒绝动作，以保证继电保护正确产生动作。

三、继电保护装置的基本原理及其框图

1. 继电保护装置的基本原理

电力供电系统运行中的物理量，如电流、电压、功率因数角，这些参数都有一定的数值，这些数值在正常运行和故障情况下，对于保护范围以内的故障和保护范围以外的故障是不一样的，是有明显区别的。如电力供电系统发生短路故障时，总是电流突增，电压突降，功率因数角突变。反过来说，当电力供电系统运行中发生某种突变时，那就是电力供电系统发生了故障。

继电保护装置正是利用这个特点，在反映、检测这些物理量的基础上，利用物理量的突然变化来发现、判断电力供电系统故障的性质和范围，进而做出相应的反应和处理，如发出警告信号或使断路器掉闸等。

2. 继电保护装置的原理框图

继电保护装置的原理框图如图 5-2 所示。继电保护装置是由以下单元组成的。

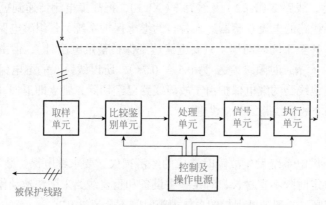

图 5-2　继电保护装置的原理框图

（1）**取样单元**　它将被保护的电力供电系统运行中的物理量进行电气隔离（以确保继电保护装置的安全）并转换为继电保护装置中比较鉴别单元可以接收的信号。取样单元一般由一台或几台传感器组成，如电流互感器、电压传感器等。

为了便于理解，以 10kV 系统的某类电流保护为例。对于电流保护，取样单元一般就是由 2 只（或 2 只以上）电流互感器构成的。

（2）**比较鉴别单元**　该单元中包含有给定单元，由取样单元来的信号与给定单元给出的信号相比较，以便确定往下一级处理单元发出何种信号。

在电流保护中，比较鉴别单元由 4 只电流继电器组成，2 只作为速断保护，另 2 只作为过电流保护。电流继电器的整定值部分即为给定单元，电流继电器的电流线圈则接收取样单元（电流互感器）送来的电流信号，当电流信号达到电流整定值时，电流继电器动作，通过其接点向下一级处理单元发出使断路器最终掉闸的信号，若电流信号小于整定值，则电流继电器不会动作，传向下级单元的信号也不动作。本单元不但通过比较来确定电流继电器是否动作，而且能鉴别是要按"速断"还是按"过电流"来动作，并把"处理意见"传送到下一单元。

（3）**处理单元**　它接收比较鉴别单元送来的信号，并按比较鉴别单元的要求来进行处理。该单元一般由时间继电器、中间继电器等构成。

在电流保护中，若需要按"速断"处理，则让中间继电器动作；若需要按"过电流"处理，

则让时间继电器动作进行延时。

（4）**信号单元** 为便于值班员在继电保护装置动作后尽快掌握故障的性质和范围，用信号继电器做出明显的标志。

（5）**执行单元** 继电保护装置是一种电气自动装置，由于它要满足快速性的要求，因此有执行单元。对故障的处理通过执行单元进行实施。执行单元一般有两类，一类是声、光信号电器，例如电笛、电铃、闪光信号灯、光字牌等，另一类为断路器的操作机构，它可使断路器分闸及合闸。

（6）**控制及操作电源** 继电保护装置要求有自己的交流或直流电源，对此，在后面的章节还要较详细地介绍。

四、继电保护类型

1. 电流保护

该继电保护是根据电力供电系统的运行电流变化而动作的保护装置，按照保护的设定原则、保护范围及原理特点，可分为：

（1）**过负荷保护** 作为电力供电系统中的重要电气设备（如发电机、主变压器）的安全保护装置，例如：变压器的过负荷保护，是按照变压器的额定电流或限定的最大负荷电流而确定的。当电力变压器的负荷电流超过额定值而达到继电保护的整定电流时，即可在整定时间动作，发出过负荷信号，值班人员可根据保护装置的动作信号，对变压器的运行负荷进行调整和控制，以达到变压器安全运行的目的，使变压器运行寿命不低于设计使用年限。

（2）**过电流保护** 电力供电系统中，变压器以及线路的重要继电保护，是按照避开可能发生的最大负荷电流而整定的（就是保护的整定值要大于电机的自启动电流和发生穿越性短路故障而流经本线路的电流）。当继电保护中流过的电流达到保护装置的整定电流时，即可在整定时间内使断路器掉闸，切除故障，使系统中非故障部分可以正常供电。

（3）**电流速断保护** 电流速断保护是变压器和线路的主要保护。它是保证在电力供电系统被保护范围内发生严重短路故障时以最短的动作时限，迅速切除故障点的电流保护，是在系统最大运行方式的条件下，按照躲开线路末端或变压器二次侧发生三相金属性短路时的短路电流而设定的。当速断保护动作时，以零秒时限使断路器掉闸，切除故障。

2. 电压保护

电压保护是电力供电系统发生异常运行或故障时，根据电压的变化而动作的继电保护。

电压保护按其在电力供电系统中的作用和整定值的不同，可分为：

（1）**过电压继电保护** 这是一种为防止电力供电系统由于某种原因使电压升高导致电气设备损坏而装设的继电保护装置。

（2）**低电压继电保护** 这是一种为防止电力供电系统的电压因某种原因突然降低致使电气设备不能正常工作而装设的继电保护装置。

（3）**零序电压保护** 这是三相三线制中性点绝缘的电力供电系统中，为防止一相绝缘破坏造成单相接地故障的继电保护。

3. 方向保护

这是一种具有方向性的继电保护。对于环形电网或双回线供电的系统，某部分线路发生短路故障，且故障电流的方向符合继电保护整定的电流方向，则保护装置立即动作，切除故障点。

4. 差动保护

这是一种电力供电系统中，被保护设备发生短路故障，在保护中因产生的差动电流而动作的保护装置。一般用作主变压器、发电机和并联电容器的保护装置，按其装置方式的不同可分为以下两种。

（1）横联差动保护　横联差动保护常作为发电机的短路保护和并联电容器的保护，一般设备的每相均为双绕组或双母线时，采用这种差动保护，其原理如图 5-3 所示。

（2）纵联差动保护　一般常作为主变压器保护，是专门保护变压器内部和外部故障的主保护，其原理示意如图 5-4 所示。

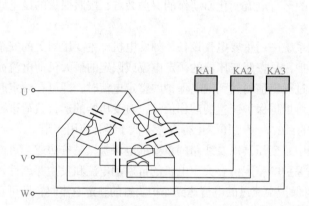
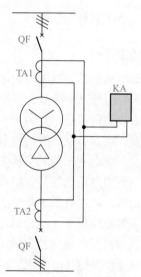

图 5-3　并联电容器的横联差动保护原理示意图　　图 5-4　纵联差动保护原理示意图

5. 高频保护

这是一种主系统、高压长线路的高可靠性的继电保护装置。

6. 距离保护

这种继电保护是主系统的高可靠性、高灵敏度的继电保护，又称为阻抗保护，这种保护是按照线路故障点不同的阻抗值而整定的。

7. 平衡保护

这是一种高压并联电容器的保护装置。继电保护有较高的灵敏性，对于采用双星形接线的并联电容器组，采用这种保护较为合适。它是根据并联电容器发生故障时产生的不平衡电流而动作的一种保护装置。

8. 负序及零序保护

这是三相电力供电系统中发生不对称短路故障与接地故障时的主要保护装置。

9. 气体保护

这是变压器内部故障的主保护，为区别故障性质，分为轻气体保护和重气体保护，监测变压器工作状况。当变压器内部故障严重时，重气体保护动作，使断路器掉闸，避免变压器故障范围的扩大。

10. 温度保护

这是专门监视变压器运行温度的继电保护，可以分为警报和掉闸两种整定状态。

以上 10 种类型的继电保护装置，其中的比较鉴别单元、处理单元、信号单元是由电磁式、感应式等各种继电器构成的。由于技术的进步，电子器件以及计算机已逐步引入到继电保护的领域中，尽管目前尚不普遍，但却代表了继电保护发展方向。

·第二节·

变、配电所继电保护中常用的继电器

10kV 变、配电所一般容量不大，供电范围有限，故而常采用比较简单的继电保护装置，例如过流保护、速断保护等。这里仅重点介绍一些构成过流保护、速断保护用的继电器。继电器内部接线如图 5-5 所示。

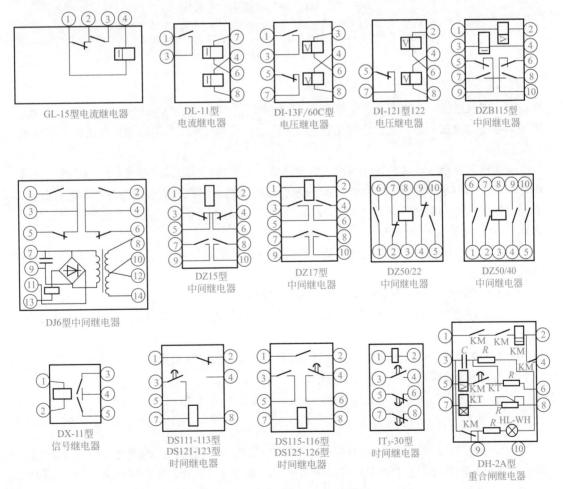

图 5-5　常用继电器内部接线图

一、感应型 GL 系列电流继电器

这种继电器应用于 10kV 系统的变配电所，作为线路变压器、电动机的电流保护。GL 型电流继电器是根据电磁感应的原理而工作的，主要由圆盘感应部分和电磁瞬动部分构成。由于继电器既有根据感应原理构成的反时限特性的部分，又有电磁式瞬动部分，所以称为有限、反时限电流继电器。但是，这种继电器是以反时限特性的部分为主。GL 系列电流继电器的外形及构造如图 5-6 所示。

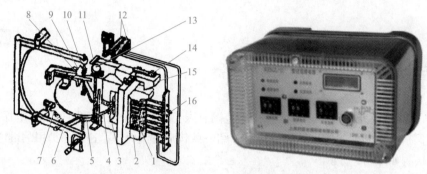

图 5-6　GL 系列电流继电器的外形及构造

1—线圈；2—电磁铁；3—短路环；4—铝盒；5—钢片；6—框架；7—调节弹簧；
8—制动永久磁铁；9—扇形齿轮；10—蜗杆；11—扁杆；12—继电器触点；
13—调节时限螺杆；14—调节速断电流螺钉；15—衔铁；16—调节动作电流的插销

1. GL 型电流继电器的结构

（1）电流线圈　由绝缘铜线绕制而成，有分别连接到一些插座的抽头，以改变线圈匝数。继电器整定电流的调整，主要是改变电流线圈匝数，从而改变继电器的动作电流值（即整定电流值）。

（2）铁芯及衔铁　这是继电器的主要磁通路，又是继电器的操动部分。继电器的电磁瞬动部分就是通过继电器铁芯与衔铁之间的作用而构成的，在铁芯的极面与衔铁之间有气隙，调整气隙的大小可以改变速断电流的数值，铁芯是由硅钢片叠装而成的，在衔铁上嵌有短路坏。

（3）圆盘（铝盘）及其带螺杆的轴　这是继电器的驱动部分，也是构成继电器反时限特性的主要部分。

（4）门型框架（也称可动框架）　用作继电器圆盘、蜗杆轴的固定部分。

（5）扇形齿轮　这是继电器的机械传动部分，也是构成继电器反时限特性的主要组成部分。

（6）永久磁铁　可以使继电器圆盘匀速旋转而产生电磁阻尼力矩的制动部分。

（7）时间调整螺杆　这是继电器动作时限的调整部件。

此外，还有产生反作用力矩的弹簧，继电器动作指示信号牌，外壳，等等。

2. GL 型电流继电器的工作原理

在继电器铁芯的极面上嵌有短路环，使得继电器电流线圈所产生的磁通分两部分穿过圆盘。当继电器的线圈中有电流流过时，铁芯中的磁通分成两部分，即穿过短路环的部分和未穿过短路环的部分，这两个磁通在相位上差 $\frac{\pi}{2}$，穿过夹在铁芯间隙中的圆盘的两个不同的位置。根据电磁感应原理，圆盘在磁通穿过的部分产生涡流，从而使圆盘在磁通和涡流的相互作用下产生旋转力矩（转矩）。圆盘的转矩与电流的平方成正比，圆盘的旋转速度由转矩的大小决定。由于圆盘夹在永久磁铁的两极之间，在圆盘旋转时，同时切割了永久磁铁的磁通，所以在圆盘中也产生涡流，这个涡流与永久磁铁的磁通相互作用产生了转矩，根据左手定则可判断出这个转矩恰恰与圆盘的旋转方向相反，对圆盘的旋转起到了阻尼作用，这种作用称为电磁阻尼。阻尼转矩的大小与圆盘的转速有关，这样可使受力情况圆盘转速完全对应于电流的大小而不会自行加速，使得圆盘匀速转动。

当线圈中通过的电流达到继电器整定电流时，铝盘受力达到了足以使门型框架克服反作用力弹簧的拉力，使扇形齿轮与圆盘轴上的螺杆啮合，随着圆盘的旋转，扇形齿轮不断上升，经过一定的时间后使扇形齿轮上的挑杆挑起电磁衔铁上的杠杆，致使衔铁与铁芯间隙减小而加速吸向铁芯，使继电器的常开触点闭合（或常闭触点打开），杠杆同时把信号牌可以挑下，表示继电器已经动作。触点闭合后，接通断路器的掉闸回路使断路器掉闸。

3. GL 型电流继电器的特点

继电器圆盘的转速主要取决于继电器线圈中流过电流的大小，而圆盘的转速又决定了继电器动作的时间，这样就形成了继电器的反时限特性。特性曲线如图 5-7 所示，曲线中 abc 部分为反时限特性部分，cc'd 为定时限特性部分。

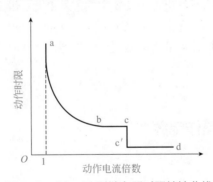

图 5-7　GL-15 型继电器时限特性曲线

继电器的电磁瞬动部分主要是由铁芯与衔铁组成。电磁部分的动作不需要时间，当继电器线圈的电流足够大时，衔铁靠铁芯中产生的漏磁通很快将衔铁吸下来，使继电器的触点瞬时闭合。它的动作时间一般为 0.05～0.1s。电磁瞬动部分的动作电流整定倍数，可借助于衔铁右端上面的气隙调整螺钉来调节。

GL 型电流继电器具有速断和过电流两种功能，有信号掉牌指示，触点容量大，可以没有中间继电器。继电器触点可做成常开式（可用直流操作电源），常闭式和一对常闭、一对常开式等形式。

此种继电器结构复杂、精度不高，调整时误差较大，电磁部分的调整误差更大，返回系数低。

二、电磁型继电器

1. DL 系列电流继电器

这种继电器是根据电磁原理而工作的瞬动式电流继电器，是一种定时限过流保护和速断保护的主要继电器。这种继电器动作准确，电流的调整分粗调与细调，粗调靠改变电流线圈的串、并联方式，而细调主要是靠改变螺旋弹簧的松紧力而改变动作电流的。继电器的接点为一对常开接点，接点容量小时需要靠时间或中间继电器的接点去执行操作。

2. J 系列电压继电器

这种继电器的构造和工作原理与 DL 系列电流继电器相同，只不过线圈为电压线圈，是一种过电压和低电压以及零序电压保护的主要继电器。

3. DZ 系列交、直流中间继电器

这种继电器是继电保护中起辅助和操作用的继电器，通常又称为辅助继电器，是一种执行元件，型号较多，接点的对数也较多，有常开和常闭接点。继电器的额定电压应根据操作电源的额定电压来选择。

4. DS 系列时间继电器

它是一种构成定时限过流保护的时间元件，继电器有时间机构，可以依据整定值进行调整，是过电流保护和过负荷保护中的重要组成部分。

5. DX 系列信号继电器

这种继电器的结构简单，是继电保护装置中的信号单元。继电器动作时，掉牌自动落下，同时带有接点，可以接通音响、警报及信号灯部分。通过信号继电器的指示，反映故障性质和动作保护的类别。此种继电器可分为电压型和电流型，选择时必须注意这一点。

· 第三节 ·

继电保护装置常用的操作电源

继电保护装置的操作电源是继电保护装置的重要组成部分。要使继电保护可靠动作，就需要可靠的操作电源。对于不同的变、配电所，采用不同型式的继电保护装置，因而就要配置不同型式的操作电源。发电厂或供电所的操作电源可分为直流操作电源和交流操作电源两大类，每一类又可以再进一步划分。

一、对操作电源的基本要求

（1）**保证供电的可靠性**　为了保证操作电源供电的可靠性，最好装设具有储电功能的独立的直流操作电源，以免交流电源系统发生故障时，影响对二次系统的正常供电。

（2）**具备足够的电源容量**　电源容量从以下三方面考虑：

❶ 当一次系统正常运行时，应满足控制、信号和自动装置正常工作的需要。

❷ 当一次系统发生故障时，应满足保护、控制和信号系统的供电，保证保护装置的正确动作。

❸ 当厂用交变电源消失时，应满足事故照明、直流润滑油泵和交流不停电源的供电需要。

（3）**不影响对直流负荷的正常供电**　具有富电池的直流操作电源系统，当进行充电或放

电时，应不影响对直流负荷的正常供电。

二、交流操作电源

交流操作的继电保护，广泛用于 10kV 变配电所中，交流操作电源主要取自电压互感器、变配电所内用的变压器、电流互感器等。

1. 交流电压作为操作电源

这种操作电源常作为变压器的气体保护或温度保护的操作电源。断路器操作机构一般可用 C82 型手力操动机构，配合电压切断掉闸（分励脱扣）机构。操作电源取自电压互感器（电压 100V）或变配电所内用的变压器（电压 220V）。

这种操作电源，实施简单、投资节省、维护方便，便于实施断路器的远程控制。

交流电压操作电源的主要缺点是受系统电压变化的影响，特别是当被保护设备发生三相短路故障时，母线电压急剧下降，影响继电保护的动作，使断路器不能掉闸，造成越级掉闸，可能使事故扩大。这种操作电源不适合用在变配电所的主要保护中。

2. 交流电流作为操作电源

对于 10kV 反时限过流保护，往往采用交流电流操作，操作电源取自电流互感器。这种操作电源一般分为以下几种操作方式。

❶ 直接动作式交流电流操作的方式，如图 5-8 所示。

以这种操作方式构成的保护，结构简单，经济实用，但是动作电流精度不高，误差较大，适用于 10kV 以下的电动机保护或用于一般的配电线路中。

❷ 采用去分流式交流电流的操作方式。这种操作方式继电器应采用常闭式接点，结构比较简单，如图 5-9 所示。

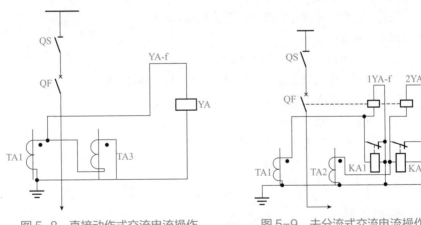

图 5-8　直接动作式交流电流操作　　　　图 5-9　去分流式交流电流操作

❸ 应用速饱和变流器的交流电流的操作方式。这种操作方式还需要配置速饱和变流器。继电器常用常开式接点，这种方式可以限制流过继电器和操作机构电流线圈的电流，接线相对简单，如图 5-10 所示。

在应用交流电流的操作电源时，应注意选用适当型号的电流继电器和适宜型号的断路器操作机构掉闸线圈。

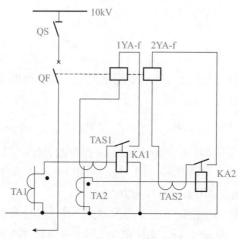

图 5-10　速饱和变流器的交流电流操作

三、直流操作电源

直流操作电源适用于比较复杂的继电保护，特别是有自动装置时，更为必要。常用的直流操作电源分为固定蓄电池组和硅整流式直流操作电源。

1. 蓄电池组的直流操作电源

这种操作电源用于大中型变、配电所，配电出线较多，或双路电源供电，有中央信号系统并需要电动合闸时，较为适当（多用于发电厂）。它可以应用蓄电池组作直流电源，供操作、保护、灯光信号、照明、通信以及自动装置等使用，往往用于建蓄电池室，设专门的直流电源控制盘。这种操作电源是一种比较理想的电源。其优缺点如下所述。

（1）蓄电池组操作电源的优点

❶ 电压质量好，供电系统电压变化不受影响。

❷ 运行稳定、可靠。

❸ 具有独立性，不依靠于交流供电系统。

❹ 在变电站全部无电的情况下，可提供事故照明、事故抢修及分、合闸电源。

（2）蓄电池组操作电源的缺点

❶ 增加了建筑面积和建设成本。

❷ 需安装定充和浮充的充电设备或机组。

❸ 运行寿命短，需定期进行检查、更换蓄电池。

❹ 维护工作复杂，工作量大。

2. 硅整流操作电源

这种操作电源是交流经变压、整流后得到的，和固定蓄电池组相比较经济实用，无需建筑直流室和增设充电设备，适用于中小型变、配电所，采用直流保护或具有自动装置的场合。为保证操作电源的可靠性，应采用独立的两路交流电源供电。硅整流操作电源的接线原理如图 5-11 所示。

如果操作电源供电的合闸电流不大，硅整流柜的交流电源，可由电压互感器供电，同时为了保证在交流系统整个停电或系统发生短路故障的情况下，继电保护仍能可靠动作掉闸。

硅整流装置还要采用直流电压补偿装置。常用的直流电压补偿装置是在直流母线上增加电容储能装置或镉镍电池组。

（1）硅整流操作电源的优点

❶ 体积小，节省用地。

❷ 换能效率高。

❸ 运行无噪声，性能稳定。

❹ 运行、维护简单，调节方便。

（2）硅整流操作电源的缺点

❶ 直流电压受供电的交流系统电压变化的影响，因此，要求给硅整流装置供电的交流系统应运行稳定。

❷ 供电容量较小，受供电的交流系统容量的制约。

❸ 二次回路较为复杂。

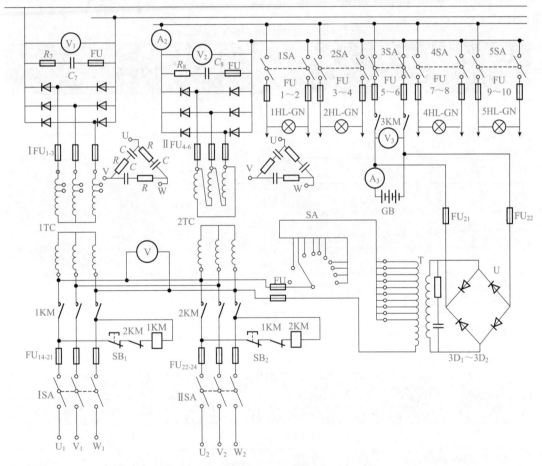

图 5-11　硅整流操作电源的接线原理

四、继电保护装置的二次回路

供电、配电用的回路，往往有较高的电压、电流，输送的功率很大，称为一次回路，又叫作主回路。为一次回路服务的检测计量回路、控制回路、继电保护回路、信号回路等叫作二次回路。

　　继电保护装置，由六个单元构成，因而继电保护二次回路就包含了若干回路。这些回路，按电源性质可分为：交流电流回路（主要是电流互感器的二次回路）、交流电压回路（主要是电压互感器的二次回路）、直流操作回路、控制回路及交流操作回路等。按二次回路的主要用途可分为：继电保护回路、自动装置回路、开关控制回路、灯光及音响的信号回路、隔离开关与断路器的电气联锁回路、断路器的分合闸操作回路及仪表测量回路等。

　　绘制继电保护装置二次回路接线图、原理图应遵循以下原则：

　　❶ 必须按照国家标准的电气图形符号绘制。

　　❷ 继电保护装置二次回路中，还要标明各元件的文字标号，这些标号也要符合国家标准。

　　❸ 继电保护二次回路接线图（包括盘面接线图）中回路的数字标号，又称线号，应符合下述规定。

　　a. 继电保护的交流电压、电流、控制、保护、信号回路的数字标号见表5-1。

表5-1　交流回路文字标号组

回路名称	互感器的文字符号	回路标号组				
		U相	V相	W相	中性线	零序
保护装置及测量表计的电流回路	TA	U401~409	V401~409	W401~409	N401~409	
	1TA	U411~419	V411~419	W411~419	N411~419	
	2TA	U421~429	V421~429	W421~429	N421~429	
保护装置及测量表计的电压回路	TV	U601~609	V601~609	W601~609	N601~609	
	1TV	U611~619	V611~619	W611~619	N611~619	
	2TV	U621~629	V621~629	W621~629	N621~629	
控制、保护信号回路		U1~399	V1~399	W1~399	N1~399	

　　b. 继电保护直流回路数字标号见表5-2。

表5-2　直流回路数字标号组

回路名称	数字标号组			
	I	II	III	IV
+电源回路	1	101	201	301
-电源回路	2	102	202	302
合闸回路	3~31	103~131	203~231	303~331
绿灯或合闸回路监视继电器的回路	5	105	205	305
跳闸回路	33~49	133~149	233~249	333~349
红灯或跳闸回路监视继电器的回路	35	135	235	335

续表

回路名称	数字标号组			
	I	II	III	IV
备用电源自动合闸回路	50～69	150～169	250～269	350～369
开关器件的信号回路	70～89	170～189	270～289	370～389
事故跳闸音响信号回路	90～99	190～199	290～299	390～399
保护及自动重合闸回路	01～099（或J1～99）			
信号及其他回路	701～999			

c. 继电保护及自动装置用交流、直流小母线的文字符号及数字标号见表5-3。

表5-3　小母线标号

小母线名称		小 母 线 标 号	
		文字标号	数字标号
控制回路电源小母线		+WB-C	101
		−WB-C	102
信号回路电源小母线		+WB-S	701、703、705
		−WB-S	702、704、706
事故音响小母线	用于配电设备装置内	WB-A	708
预报信号小母线	瞬时动作的信号	1WB-PI	709
		2WB-PI	710
	延时动作的信号	3WB-PD	711
		4WB-PD	712
直流屏上的预报信号小母线（延时动作信号）		5WB-PD	725
		6WB-PD	724
在配电设备装置内瞬时动作的预报小母线		WB-PS	727
控制回路短线预报信号小母线		1WB-CB	713
		2WB-CB	714
灯光信号小母线		−WB-L	
闪光信号小母线		（＋）WB-N-FLFI	100
合闸小母线		+WB-N-WBF-H	
"掉牌未复归"光字牌小母线		WB-R	716
指挥装置的音响小母线		WBV-V	715
公共的V相交流电压小母线		WBV-V	V600

续表

小母线名称	小母线标号	
	文字标号	数字标号
第一组母线系统或奇数母线段的交流电压小母线	1WBV-U	U640
	1WBV-W	W640
	1WBV-N	N640
	1WBV-Z	Z640
	1WBV-X	X640
第二组母线系统或偶数母线段的交流电压小母线	2WBV-U	U640
	2WBV-W	W640
	2WBV-N	N640
	2WBV-Z	Z640
	2WBV-X	X640

d. 继电保护的操作、控制电缆的标号规定：变、配电所中的继电保护装置、控制与操作电缆的标号范围是 100 ～ 199，其中 111 ～ 115 为主控制室至 6 ～ 10kV 的配电设备装置，116 ～ 120 为主控制室至 35kV 的配电设备装置，121 ～ 125 为主控制室至 110kV 配电设备装置，126 ～ 129 为主控制室至变压器，130 ～ 149 为主控制室至室内屏间联络电缆，150 ～ 199 为其他各处控制电缆标号。同一回路的电缆应当采用同一标号，每一电缆的标号后可加角注 a、b、c、d 等。主控制室内电源小母线的联络电缆，按直流网络配电电缆标号，其他小母线的联络电缆用中央信号的安装单位符号标注编号。

· 第四节 ·

电流保护回路的接线特点

电流保护的接线，根据实际情况和对继电保护装置保护性能的要求，可采用不同的接线方式。凡是需要根据电流的变化而动作的继电保护装置，都需要经过电流互感器，把系统中的电流变换后传送到继电器中去。实际上电流保护的电流回路的接线，是指变流器（电流互感器）二次回路的接线方式。为说明不同保护接线的方式，对系统中各种短路故障电流的反应，进一步说明各种接线的适用范围，对每种接线的特点做以下介绍。

一、三相完整星形接线特点

三相完整星形接线如图 5-12 所示。

电流保护完整星形接线的特点：

❶ 其是一种合理的接线方式，用于三相三线制供电系统的中性点不接地、中性点直接接地和中性点经消弧电抗器接地的三相系统中，也适用于三相四线制供电系统。

❷ 对系统中各种类型短路故障的短路电流，灵敏度较高，保护接线系数等于 1。因而对

系统中三相短路、两相短路、两相对地短路及单相短路等故障，都可起到保护作用。

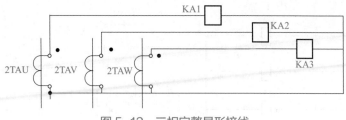

图 5-12 三相完整星形接线

❸ 保护装置适用于 10 ～ 35kV 变、配电所的进、出线保护和变压器。

❹ 这种接线方式，使用的电流互感器和继电器数量较多，投资较高，接线比较复杂，增加了维护及试验的工作量。

❺ 保护装置的可靠性较高。

二、三相不完整星形接线（V 形接线）特点

V 形接线是三相供电系统中 10kV 变、配电所常用的一种接线，如图 5-13 所示。

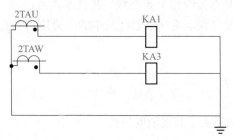

图 5-13 不完整星形接线

电流保护不完整星形接线的特点：

❶ 应用比较普遍，主要是 10kV 三相三线制中性点不接地系统的进、出线保护。

❷ 接线简单、投资节省、维护方便。

❸ 这种接线不适宜作为大容量变压器的保护，V 形接线的电流保护主要是一种反应多相短路的电流保护，对于单相短路故障不起保护作用，当变压器为 Y，Y/Y$_0$ 接线，当未装电流互感器的相发生单相短路故障时，保护不动作。用于 Y，Y/ △ 接线的变压器中，如保护装置设于 Y 侧，而△侧发生 U、V 两相短路，则保护装置的灵敏度将要降低，为了改善这种状态，可以采用改进型的 V 形接线，即两相装电流互感器，采用三只电流继电器的接线，如图 5-14 所示。

❹ 采用不完整星形接线（V 形接线）的电流保护，必须用在同一个供电系统中，不装电流互感器的相应该一致。否则，在本系统内发生两相接地短路故障（恰恰在两路配电线路中的没有保护的两相上），保护装置将拒绝动作，就会造成越级掉闸事故，延长故障切除时间，使事故影响面扩大。

三、两相差接线特点

这种保护接线是采用两相接电流互感器，只能用一只电流继电器的接线方式。其原理接

线如图 5-15 所示。

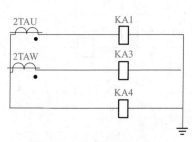

图 5-14 改进型 V 形接线

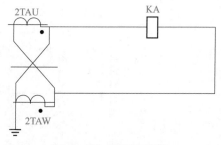

图 5-15 两相差接线

这种接线的电流保护的特点如下：

❶ 保护的可靠性差，灵敏度不够，不适用于所有形式的短路故障。

❷ 投资少，使用的继电器最少，结构简单，可以用作保护系统中多相短路的故障。

❸ 只适用于 10kV 中性点不接地系统的多相短路故障，因此，常用作 10kV 系统的一般线路和高压电机的多相短路故障的保护。

❹ 接线系数大于完整星形接线和 V 形接线，接线系数为 $\sqrt{3}$。

接线系数是指故障时反应到电流继电器绕组中的电流值与电流互感器二次绕组中的电流比值，即

$$K_{jc} = \frac{继电器绕组中的电流值}{电流互感器二次绕组中的电流值}$$

当继电保护的接线系数越大，其灵敏度越低。

· 第五节 ·

继电保护装置的平稳运行与维护

一、继电保护装置运行维护工作主要内容

继电保护的运行维护工作，是指继电保护及其二次线路，包括操作与控制电源及断路器的操作机构的正常运行状态的监测、巡视检查、运行分析，以及在正常倒闸操作过程中涉及继电保护二次回路时的处理工作。例如，投入和退出继电保护、检查直流操作电压等。此外还应包括继电保护装置定期的校验、检查、改定值、更换保护装置元件及处理临时缺陷，此外，还应包括故障后继电保护装置动作的判断、分析、处理及事故校验等。

二、继电保护装置运行中的巡视与检查

1. 继电保护装置巡视检查的周期

变、配电所值班人员要定期或不定期地对继电保护装置进行检查，一般巡视周期是：

❶ 无人值班时每周巡视一次。

❷ 有人值班时至少每班一次。

在特殊情况时，还应适当增加检查次数。例如，新投入运行的继电保护装置、变压器新投入或换油后的试运行等情况应适当增加检查次数。

2. 继电保护装置巡视检查内容

在日常巡视中，应对继电保护装置以下各项进行巡视检查。

❶ 首先应检查继电保护盘，检查各类继电器的外壳是否完整无损、清洁无污垢，继电器整定值的指示位置是否符合要求，有无变动。

❷ 继电保护回路的压板、转换开关的运行位置是否与运行要求一致。

❸ 长期带电运行的继电器，例如电压继电器，接点是否抖动、有磨损现象，带附加电阻的继电器，还应检查线圈和附加电阻有无过热现象。

❹ 感应型继电器应检查圆盘转动是否正常，机械信号掉牌的指示位置是否和运行状态一致。

❺ 电磁型继电器应检查接点有无卡住、变位、倾斜、烧伤以及脱轴、脱焊等问题。

❻ 检查各种信号指示，例如光字牌、信号继电器、位置指示信号、警报音响信号等，是否运行正常，必要时应进行检查性试验，例如检查光字牌是否能正常发光。

❼ 检查交流、直流控制电源和操作电源运行状况，电源的电压表指示是否正常，熔断器是否过热，熔体有无熔断指示。直流操作电源还应注意检查有无直流一极接地的情况。

❽ 开、合闸回路，包括合闸线圈与开闸线圈有无过热、短路，接点有无接触不良以及开、合闸线圈的铁芯是否复位，有无卡住的现象。

3. 继电保护运行中的注意事项

为了保证继电保护的可靠动作，在运行中应注意下列各项。

❶ 继电保护装置，在投入运行以前，值班人员、运行人员都应清楚地了解该保护装置的工作原理、工作特性、保护范围、整定值，以及熟悉二次接线图。

❷ 继电保护装置运行中，发现异常应加强监视并立即报告主管负责人。

❸ 运行中的继电保护装置，除经调度部门或主管部门同意，不得任意去掉保护运行，也不得随意变更整定值及二次接线。运行人员对运行中继电保护装置的投入或退出，必须经调度员或主管负责人批准，记入运行日志。如果需要变更继电保护整定值或二次回路接线时，应取得继电保护专业人员的同意。

❹ 运行值班人员对继电保护装置的操作，一般只允许：

a. 装卸熔断器的熔体；

b. 操作转换开关；

c. 接通或断开保护压板。

三、继电保护及其二次回路的检查和校验

1. 工作周期

为了保证继电保护装置可靠地动作，通常应对继电保护装置及二次回路进行定期的停电检查及校验。一般校验、检查的周期如下：

❶ 3 ～ 10kV 系统的继电保护装置，至少应每两年进行一次。

❷ 供电可靠性要求较高的 10kV 重要用户和供电电压在 35kV 及以上的变、配电所的继电保护装置，应每年进行检查。

2. 继电保护装置及二次回路的检查与校验

继电保护及二次回路一般在停电时对电气元件及二次回路进行检查、校验。主要应做以下各项内容：

❶ 继电器要进行机械部分的检查和电气特性的校验。例如反时限电流继电器应做反时限特性试验，做出特性曲线。

❷ 测量二次回路的绝缘电阻。用 1000V 兆欧表测量。交流二次回路，每一个电气连接回路，应该包括回路内所有线圈，绝缘电阻不应小于 1MΩ；全部直流回路系统，绝缘电阻不应小于 0.5MΩ。

❸ 在电流互感器二次侧，进行通电试验（包括电流互感器的试验）。

❹ 进行继电保护装置的整组动作试验（即传动试验）。

四、运行中继电保护动作的分析、判断及故障处理

1. 继电保护动作中断路器掉闸的分析、检查、处理

运行中，变、配电所的继电保护动作后，值班人员应迅速做出分析、判断并及时处理，以减少事故造成的损失，使停电时间尽量缩短。可参照以下步骤进行：

❶ 继电保护动作中断路器掉闸，应根据继电保护的动作信号立即判明故障发生的回路。如果是主进线断路器继电保护动作掉闸，立即通知供电局的用电监察部门，以便进一步掌握系统运行的状况。如果属于各路出线的断路器或变压器的断路器继电保护动作掉闸，则立即报告本单位主管领导以便迅速处理。

❷ 继电保护动作断路器掉闸，必须立即查明继电保护信号、警报的性质，观察有关仪表的变化以及出现的各种异常现象，结合值班运行经验，尽快判断出故障掉闸的原因、故障范围、故障性质，从而确定处理故障的有效措施。

❸ 故障排除后，在恢复供电前将所有信号指示、音响等复位。在确认设备完好的情况下方才可以恢复供电。

❹ 进行上述工作须由二人执行，随时有监护人在场，将事故发生、分析、处理的过程详细记录。

2. 变压器继电保护动作、断路器掉闸的故障判断、分析与检查处理

容量较大的变压器，有过流、速断和气体保护，对于一般 10kV 800kVA 以上的变压器有时采用气体保护和反时限过流保护。运行中如有变压器故障，继电保护动作，首先应根据继电保护动作的信号指示和变压器运行中反映出的一系列异常现象，判断和分析变压器的故障性质和故障范围。

主要进行以下各方面的检查：

❶ 继电保护动作后经检查确认速断保护动作，可解除信号音响。

❷ 因为是变压器速断保护动作（速断信号有指示），已说明了故障性质严重，如有气体保护，再检查气体保护是否动作，如气体保护未动作，说明故障点在变压器外部，重点检查变压器及高压断路器向变压器供电的线路、电缆、母线有无相间短路故障。此外，还应重点检查变压器高压引线部分有无明显的故障点，有无其他明显异常现象，如变压器喷油、起火、温升过高等。

❸ 如确属高压设备或变压器故障，应立即上报，属于主变压器故障应报告供电局，同时

做好投入备用变压器和将重要负荷倒出的准备工作。

❹ 未查明原因并消除故障前，不准再次给变压器合闸送电。

❺ 必要时对变压器的继电保护进行事故校验，以证实继电保护的可靠性，还要填写事故调查报告，提出反事故方案。

3. 变压器气体保护动作后的检查与处理

变压器的气体保护是变压器内部故障的主保护。当变压器内部故障不大时，变压器油内产生气体，使轻气体保护动作，发出信号。例如，变压器绕组匝间与层间局部短路，铁芯绝缘不良以及变压器严重漏油，油面下降，轻气体保护均可起到保护作用。

当变压器内部发生严重故障，如一次绕组故障造成相间短路，故障电流使变压器内产生强烈的气流和油污冲击重气体保护挡板，使重气体保护动作，断路器掉闸并发出信号。

运行中，发现气体保护动作并发出信号时，应做以下几方面的检查处理：

❶ 只要气体保护动作，就应判明故障发生在变压器内部。

❷ 如当时变压器运行无明显异常，可收集变压器内气体，分析故障原因。

❸ 取变压器气体时应当停电后进行，可采用排水取气法，将气体取至试管中。

❹ 根据气体的颜色和进行点燃试验，观察有无可燃性气体，以判断故障部位和故障性质。

❺ 若收集到的气体无色、无味且不可燃，说明气体继电器动作的原因是油内排出的空气引起的；如果收集到的气体是黄色的且不易燃烧，说明是变压器内木质部分故障；如气体是淡黄色，带强烈臭味并且可燃，则为绝缘纸或纸板故障；当气体为灰色或黑色、易燃，则是绝缘油出现问题。

对于室外变压器，可以打开气体继电器的放气阀，检验气体是否可燃。如果气体可燃，则开始燃烧并发出明亮的火焰。当油开始从放气阀外溢时，立即关闭放气阀门。

注意：室内变压器，禁止在变压器室内进行点燃试验，应将收集到的气体，拿到安全地方去进行点燃试验。判断气体颜色要迅速进行，否则气体颜色很快会消失。

❻ 气体保护动作未查明原因时，为了证实变压器的良好状态，可取出变压器油样做简化试验，看油耐压是否降低和有无油闪点下降的现象，如仍然没有问题，应进一步检查气体保护二次回路，看是否可能造成气体保护误动作。

❼ 变压器重气体保护动作时，断路器掉闸，未进行故障处理并不能证明变压器无故障时，不可重新合闸送电。

❽ 变压器发生故障，立即上报，确定更换或大修变压器的方案，提出调整变压器负荷的具体措施及防止类似事故的反事故措施。

· 第六节 ·

电流速断保护和过电流保护

一、电流速断保护

1. 保护特性和整定原则

电流速断保护是一种无时限或具有很短时限动作的电流保护装置，它要保证在最短时间内迅速切除短路故障点，减小事故的发生时间，防止事故扩大。

电流速断保护的整定原则是，保护的动作电流大于被保护线路末端发生的三相金属性短路的短路电流。对变压器而言，则是：其整定电流大于被保护的变压器二次出线三相金属性短路的短路电流。

整定原则如此确定，是为了让无时限的电流保护只保护最危险的故障，而离电源越近，短路电流越大，也就越危险。

2. 保护范围

电流速断保护不能保护全部线路，只能保护线路全长的70%～80%左右，对线路末端附近的20%～30%不能保护。对变压器而言，不能保护变压器的全部，而只能保护从变压器的高压侧引线及电缆到变压器一部分绕组（主要是高压绕组）的相间短路故障。总之，速断保护有不足，往往要用过电流保护作为速断保护的后备。

二、过电流保护

1. 保护特性和整定原则

过电流保护是在保证选择性的基础上，能够切除系统中被保护范围内线路及设备故障的有时限动作的保护装置，按其动作时限与故障电流的关系特性的不同，分为定时限过流保护和反时限过流保护。

过电流保护的整定原则是要躲开线路上可能出现的最大负荷电流，如电动机的启动电流，尽管其数值相当大，但毕竟不是故障电流。为区别最大负荷电流与故障电流，常选择接于线路末端、容量较小的一台变压器的二次侧短路时的线路电流作为最大负荷电流。

整定时，对定时限过电流保护只要依据动作电流的计算值即可，而对反时限过电流保护则要依据启动电流及整定电流的计算值做出反时限特性曲线，并给出速断整定值才能进行。

过电流保护是有时限的继电保护，还要进行时限的整定。根据上述反时限特性曲线，进行电流整定时，已同时做了时限整定，对定时限过电流保护，则要单独进行时限整定。

整定动作时限必须满足选择性的要求，充分考虑相邻线路上、下两级之间的协调。对于定时限保护与定时限的配合，应按阶梯形时限特性来配合，级差一般满足0.5s就可以了；对于反时限保护的配合，则要做出保护的反时限特性曲线来确定，要保证在曲线一端的整定电流这一点，动作时限的级差不能小于0.7s。

2. 保护范围

过电流保护可以保护设备的全部和线路的全长，而且，它还可以用作相邻下一级线路的穿越性短路故障的后备保护。

3. 定时限与反时限过电流保护及其区别

（1）继电保护的动作时限与故障电流数值的关系 定时限过电流保护，其动作时限与故障电流之间的关系表现为定时限特性，即继电保护动作时限与系统短路电流的数值没有关系，当系统故障电流转换成保护电流，达到或超过保护的整定电流值，继电保护就以固有的整定时限动作，使断路器掉闸，切除故障。

反时限过电流保护，其动作时限与故障电流之间的关系表现为反时限特性，即继电保护动作时限不是固定的，而是依系统短路电流数值的大小而沿曲线做相反的变化，故障电流越大，动作时限越短。

图 5-16 所示是反时限过电流保护使用的 GL-95 型电流继电器的特性曲线，每对应于一个动作时限整定值就有一条特性曲线。继电保护动作时限与故障电流数值大小之间关系的不同是定时限与反时限过电流保护的最大区别。

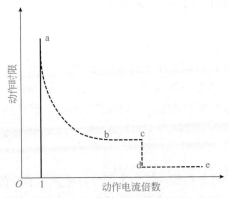

图 5-16 GL-95 型继电器反时限特性曲线

（2）**保护装置的组成及操作电源** 定时限过电流保护装置由几种继电器构成，一般采用电磁式 DL 型电流继电器、电磁式 DS 型时间继电器和电磁式 DX 型信号继电器等。这些继电器一般要求用直流操作电源。

反时限过电流保护装置只用感应式 GL 型电流继电器就够了，它具有相当于电流继电器、时间继电器、信号继电器等多种功能的组合继电器，因此反时限过电流保护的装置比起定时限的，其组成简单，经济实用。反时限过电流保护装置一般采用交流操作电源，这也比取用直流电源来得方便和经济。

应该指出，GL 型电流继电器还有电磁式瞬动部分，可作为速断保护用，所以一只 GL 型电流继电器不但可作为反时限电流保护装置，还兼作电流速断保护装置，其经济性很突出，因而得到广泛采用。

（3）**上、下级时限级差的配合** 定时限过电流保护采用的 DL 型电流继电器，设定值准确、动作可靠，因而上、下级时限级差采用 0.5s 就可以实现保护动作的选择性。

反时限过电流保护采用 GL 型电流继电器，它的设定值的准确性及动作的可靠性比 DL 型电流继电器差。因此，为了保证上、下级保护动作的选择性，要将时限级差定得大一些，一般取 0.7s。

三、主保护

主保护是被保护设备和线路的主要保护装置。对被保护设备的故障，能以无时限（即除去保护装置本身所固有的时间，一般为 0.03～0.12s）或带一定的时限切除故障。例如速断保护就是主保护，变压器的气体保护也是主保护。

四、后备保护

后备保护是主保护的后备。对于变配电所的进线、重要电气设备及重要线路，不但要有主保护，还要安装后备保护和辅助保护。后备保护又分为近后备保护和远后备保护。

1. 近后备保护

近后备保护是指被保护设备主保护之外的另一组独立的继电保护装置。当保护范围内的电气设备发生故障，而该设备的主保护由于某种原因不发生动作时，由该设备的另一组保护动作，使断路器掉闸断开，这种保护称为被保护设备的近后备保护。近后备保护的优缺点如下：

（1）近后备保护的优点 保护装置工作可靠，当被保护范围内发生故障时，可以迅速切除故障，减少事故掉闸的时间，缩小事故范围。

（2）近后备保护的缺点

❶ 增加了维护和试验工作量。

❷ 增加投资，只有重要设备或线路才会装设这种后备保护。

❸ 如果保护装置的共用部分发生故障，如与主保护共用的直流系统或电流回路的二次线路部分发生故障，这时主保护拒绝动作，后备保护同样不会起作用，这样将使事故范围扩大，造成越级掉闸。

2. 远后备保护

该保护是借助上级线路的继电保护作为本级线路或设备的后备保护。当被保护的线路或电气设备发生故障，而主保护由于某种原因拒绝动作，只得越级使相邻的上一级线路的继电保护动作，其断路器掉闸，借以切除本线路的故障点。这种情况，上级线路的保护就成为本线路的远后备保护。远后备保护的优缺点如下：

（1）远后备保护的优点

❶ 实施简单、投资节省、无须进行维修与试验。

❷ 该保护在保护装置本身、断路器以及互感器、二次回路及交直流操作电源部分发生故障时，均可起到后备保护的作用。

（2）远后备保护的缺点

❶ 当相邻线路的长度相差很悬殊时，短线路的继电保护，很难实现长线路的后备保护。

❷ 增加了故障切除的时间，使事故范围扩大，增大了停电的范围，造成更大的经济损失。

五、辅助保护

该保护是一种起辅助作用的继电保护装置。例如，为了解决方向保护的死区问题，专门装设电流速断保护。

· 第七节 ·

二次回路的保护装置识图

一、零序保护二次回路识图

零序电流保护是利用其他线路接地时和本线路接地时测得的零序电流不同，且本线路接地时测得的零序电流大这一特点而构成的有选择性的电流保护。当为电缆引出线或经电缆引出的架空线路时，常用 LJ–Φ75 型零序电流互感器构成零序保护，如图 5-17 所示。零序电流互感器的一次绕组就是被保护元件的三相母线，二次绕组绕在贯穿着三个相线的铁芯上。正常及发生相间短路时，二次绕组只输出不平衡电流，保护不动作；当电网中发生单相接地时，三相电流之和为 $\dot{I}_U+\dot{I}_V+\dot{I}_W=0$，在铁芯中出现零序磁通，该磁通在二次绕组中产生感应电动势，所以有电流流过的继电器，流过继电器的电流大于动作电流时，则继电器动作。必须指出，在发生单相接地故障时，接地电流不仅可能沿着非故障电缆的外皮流回，而且也可能沿着非故障电缆的外皮流出，在这种情况下，为了避免发生误动作，可将电缆头铠装层抽头接地，并且接地线穿过零序电流互感器的铁芯，如图 5-17（b）所示。

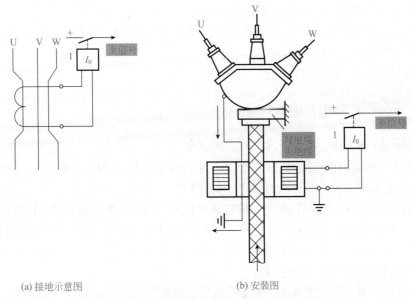

(a) 接地示意图　　　　　　　　(b) 安装图

图 5-17　用零序电流互感器构成的零序电流保护

采取这一措施后，由于流过非故障电缆外皮的电流与接地线内的电流数值相等，方向相反，所以不会在铁芯中产生磁通，也不会产生感应电流。如果电缆头铠装层接地线没有穿过零序电流互感器铁芯，在故障电缆与非故障电缆外皮相连通的情况下，那么部分零序电流便会经非故障电缆的接地线沿着非故障电缆的外皮，经联通点至故障电缆的外皮流到故障的接地点，可能引起非故障电缆零序电流动作。此外，这样接地也可以防止外来电流借电缆外皮经电缆头接地点流入，引起零序电流的误动作。

将电缆头用图 5-17（b）方式安装的另一优点是当电缆头发生单相接地故障时，零序电流保护装置也能正确动作。

二、自动重合闸的二次回路识图

当断路器跳闸后，能够不用人工操作而使断路器自动重新合闸的装置，叫作自动重合闸装置，由于导致被保护线路或设备发生故障的因素是多种多样的，特别是在被保护的架空线路发生故障时，有时属于暂时性故障（如瓷绝缘子闪络、线路被异物搭挂造成短路后异物被烧毁脱落等），故障消失后，只要将断路器重新合闸，便可恢复正常运行，从而减少停电所造成的损失。

1. 自动重合闸的种类

自动重合闸的种类很多。按用途分，有线路重合闸、变压器重合闸及母线重合闸。按动作原理分，有机械式重合闸和电气式重合闸。按复归方式分，有手动复归重合闸和自动复归重合闸。按自动次数分，有一次重合闸、二次重合闸和三次重合闸。按保护的配合方式分，有保护前加速、保护后加速及保护不加速的重合闸。

2. 自动重合闸的基本要求

❶ 动作时间尽量短。

❷ 在进行手动跳闸时，装置不应动作。

❸ 重合闸装置动作后，应能自动复归。

❹ 手动投入断路器时，若线路存在故障，随时由保护动作将其跳开，重合闸装置不应动作。

❺ 重合闸的次数应保证可靠。

❻ 在线路两端有电源的情况下设重合闸装置，应考虑重合闸是否有同期问题，防止造成不允许的非同期并列，使故障扩大。

3. 单侧电源供电线路三相一次电气重合闸装置

图 5-18 为单侧电源供电线路三相一次电气重合闸装置的原理接线图，它属于电气式一次重合闸、自动复归以及保护后加速的自动重合闸系统。

（1）**电路说明**　电路包括三部分，即自动重合闸回路、跳闸回路和继电保护回路。如图 5-18 所示，SA 是断路器 QF 的控制开关，当手动合闸时，SA6—7 接通，跳闸后 SA14—15 接通，同时 SA21—23 断开。KCP 是加速保护跳闸用的中间继电器，利用连接片 XB1、XB2 配合，可以实现重合闸保护后加速回路。

图中虚线框为重合闸装置 APR，它是根据电容器充放电原理制成的。它由充电电容器 C、充电电阻 R4、放电电阻 R6、时间继电器 KT、附加电阻 R5、带有电流自保持线圈的中间继电器 KC、信号灯 HL 及电阻 R7 组成。它们的作用分别如下。

❶ 充电电容 C：用于保证重合闸装置只动作一次。

❷ 充电电阻 R4：限制电容器充电速度，防止一次重合闸不成功时发生多次重合闸。

❸ 放电电阻 R6：在不需要重合闸时（如断路器手动跳闸），电容器 C 通过 R6 放电。

❹ 时间继电器 KT：整定重合闸装置的动作时间，是重合闸装置的启动元件。

❺ 附加电阻 R5：用于保证时间元件 KT 的热稳定性。

❻ 信号灯 HL：用于监视直流控制电源 + 及中间继电器 KC 是否良好。正常工作时，信号灯亮。如这些元件之一损坏（或直流电源中断），信号灯灭。

❼ 电阻 R7：用来限制信号灯电流。

❽ 中间继电器 KC：重合闸的执行元件。它有两个线圈，电压线圈靠电容放电启动，电流线圈与 QF 的合闸线圈 KM 串联，起自保持作用，直至 QF 合闸完毕，继电器 KC 才能失磁复归。如果重合闸于永久故障时，电容器 C 来不及充电到 KC 的动作电压，故 C 不动作，从而保证只进行一次重合闸。

（2）**动作原理**

❶ 线路正常运行时，重合闸装置 APR 中的电容 C 经 R4 充电至电源电压（充电时间约 15～20s），充电路径为 L+、FU1、SA21—23、APR8、APR10、APR 的 R4、C、APR6、FU2、L-。

APR 装置处于准备动作状态：信号灯 HL 经 KC 的动合触点 K4 接通，表示控制 L+、L-

电源正常。回路为 L+、FU1、SA21—23、APR8、APR10、HL、R7、K4、APR6、FU2、L-。

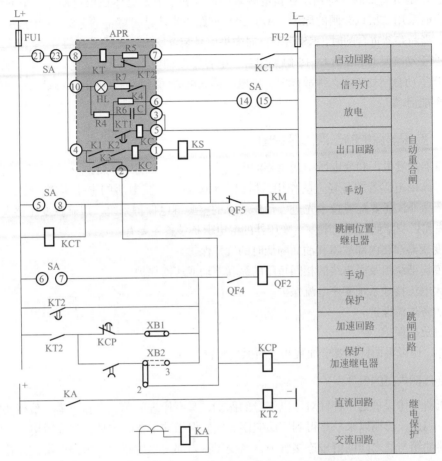

图 5-18　单侧电源电磁型三相一次电气重合闸装置的原理接线图

❷ 当线路发生故障时，线路保护装置中过电流继电器 KA 启动（图中只画了一相），它的动合触点闭合，启动时间继电器 KT2 瞬间闭合，通过 KCP 动断触点、连接片 XB1 使 QF2 通电，断路器跳闸。跳闸位置继电器 KC 回路接通，其相应动合触点 KCT 闭合，自动重合闸装置 APR 启动，时间继电器 KT 启动，其瞬时动断触点 KT2 断开。将电阻 R5 串入 KT 的线圈回路中，以提高 KT 继电器的热稳定性。同时经过整定时间后，KT 的延时动合触点闭合使电容器 C 通过中间继电器 KC 电压线圈放电，KC 启动后，其相对应的动合触点 K1、K2 闭合接通合闸回路。合闸脉冲经 KC 的电流自保持线圈和信号继电器 KS 的线圈流入合闸接触器 KM 的线圈，使断路器自动合闸。同时 KC 继电器动断触点 K4 断开，信号灯 HL 熄灭，表示重合闸已动作。

重合闸回路串入 KC 的电流自保持线圈，是为了使断路器可靠合闸。自保持线圈回路是由断路器辅助触点 QF5 来切换的。若线路发生暂时性故障，则重合闸成功，跳闸位置继电器线圈断电，其动合触点返回，自动重合闸装置复归，准备好下一次动作。若线路为永久性故障，继电保护装置再次启动，使断路器跳闸。此时，自动重合闸装置虽然能再次启动，但是电容器 C 来不及重新充电，在时间继电器的延时触点闭合后，电容器 C 的端电压不足以使继电器 KC 启动，故断路器第二次跳开后，APR 装置不能再次重合闸。如果线路发生多次瞬时性故障，且故障的时间间隔大于电容 C 充电至 KC 启动所需要的时间，则第二次重合闸将会成功，这正是所需要的。特别是在雷电频繁的地区和季节，更体现出自动重合闸的优越性，这也是有时采用二次重合闸的原因。APR 出口回路中串联信号继电器 KS，用于指示 APR 动作情况。当断路器重合闸时，KS 启动，向中央信号装置发出灯光或音响信号。

❸ 当手动跳闸时，SA14—15 触点闭合，电容器 C 向电阻 R 迅速放电，APR 不能启动。

❹ 当手动合闸处于永久性故障时，因电容器充电时间很短，充电电压不足以使 KC 启动，APR 也不能启动。

三、变压器保护的二次回路识图

变压器是发电厂和变电所中最重要的电气设备之一，保证它的正常安全运行，对电力系统持续可靠供电起着举足轻重的作用，所以，对发电厂、变电所的主变压器，除采用先进、优良的产品外，还要配置技术先进、动作可靠的整套继电保护系统，以确保变压器发生故障时把损失和影响降低到最低限度。变压器的继电保护装置主要有：

❶ 变压器油箱内部故障和油面降低时的气体保护。

❷ 变压器绕组及引出线的相间短路的纵联差动或速断保护。

❸ 大电流接地系统零序电流保护。

❹ 后备过流保护。

❺ 过负荷保护。

另外，还可根据特殊要求加装相应的保护装置。

1. 变压器内部的气体保护

变压器气体保护是一种针对非电气量的保护，具有原理简单、动作可靠、价格便宜等突出优点，因此，长期以来一直得到广泛应用。气体保护的主要元器件是气体继电器，它安装在变压器油箱与油之间的信号连接管中，当变压器内部发生故障时，短路电流使油箱中的油加热膨胀，产生的气体沿连接管经气体继电器向油枕中流动，当气体达到一定数量时，气体继电器的挡板被冲动，并向一方倾斜，带动继电器的触点闭合，接通跳闸或信号回路，如图 5-19 所示。

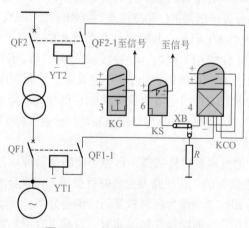

图 5-19　气体保护原理接线图

图 5-19 中，气体继电器 KG 的上触点为轻气体保护，接通后发出信号；下触点为重气体

保护，触点闭合后经信号继电器 KS、连接片 XB 启动中间继电器 KCO，KCO 动作后两对触点闭合，分别经断路器 QF1、QF2 的辅助触点接通各自的跳闸回路，跳开变压器两侧的断路器。它们的动作程序为：

+电源→KG→KS→XB→KCO 线圈→-电源，启动 KCO；

+电源→KCO→QF1-1→YT1→-电源，QF1 跳开；

+电源→KCO→QF2-1→YT2→-电源，QF2 跳开。

当要求气体保护只发信号不跳闸时，可把连接片 XB 连接在与电阻 R 接通的位置上，YT1、YT2 分别为断路器 QF1、QF2 的跳闸线圈。

气体保护图如图 5-20 所示，当气体保护触点闭合后，经延时（如需瞬动保护，可以将 t 整定为零）动作于保护出口。

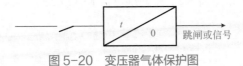

图 5-20　变压器气体保护图

2. 变压器外部的二次保护

（1）电流速断保护　变压器的气体保护只能保护变压器内部故障，包括漏油、油内有气、匝间故障、绕组相间短路等，而变压器套管以外的短路要靠电流速断保护和主保护、差动保护去切除。通常，对小容量变压器（单台容量 7500kVA 以下）可装设电流速断保护；对于大容量变压器，则必须配置差动保护，电流速断保护一般只装在供电侧，动作电流按超过变压器外部故障（如图 5-21 中 K2 点）的最大短路电流整定，动作灵敏度则按保护安装处（即 K2 点）发生两相金属性短路时流过保护的最小短路电流校检，见图 5-21。

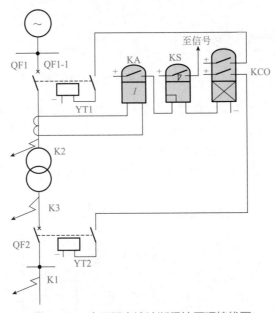

图 5-21　变压器电流速断保护原理接线图

当变压器发生短路时，短路电流大于电流继电器保护动作设定值，电流继电器 KA 动作，经信号继电器 KS 启动出口中间继电器 KCO。KCO 动作后，两对触点分别经变压器保护两侧断路器 QF1、QF2 的辅助触点接通跳闸回路，跳开 QF1、QF2，排除故障，如图 5-21 所示，其跳闸二次逻辑回路及动件程序如下：

+ 电源→ KA → KS → KCO →−电源，启动 KCO；

+ 电源→ KCO1 → QF1-1 → YT1 →−电源，跳 QF1；

+ 电源→ KCO2 → QF2-1 → YT2 →−电源，跳 QF2。

（2）过电流保护　为反应变压器外部故障而引起的变压器绕组过电流，以及在变压器内部故障时，作为差动保护和气体保护的后备保护，变压器应装设过电流保护。过电流保护装在电源侧，对于双绕组降压变压器的负荷侧，一般不应配置保护装置，当过电流保护动作灵敏度不够时，可加低电压闭锁，因此过电流保护有不带低电压闭锁和带低电压闭锁两种。

❶ **不带低电压闭锁的过电流保护**　过电流保护由测量单元（电流继电器 KA、延时继电器 KT）和保护单元（信号继电器 KS、中间继电器 KCO）构成，如图 5-22 所示。

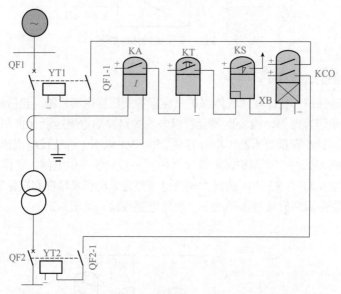

图 5-22　不带低电压闭锁的过电流保护原理接线图

当短路电流达到或超过电流继电器 KA 的动作设定值时，其触点动作使延时继电器 KT 得电延时，经延时，KT 的动合触点闭合，经信号继电器 KS 启动中间继电器 KCO，它的两对触点 KCO1 和 KCO2 闭合后，使 YT1 和 YT2 线圈得电，分别跳开变压器原、副边的断路器 QF1、QF2。其过电流保护的直流回路展开图如图 5-23 所示。

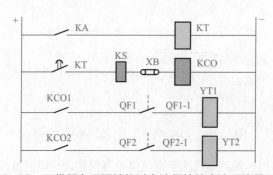

图 5-23　不带低电压闭锁的过电流保护的直流回路展开图

其保护动作过程如下：

+ 电源→KCO1 闭合→ QF1-1 → YT1 线圈→ - 电源，使 QF1 断开；

+ 电源→KCO2 闭合→ QF2-1 → YT2 线圈→ - 电源，使 QF2 断开。

❷ 带低电压闭锁的过电流保护　当变压器的过电流保护设定值经核算，灵敏度不能满足要求时，应采取加低电压闭锁的措施。过电流保护有了低电压闭锁后，其动作值不必再按最大负荷电流整定，而可以按变压器的额定电流整定，以提高过电流继电器的动作灵敏度，变压器通过最大负荷电流时，过电流继电器可能动作，但由于电压降低不大，不足以使低电压（一般为 $0 \sim 70\%U$）继电器动作，带闭锁过电流保护不会动作，它的过电流保护直流回路展开图如图 5-24 所示。

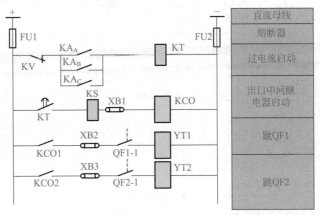

图 5-24　带低电压闭锁的过电流保护直流回路展开图

在过电流保护的动作回路中，当电压高于低电压继电器 KV 的动作值时，KA_A（或 KA_B、KA_C）处于在磁状态，其动断触点断开；尽管过负荷电流使过电流继电器的动合触点 KA_A（或 KA_B、KA_C）闭合，也不能接通保护的动作回路。如果发生相间短路，电压突然大幅度下降，则低电压继电器 KV 失磁动作，其动断触点闭合，同时电流突然大幅度升高，过电流继电器的动合触点 KA_A（或 KA_B、KA_C）闭合，接通保护的动作回路并启动时间继电器 KT，经给定延时后，触点闭合，接通跳闸回路，跳开变压器原、副边两侧的断路器 QF1、QF2，该保护回路的动作程序如下：

+ 电源→ KV → KA → KT 线圈→ - 电源，启动 KT；

+ 电源→ KT → KS → XB1 → KCO 线圈→ - 电源，启动 KCO；

+ 电源→ KCO1 → XB2 → QF1-1 → YT1 → - 电源，跳开 QF1；

+ 电源→ KCO2 → XB3 → QF2-1 → YT2 → - 电源，跳开 QF2。

（3）零序电流保护及过负荷保护

❶ 变压器的零序电流保护　变压器的零序电流保护接线如图 5-25 所示，它是在变压器低压侧中性点引线上装设一个电流互感器 TA 和具有常闭触点的 GL 系列电流继电器 KA，当变压器低压侧发生单相接地故障时，继电器 KCO 动作，使跳闸线圈带电而跳闸，将故障切除。

❷ 变压器的过负荷保护　变压器的过负荷保护，只在变压器确有过负荷可能的情况时才装设，过负荷保护反映变压器正常运行时的过载情况，一般作用于信号。

变压器的过负荷电流在大多数情况下都是三相对称的，因此，过负荷保护只需在一相上装设一个电流继电器 KA。为了防止在短路时发出不必要的信号，还需装设一个时间继电器 KT，使其动作时限大于过电流保护装置的动作时限，一般取 10～15s，最后再通过一个信号继电器发出报警信号。图 5-26 为变压器过负荷保护接线图，对升压变压器 TM，保护装置装设在发电机 G 一侧；对降压变压器，保护装置装设在高压侧。

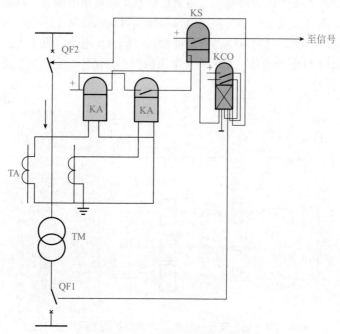

图 5-25　零序电流保护原理接线图

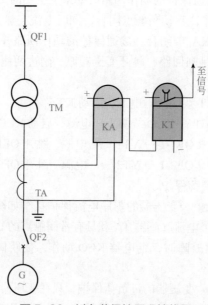

图 5-26　过负荷保护原理接线图

3. 三绕组变压器保护装置二次回路分析举例

现以一种三绕组变压器保护装置为例，分析变压器保护的配置及工作情况。图 5-27 为三绕组降压变压器保护的二次回路接线图，下面对各个部分分别介绍。

（1）一次接线　由图 5-27 可见，三绕组变压器的高、中、低三侧的电压等级分别为 110kV、35kV、10kV。110kV 侧中性点接地，并在中性点与大地之间安装零序过电流保护；35kV 侧中性点不接地，为小电流接地方式；10kV 侧为三角形接线。110kV、35kV 侧均接于双母线，10kV 侧接单母线。

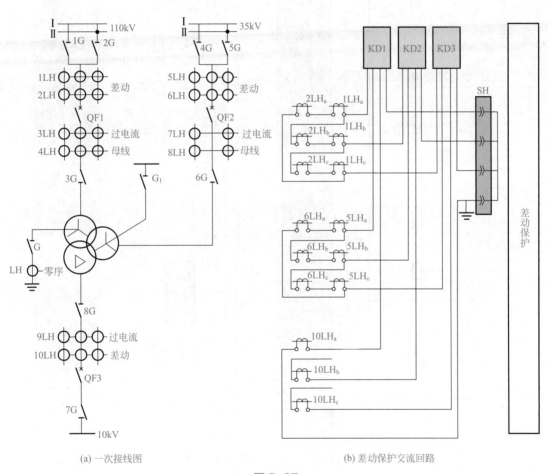

(a) 一次接线图　　　　　(b) 差动保护交流回路

图 5-27

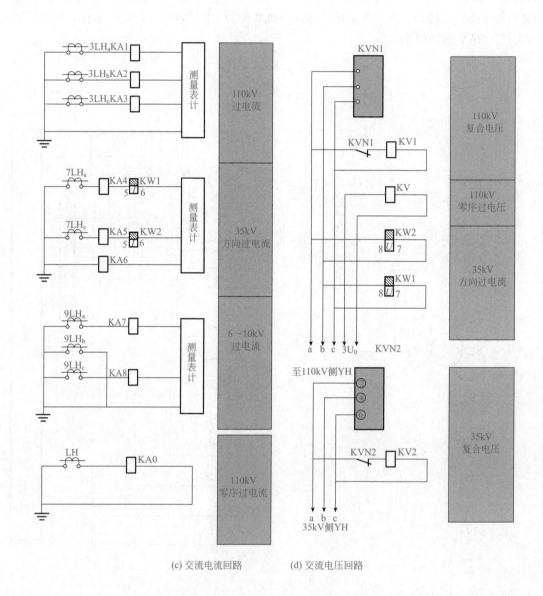

(c) 交流电流回路　　(d) 交流电压回路

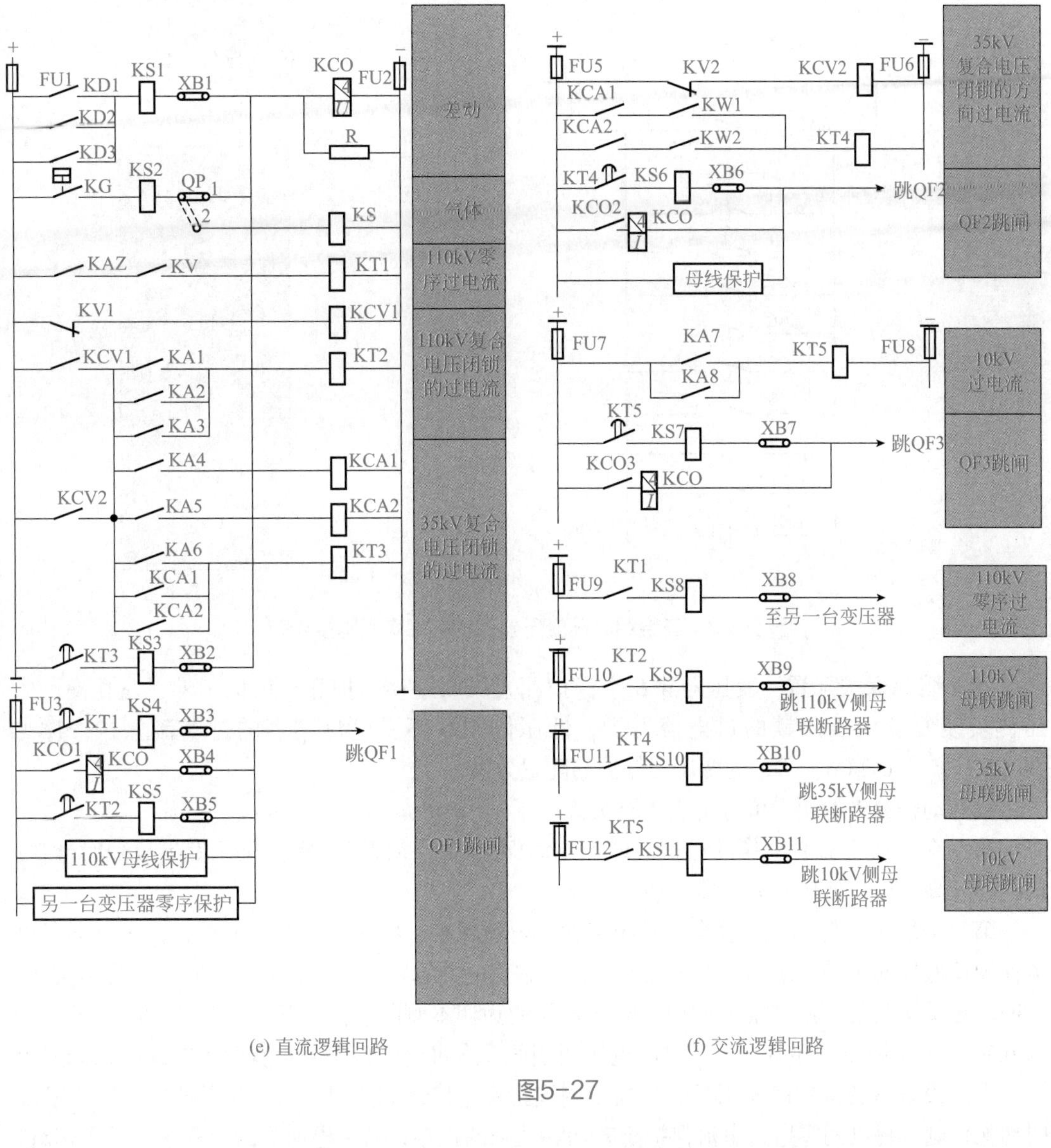
差动
气体
110kV零序过电流
110kV复合电压闭锁的过电流
35kV复合电压闭锁的过电流
QF1跳闸
跳QF1
110kV母线保护
另一台变压器零序保护
35kV复合电压闭锁的方向过电流
QF2跳闸
跳QF2
母线保护
10kV过电流
QF3跳闸
跳QF3
110kV零序过电流
至另一台变压器
110kV母联跳闸
跳110kV侧母联断路器
35kV母联跳闸
跳35kV侧母联断路器
10kV母联跳闸
跳10kV侧母联断路器
(e) 直流逻辑回路
(f) 交流逻辑回路

图5-27

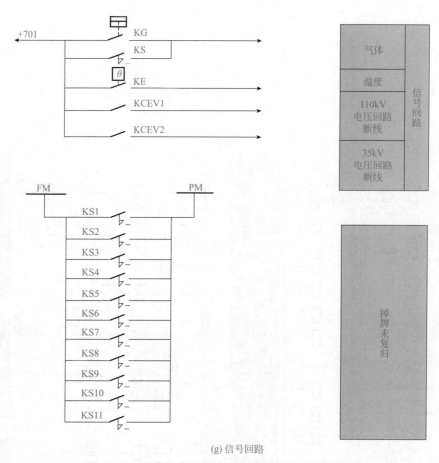

(g) 信号回路

图 5-27　三绕组降压变压器保护的二次回路接线图

（2）**继电保护配置**　变压器除在主保护配置纵联差动保护和气体保护外，还在高、中压侧安装复合电压闭锁的过电流保护，低压侧则装不受电压闭锁的过电流保护，详见图 5-27（b）（c）（d）所示的变压器保护的配置方案。

按其动作速度的快慢可分为三个层次：

第一个层次为瞬时动作的保护，即纵差动保护和气体保护，在变压器发生故障时动作，同时跳开高、中、低压侧断路器，切除故障。

第二个层次是高压侧受复合电压闭锁的过电流保护，中压侧受复合电压闭锁的方向过电流保护及低压侧不受电压闭锁的过电流保护，它们的共同特点是保护的动作时间均为两段式，时间较短的为切母联断路器时间段，时间较长的为切本侧断路器时间段，两段的时间差一般为 0.5s。另外高压侧还有一套受零序电压闭锁的零序过电流保护，也有两个时间段，同属第二层次。设置这套保护的原因是，当高压侧线路发生接地短路时，由于某种原因故障未被瞬时切除，则可提供用零序过电流保护延时切除故障的机会，若变电所为两台变压器并联运行，一台变压器中性点接地，另一台中性点不接地，为减少不接地变压器的损伤，可先用较短时间将其断开，再用较长时间断开接地的变压器。

第三个层次是中压侧受复合电压闭锁的过电流保护，它的动作时间比第二个层次又高出一个时间差，当变压器内部出现故障，第一、二层次保护拒动时，第三层次将以更长时间动作，跳开高、中、低压侧断路器，切除故障。

另外，需要指出的是高、中压受复合电压闭锁的过电流保护中的复合电压，是负序电压和低电压的复合。在 110kV 和 35kV 的复合电压回路中，低压继电器 KV1 和 KV2 分别受负序电压继电器动断触点 KVN1 和 KVN2 的控制。

在正常运行情况下，负序电压为零，负序电压继电器失磁，其动断触点闭合，接通低压继电器 KV1 和 KV2 的电源，使之励磁，它的动断触点 KV1 和 KV2 动作，断开保护动作回路。若发生两相短路时，负序电压突然产生并且幅值很大，负序电压继电器励磁，其动断触点断开低压继电器的电源，使之失磁，它的动断触点闭合，接通保护动作回路。

（3）各种保护的二次逻辑回路

❶ 纵联差动保护　纵联差动保护由差动继电器 KD1 ～ KD3 和信号继电器 KS 及总出口中间继电器 KCO 构成，当变压器发生故障时纵联差动保护使三侧断路器瞬时跳闸，保护动作回路见图 5-27（e）（f），其动作程序如下：

＋电源→ FU1 → KD1 ～ KD3 → KS1 → XB1 → KCO 电压线圈→ FU2 →－电源，启动 KCO；

＋电源→ FU3 → KCO1 → KCO 电流线圈→ XB4，跳开 QF1；

＋电源→ FU5 → KCO2 → KCO 电流线圈，跳开 QF2；

＋电源→ FU7 → KCO3 → KCO 电流线圈，跳开 QF3。

❷ 气体保护　气体保护由气体继电器 KG、信号继电器 KS、切换连接片 QP 组成，当变压器内部发生故障时，跳开三侧断路器，逻辑回路见图 5-27（e）（f），保护的动作程序为：

＋电源→ FU1 → KG → KS2 → QP1 → KCO 电压线圈→ FU2 →－电源，启动 KCO。

总出口中间继电器 KCO 动作后，其三对触点 KCO1 ～ KCO3 分别跳开三侧断路器 QF1、QF2、QF3。气体继电器的另一种运行方式是只发信号而不跳闸（又叫轻气体保护动作），把切换压板由"1"切换到"2"即可。

❸ 110kV 侧复合电压闭锁过电流保护　110kV 侧复合电压闭锁的过电流保护由电流继电器 KA1 ～ KA3、电压继电器 KV1、负序电压继电器 KVN1、中间继电器 KCV、时间继电器 KT2 构成。保护的动作程序为：

＋电源→ FU1 → KV1 → KCV1 线圈→ FU2 →－电源，启动 KCV1；

＋电源→ FU1 → KCV1 → KA1 ～ KA3 → KT2 线圈→ FU2 →－电源，启动 KT2。

KT2 有两个时间定值，用较小的定值跳开 110kV 侧母联断路器，用较大的定值跳开本侧断路器，其动作程序为：

＋电源→ FU10 → KT2 → KS9 → XB9 →跳开 110kV 侧母联断路器；

＋电源→ FU3 → KT2 → KS5 → XB5 →跳开本侧断路器 QF1。

❹ 110kV 零序电压闭锁零序过电流保护　110kV 零序电压闭锁的零序过电流保护由电流继电器 KAZ、电压继电器 KV、时间继电器 KT1 和信号继电器 KS4 构成。当发生接地短路时，出现零序电压和零序电流，当灵敏度足够大时两者均动作。110kV 零序电压闭锁的过电流保护，其动作程序为：

＋电源→ FU1 → KAZ → KV → KT1 线圈→ FU2 →－电源，启动 KT1；

＋电源→ FU3 → KT1 → KS4 → XB3 →跳开本侧断路器 QF1。

若本变电所为两台变压器并联运行，应先切除中性点不接地者，其动作程序为：

＋电源→ FU9 → KT1 → KS8 → XB8 →切中性点不接地变压器。

❺ 35kV 侧复合电压闭锁过电流保护　该侧复合电压闭锁过电流保护有两套：一是带方

向，二是不带方向。

● 复合电压闭锁方向过电流保护为两相式保护，它由电流继电器 KA4、KA5，电流重动继电器 KCA1、KCA2，方向继电器 KW1、KW2，电压重动中间继电器 KCV2，电压继电器 KV2，负序电压继电器 KVN2，时间继电器 KT4，信号继电器 KS6 组成。当发生不对称故障时，负序电压继电器 KVN2 动作，保护动作程序为：

+电源→ FU5 → KV2 → KCV2 线圈→ FU6 →－电源，启动 KCV2；

+电源→ FU1 → KCV2 —┬─→ KA4 → KCA1 线圈→ FU2 →－电源，启动 KCA1；
　　　　　　　　　　 └─→ KA5 → KCA2 线圈→ FU2 →－电源，启动 KCA2；

+电源→ FU5 → KCA1 → KW1 ─┐
　　　　　　　　　　　　　　　 ↓
+电源→ FU5 → KCA2 → KW2 → KT4 线圈→ FU6 →－电源，启动 KT4；

+电源→ FU11 → KT4 → KS10 → XB10 →跳开母联断路器；

+电源→ FU5 → KT4 → KS6 → XB6 →跳开 QF2。

● 不带方向的复合电压闭锁过电流保护，它是由电压继电器 KV2，电压重动中间继电器 KCV2，电流重动继电器 KCA1、KCA2，电流继电器 KA1 ～ KA6，时间继电器 KT3，信号继电器 KS3 构成的。当发生不对称故障时，负序电压继电器动作，保护的动作程序为：

+电源→ FU5 → KV2 → KCV2 → FU6 →－电源，启动 KCV2；

+电源→ FU1 → KCV2 —┬─→ KA4 → KCA1 线圈→ FU2 →－电源，启动 KCA1；
　　　　　　　　　　 ├─→ KA5 → KCA2 线圈→ FU2 →－电源，启动 KCA2；
　　　　　　　　　　 └─→ KA6 → KT3 线圈→ FU2 →－电源，启动 KT3；

+电源→ FU1 → KT3 → KS3 → XB2 → KCO 线圈→ FU2 →－电源，KCO 动作，其三对触点 KCO1、KCO2、KCO3 闭合后，分别断开三侧断路器 QF1、QF2、QF3，切除故障。

⑥ 10kV 侧过电流保护 该侧过电流保护由 KA7、KA8 电流继电器，时间继电器 KT5，信号继电器 KS7 组成，保护的动作程序为：

+电源→ FU7 → KA7（或 KA8）→ KT5 线圈→ FU8 →－电源，启动 KT5；

该继电器有两对触点，闭合后分别去跳开本侧断路器 QF3 和母联断路器，即

+电源→ FU7 → KT5 → KS7 → XB7 →跳开 QF3；

+电源→ FU12 → KT5 → KS11 → XB11 →跳开 10kV 母联断路器。

⑦ 信号回路 在信号回路中有气体、温度、110kV 侧及 35kV 侧电压回路断线等信号，各种信号动作后，均有光字牌显示，见图 5-27（g）。该变压器所设各种保护动作后均有信号表示，并发出掉牌未复归光字牌。

4. 主变压器气体继电器故障分析

故障现象： Zn（110kV）变电站直流屏发出"直流系统接地"报警信号不能复归。

故障分析： 继电保护人员到达现场后，首先测试直流系统对地电压，正极对地为 0V，负极对地为 220V，判断为直流系统正极金属性直接接地故障。

采用选线方式将各线路保护起来，控制电源熔断器取下，同时观察"直流系统接地"信号变化情况，试验发现"直流系统接地"报警信号未能消失，判断直流接地与各线路的保护、控制电源无关。继续选线，当取下 1# 主变压器保护电源熔断器时，"直流系统接地"报警信号消失，确定直流接地发生在 1# 主变压器保护回路中。

用解列二次接线逐级排除的方法，先室外后室内，在 1# 主变压器保护屏端子排上，当解列开保护屏至 1# 主变压器端子箱的回路编号为"01"电缆芯线时，"直流系统接地"报警信

号消失，再在 1# 主变压器端子箱内分别解列端子箱至有关各附件的回路编号"01"电缆芯线，当解列至有载调压气体继电器的"01"电缆芯线时，"直流系统接地"报警信号消失，判断主变压器有载调压气体继电器二次回路有直流接地点。电力调度人员将 1# 主变压器负荷全部转移到 2# 主变压器，并操作 1# 主变压器停电和做好安全措施，随后将 1# 主变压器及三侧断路器控制电源熔断器全部取下，解列开有载调压气体继电器二次电缆接线，测量主变压器端子箱至有载调压气体继电器电缆芯线对地绝缘电阻值，都为 10MΩ 以上，说明电缆芯线绝缘良好。再遥测有载调压气体继电器接线柱，见原回路编号为"01"的电缆芯线接线柱对地绝缘电阻值为 0，从而判断有载调压气体继电器内部组件的二次回路接地。将有载调压气体继电器内及其油枕内变压器油放出，并用备用容器盛装好做好防灌措施，然后打开气体继电器，发现重气体保护干簧触点的玻璃管已全部破碎，其中至回路编号为"01"电缆芯线接线柱的干簧触点片搭落在固定触点的金属架上，另一干簧触点片悬空。若是两触点片触或同时接地，将引起主变压器有载调压重气体保护误动作，会误跳 1# 主变压器三侧断路器，后果严重。一次设备检修人员将合格的备用气体继电器迅速送到现场，更换有载调压气体继电器，恢复其二次接线，在 1# 主变压器端子箱内再测端子排上回路编号为"01"电缆芯线的二次回路对地绝缘，绝缘电阻值为 180MΩ，投入 1# 主变压器保护电源及三侧断路器控制电源熔断器，"直流系统接地"报警信号消失，测试直流系统对地电压，正极对地为 +110V，负极对地为 -112V，判断直流系统接地故障处理完毕，随后对有载调压气体继电器及其有载调压装置内注入变压器油，经验收和操作，变电站恢复正常运行。

经详细分析，Zn 变电站 1# 主变压器有载调压气体继电器内重气体保护干簧触点的玻璃管破碎，使干簧触点片失去支承，接入直流电源正极的干簧触点片搭落在固定触点的金属架上，导致直流电源正极金属性直接接地故障。

四、母线差动及失灵保护的二次回路识图

1. 母线差动保护的适用条件与要求

在发电厂、变电所中的母线绝缘子或断路器套管发生闪络，运行人员误操作或外力破坏等情况下，造成母线单相接地成多相短路的可能性是不容忽视的，一旦母线发生短路，众多与之相连的元件随之中断供电，可能导致系统瓦解，造成重大事故，因此，在母线上配置广泛使用的单母线差动保护、双母线固定连接的差动保护及电流相位比较式母线差动保护等，及时准确地切除故障母线，消除或降低故障造成的损失是十分重要的。

当母线发生故障时，可以利用电源侧的保护装置（如过电流或距离保护、零序过电流保护等）切除故障。这样的保护方式是最简单的，母线本身不需加任何保护装置，但其最大的缺点是切除故障时间过长，往往不能满足系统稳定性的要求，因此，这种保护方式只适用于不重要的较低电压的网络中，至于是否需要装设母线差动保护，应根据以下条件而定：

❶ 当母线上发生故障且不能快速切除，会破坏系统的稳定性时，应装设母线差动保护。

❷ 对于具有分段断路器的双母线，并带有重要负荷而线路数又较多时，视具体情况确定是否装设母线差动保护。

❸ 对于发电厂或变电所送电线路的断路器，当其切断容量按电抗器后短路选择的，则在电抗器前（即线路端）发生短路时保护不能启动，此时应装设母线差动保护。

对于母线差动保护的基本要求主要有以下几方面：

❶应能快速地、有选择性地将故障切除。

❷保护装置必须是可靠的，并有足够的灵敏度。

❸对于中性点直接接地系统应装设三相电流互感器，对于中性点不直接接地系统应装设两相电流互感器，因为这时只要针对相同故障做出反应。

2. 单、双母线差动电流保护

（1）单母线完全差动电流保护 单母线完全差动电流保护的原理接线图如图5-28所示，从图中可知，流过差动电流继电器K的电流等于各支路二次电流的相量和（假定流向母线的方向为一次电流的正方向），若不考虑电流互感器的励磁电流，则一次电流与二次电流的关系是：

$$\dot{I}_B = \dot{I}_A/n$$

式中 $\dot{I}_A$，$\dot{I}_B$——分别为一次电流和二次电流；

  n——电流互感器的变比。

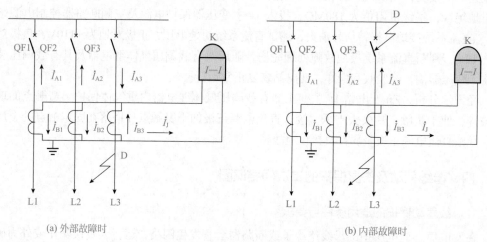

(a) 外部故障时   (b) 内部故障时

图5-28 单母线完全差动电流保护的原理接线图

以下分析各种运行方式下母线差动保护动作的情况。

❶正常运行时。根据电工学中的基尔霍夫定律：在任意瞬间，流入节点的电流之和等于流出节点的电流之和。假定各线路中一次电流的正方向均流向母线，则流进母线的电流应等于流出母线的电流，所以三条线路中的一次电流之和应为零，即$\dot{I}_{A1} + \dot{I}_{A2} + \dot{I}_{A3} = 0$，所以，流过差动继电器K的电流也为零，故保护装置不会动作。

❷外部故障时。如图5-28（a）所示，线路L3在D处发生故障，则一次电流的关系式为$\dot{I}_{A1} + \dot{I}_{A2} - \dot{I}_{A3} = 0$。

流入继电器K中的电流为$\dot{I}_J = \dfrac{\dot{I}_{B1} + \dot{I}_{B2} - \dot{I}_{B3}}{n} = 0$。

通常，实际流入继电器中的电流不为零，而是有个很小的不平衡电流，但是不足以使继电器动作。所以，保护装置也不会动作。

❸内部故障时。如图5-28（b）所示，若母线D处发生故障，则三条线路的短路电流均向母线流去，一次短路电流之和为$\dot{I}_D = \dot{I}_{A1} + \dot{I}_{A2} + \dot{I}_{A3}$。

流入继电器 K 中的电流则为 $\dot{I}_J = \dfrac{\dot{I}_{B1} + \dot{I}_{B2} + \dot{I}_{B3}}{n} = \dfrac{\dot{I}_D}{n}$。

由于继电器动作值 I_{dz} 远小于 $\dfrac{\dot{I}_D}{n}$，所以继电器动作。

（2）固定连接的双母线差动保护　为了提高发电厂、变电所运行的可靠性和灵活性，多采用双母线接线方式，而在运行中又多采用母联断路器在闭合状态的同时运行方式。所谓固定连接，就是按照一定的要求，将引出线和有电源的支路分别固定连接在两条母线上，为满足这种运行方式对保护的要求，选择配置了双母线固定连接的差动保护，当其中任一条母线短路时，只切除连接于该母线的元件，另一条母线仍继续运行，缩小了停电范围，提高了供电的可靠性。

❶ 构成原理　图 5-29 为固定连接的双母线差动保护原理接线图。该保护由三部分组成。

第一部分是由线路 L1、L2 和母联断路器下端的三组电流互感器构成的差动回路，反应三者电流之和，该回路和差动继电器 KD 构成母线 I 故障的选择元件。

第二部分是由线路 L3、L4 和母联断路器上端的三组电流互感器构成的差动回路，反应三者电流之和，该回路输出端接入差动继电器 KD2 构成母线故障的选择元件。

第三部分是反应第一、二部分电流之和的完全电流差动回路，该回路的输出端接入差动继电器 KD3 构成双母线的电流差动保护。

在正常运行情况下，母线 I 和母线 II 差动回路，由于连接元件的流入和流出电流平衡，故流入差动继电器 KD1、KD2、KD3 的电流为零，差动保护不动作。

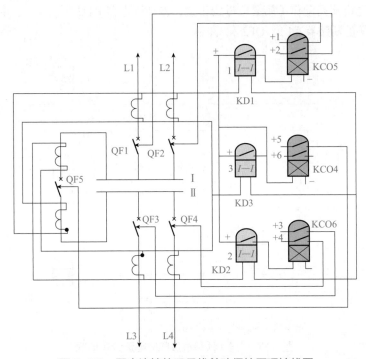

图 5-29　固定连接的双母线差动保护原理接线图

❷ 正常运行或外部发生故障时的情况。如图 5-30 所示，在正常运行情况下以及保护范围外部发生故障时，流过差动继电器的电流是数值很小的不平衡电流，在整定母线差动保护电流动作值时，已考虑跳过此不平衡电流，故母线差动保护的两组选择元件 KD1、KD2 和启动

元件 KD3 均不动作。

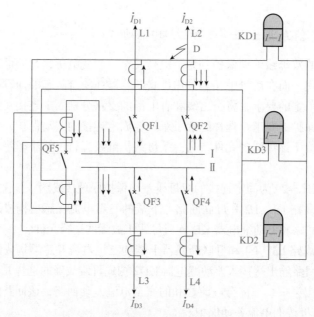

图 5-30　固定连接的母线差动保护外部故障时的电流接线图

❸ 母线故障时的情况。当图 5-31 中的第 I 段母线发生故障时差动继电器 KD1 和 KD3 中流过全部的故障电流而动作（第 II 段母线正常，差动继电器 KD2 不动作），并跳开第 I 段故障母线上所连接的断路器 QF1、QF2 和 QF5。

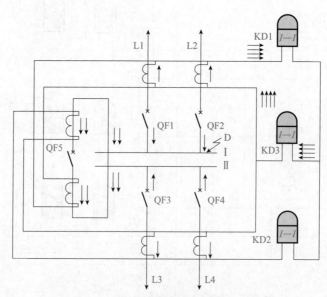

图 5-31　第 I 段母线故障时电流分布情况

从两条母线差动回路工作情况分析可知，当母线 I 故障时，差动继电器 KD1 动作是跳开与第 I 段母线相连的 L1、L2 的断路器 QF1、QF2，而 KD3 动作是跳开母联断路器 QF5，可以快速可靠地切除第 I 段母线故障，而第 II 段母线及与其相连的线路仍可继续供电。该保护具有良好的选择性。它的缺点是，当固定连接破坏后，母线上发生故障，保护将无选择地跳开与两条母线相连的所有断路器。

❹ 固定连接方式破坏后的情况。当固定连接方式破坏后，仍采用双母线同时运行时，若母线上发生故障，则会将母线上所连接的断路器全部跳掉，如图 5-32 所示。

从图 5-32 中可以看出，当Ⅰ段母线 D 处发生故障时，差动继电器 KD1、KD2、KD3 均有短路电流流过，并都动作，会无选择性地将Ⅰ段和Ⅱ段母线上连接的断路器全部切除。

若固定连接方式受到破坏后仍采用双母线运行，而保护区外部又发生故障时，差动继电器 KD1 和 KD2 将流过全部故障电流，但差动继电器 KD3 则未流过故障电流，所以不会造成整套保护装置的误动作。

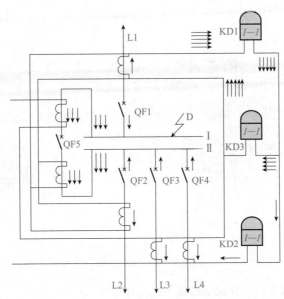

图 5-32　固定连接方式破坏后Ⅰ段母线发生故障时电流分布情况

3. 电流相位比较式母线差动保护

元件固定连接母线差动保护的缺点是一旦装置的连接方式受到破坏后，如果二次电流不做相应的改变，则将造成无选择性地切除故障。要解决这个问题，可采用电流相位比较式母线差动保护。这种保护既可以保留固定连接母线差动保护的优点，又可以克服元件固定连接母线差动保护受到破坏后的不足。电流相位比较式母线差动保护常广泛应用于 110 ～ 220kV 的电力系统中。

（1）电流相位比较式母线差动保护的原理　电流相位比较式母线差动保护原理接线图如图 5-33 所示，保护装置每相都有两个差动继电器：一个差动继电器 KDW 接在双母线的差动回路上，作为母线故障的整套保护启动元件，它具有在母线外部故障不动作，在母线上故障瞬时动作的功能；另一个差动继电器 KDA 是电流相位比较继电器，作为母线故障的选择元件，具有判断故障发生在Ⅰ母线还是Ⅱ母线的功能，KDA 有两个电流线圈，一个接于双母线差动回路（9 端与 16 端），另一个接于母联断路器的电流回路中（12 端与 13 端）。

当双母线差动电流和母联断路器电流均从同极性端子（9 端和 12 端）分别流入 KDA 的两个电流线圈时，KDA 处于 0° 动作区的最灵敏状态，判定故障在母线Ⅰ上，执行元件 KP1 动作，切除与母线Ⅰ相连的所有元件；当两路电流从异性端子（9 端和 13 端）流入 KDA 的两个电流线圈时，KDA 处在 180° 动作区的最灵敏位置，判定故障在母线Ⅱ上，执行元件

KP2 动作，切除与母线Ⅱ相连的所有元件。

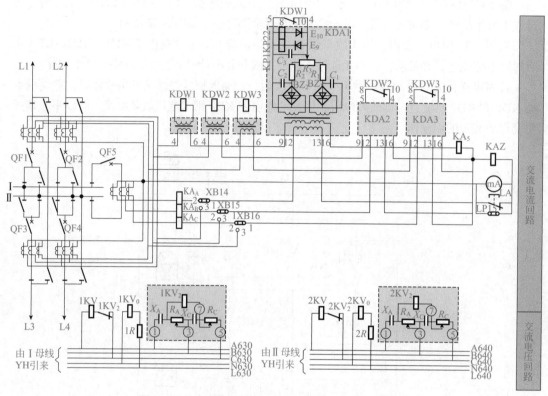

图 5-33　电流相位比较式母线差动保护原理接线图

（2）固定连接方式下内、外部故障保护的动作分析

❶ 保护区外发生故障的分析：在线路 L1 上 D 点短路，短路电流的分布情况如图 5-34 所示，两母线上各元件的短路电流之和为零，母线差动回路中无电流通过，启动元件 KDW 不动作，母联断路器 QF5 中有短路电流从端子 12 通过选择元件 KDA 的另一个电流线圈，但由于母线差动电流为零，作为电流相位比较的 KDA 也不动作。

❷ 母线Ⅰ段发生故障的分析：当母线Ⅰ段上发生 D 点短路故障时，短路电流的分布情况如图 5-35 所示，母线差动回路的电流为 4 条线路短路电流之和，启动元件 KDW 动作，KDA 的常闭触点打开，解除对选择元件 KDA 的闭锁，故 KDA 工作，由于差动回路中的故障电流和母联回路中电流分别从 KDA 的两个线圈的正极性端子（9 端和 12 端）流入，因此，选择元件 KDA 处在 0° 动作区的最灵敏位置，其执行元件 KP1 动作，切除母线Ⅰ上的所有元件。

从以上母线Ⅰ故障的短路动作情况，也可以推断出母线Ⅱ故障时保护的动作行为。当母线Ⅱ故障时，母线差动回路电流的大小、方向与母线Ⅰ故障时相同，KDW 动作，其常闭触点打开，解除对选择元件 KDA 的闭锁，故 KDA 工作，差动回路中的故障电流仍从 KDA 的正极性端子（9 端）流入电流线圈；而通过母联断路器 QF5 回路的电流为线路 L1、L2 的短路电流，其电流方向与母线Ⅰ短路时的电流方向相反，从 KDA 的另一个电流线圈的非极性端（13 端）流入，选择元件 KDA 则处在 180° 动作区的最灵敏位置，执行元件 KP2 动作，切除与母线Ⅱ相连的所有元件。

（3）固定连接破坏后发生内、外部故障时保护的动作分析　
双母线固定连接破坏后，电流相位比较式母线差动保护具有外部故障不误动，内部故障有选择切除的功能。

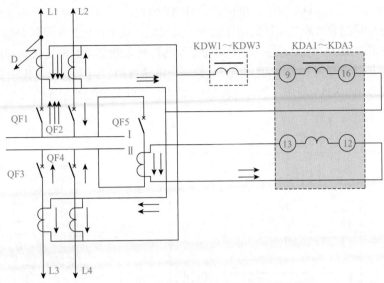

图 5-34 保护区外发生故障时的电流分布情况

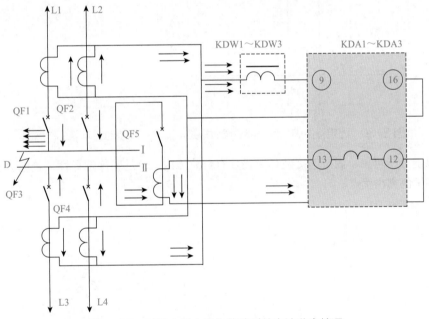

图 5-35 母线Ⅰ段上发生故障时的电流分布情况

当固定连接破坏后外部故障引起短路时，线路 L1 的 D 点短路时，短路电流分布及差动继电器工作情况如图 5-36 所示，母线差动回路无电流，启动元件 KDW 不动作，故障选择元件 KDA 的 9 端、16 端电流线圈中无电流，12 端、13 端的电流线圈虽通入了母联断路器电流，但不能构成电流相位比较，故不动作。

固定连接破坏后，母线Ⅰ故障时短路电流分布及差动继电器工作情况如图 5-37 所示，通过双母线差动回路的电流是 4 条线路短路电流之和，启动元件 KDW 动作。

母线差动电流同时从正极性端子（9 端）通过故障选择元件 KDA 的电流线圈；母联断路器电流则从正极性端子（12 端）通过 KDA 的另一个电流线圈，两电流相位比较为 0°，判定故障发生在母线Ⅰ，KDA 动作，由执行元件 KP1 动作，切除与母线Ⅰ相连的所有元件。同理，可以分析母线Ⅱ故障时保护的动作情况。双母线差动电流仍为 4 条线路短路电流之和，启动 KDW 并流过 KDA 电流线圈；所不同的是，通过母联断路器的电流仅为线路 L1 的短路电流，并从非极性端子（13 端）通过 KDA 另一个电流线圈，两电流相位比较为 180°，判定故障在母线Ⅱ上，KDA 动作，执行元件 KP2 动作，切除与母线Ⅱ相连的所有元件。

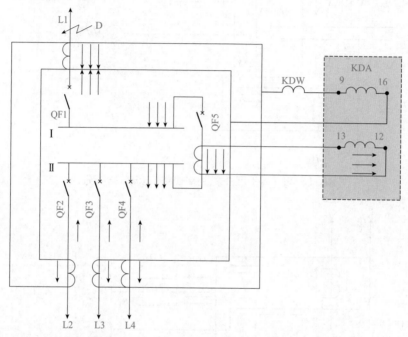

图 5-36 固定连接破坏后外部故障时短路电流分布及差动继电器工作情况

由以上分析可见，固定连接破坏后仍具有对故障内、外的明确选择性，是电流相位比较式母线保护的突出优点。

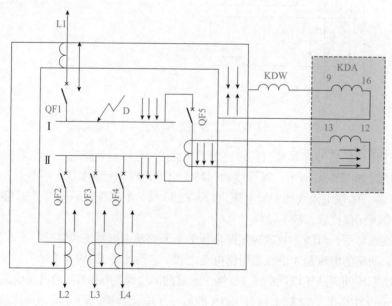

图 5-37 固定连接破坏后母线Ⅰ故障时短路电流分布及差动继电器工作情况

（4）**电流相位比较式母线差动保护的自身保护措施**　为了保证电流相位比较式母线差动保护的自身保护可靠性，在二次回路的一些关键部位采取了若干闭锁措施。

选择元件采用出口闭锁，为了防止选择元件 KDA 正常运行情况下误动作，用启动元件 KDW 的动断触点对 KDA 的出口（8 端、10 端）闭锁，只有 KDW 动作后才能开放 KDA 的出口，如图 5-37 所示。

电流互感器二次侧采用断线闭锁回路，该回路由零序电流继电器 KAZ、时间继电器 KT 和闭锁继电器 KCB 构成，当电流继电器二次侧断线时，三相电流不对称所产生的零序电流使 KAZ 动作，启动 KT 延时后，使 KCB 得电动作，切除母线差动保护的正电源，可防止二次回路保护误动作。

交流电压回路采用闭锁回路，它是为防止在正常运行情况下，因交流电压回路致使保护误动作而设置的。该回路的主要功能是，正常状况下将断路器的跳闸断开，而在母线发生各种类型故障时，立即将跳闸回路接通，解除闭锁。

· 第八节 ·

断路器失灵保护的二次回路

在电力系统中某一部位发生故障时，继电保护已经启动，但因断路器失真而不能跳闸，导致不能切除故障时，若利用已启动的继电保护装置，通过一定的逻辑回路使发生故障的线路（或变压器等元件）所在母线上的其他元件（包括母联断路器）全部跳开，达到切除故障的目的，称具有这种保护功能的自动装置为断路器失灵保护，例如，某变电所有四条出线和一个母联断路器，如图 5-38 所示。

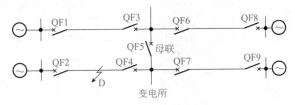

图 5-38　失灵保护的作用示意图

当变电所 4 号断路器 QF4 的线路 D 点发生故障时，线路两侧的继电保护装置均已启动，对端断路器 QF2 跳闸，若 4 号断路器 QF4 因机构失灵未跳开，则此时可通过失灵保护装置首先将母联断路器 QF5 跳开，然后再跳开 7 号断路器 QF7，将故障切除。

该保护外部的二次回路比较复杂，它要把母线所有断路器的保护装置跳闸回路都集中在一面失灵保护盘上。一般只有在 220kV 及以上电压等级的变电所（发电厂）中才使用。

一、回路接线与动作分析

断路器失灵保护一般由启动、延时、逻辑回路、低压闭锁等部分所组成，其二次回路接线如图 5-39 所示。被保护各元件的继电保护出口为启动元件；延时元件的动作定值，要躲过断路器完好情况下，保护动作和断路器跳闸熄弧时间之和；还要考虑断路器失灵拒动情况下，给予失灵保护准确选择切除对象和切除次序等逻辑判断的充足时间。失灵保护还受母线低电压闭锁。

1. 回路接线与动作过程

图 5-39（a）是一次接线为带有母联断路器的双母线接线；L1、L3 两条线路接在 1# 母线上运行，L2 线路及主变压器接在 2# 母线上运行。

当 L1 线路发生故障，断路器 QF1 失灵不跳闸，失灵保护切除故障的过程如下。

当 L1 线路发生故障时，断路器 QF1 的保护装置已经启动，即 L1 线路的相电流继电器 KA1 ～ KA3，分相跳闸继电器 KTF1 ～ KTF3 均已动作，见图 5-39（d）。+ 电源通过 KA1（或 KA2、KA3）、KTF1（或 KTF2、KTF3）动合触点的闭合，使延时继电器 1KT 启动延时，其逻辑回路为：

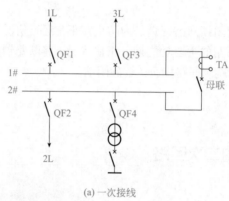

(a) 一次接线

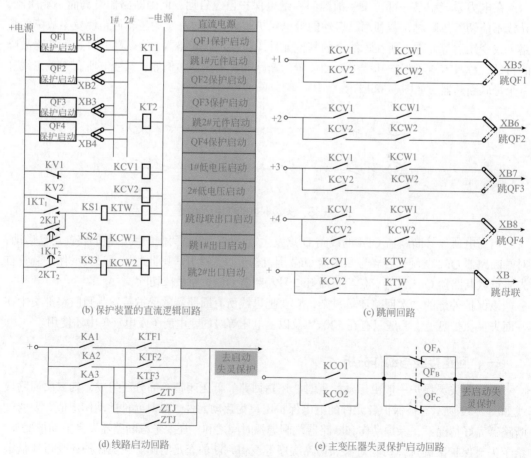

(b) 保护装置的直流逻辑回路　　　　(c) 跳闸回路

(d) 线路启动回路　　　　(e) 主变压器失灵保护启动回路

图 5-39　断路器失灵保护二次回路接线图

+ 电源→KA1（或 KA2、KA3）→KTF1（或 KTF2、KTF3）→XB1→1KT 线圈→ - 电源，启动 1KT，见图 5-39（b）。

延时元件 1KT 有两对触点。一对是滑动触点 1KT₁，它为短延时，动作闭合后启动信号继电器 KS1 和跳母联断路器的中间继电器 KTW，发出跳母联断路器的信号，并跳开母联断路器，其逻辑回路为：

+ 电源→1KT₁→KS1 线圈→KTW（母联断路器跳闸中间继电器）线圈→1KT 线圈→ - 电源，启动 KTW；

+ 电源→KCV1→KTW→XB→跳开母联断路器，见图 5-39（c）。

1KT 的另一对终端触点 1KT₂，它较 1KT₁ 延时长。其动作闭合后，启动信号继电器 KS2 和跳 L3 线路断路器 QF3 的出口中间继电器 KCW1，即：

+ 电源→1KT₂→KS2 线圈→KCW1 线圈→ - 电源，启动 CTW1；

+ 电源→KCV1→KCW1→XB7→跳 QF3，见图 5-39（c）。

此外，断路器失灵保护还受低电压闭锁，若故障未切除，1# 母线上的电压下降，低电压继电器 KV1 动作，1# 低电压启动逻辑回路见图 5-39（d）。

+ 电源→KV1→KCV1（电压重动中间继电器）线圈→ - 电源，KCV1 触点闭合，为断开母联断路器做好准备。

至此，已把 1# 母线上与之相连的所有元件全部断开，故障切除。若 L3 所接的线路为负荷线，在母联断路器断开后，已无故障电流，保护返回，不再跳 QF3。

2. 主变压器故障，QF4 断路器失灵保护电路动作分析

若主变压器侧发生过电流故障时，差动保护动作，断路器 QF4 失灵，保护拒动。

由于此时差动保护处在动作状态，过电流保护的出口中间继电器 KCO1 动作后不返回，直流电源通过 KCO1 的触点和主变断路器 QF4 的辅助触点，构成断路器失灵保护的启动回路，启动 2KT 时间继电器，见图 5-39（e）。2KT 启动后，第一段延时 2KT₁ 触点闭合，跳开母联断路器；第二段延时使 2KT₂ 触点闭合，QF2 跳开，切除故障。

若变压器发生差动或气体故障时，差动或气体保护动作，断路器 QF4 失灵，保护拒动。

此时，由于差动或气体保护处在动作状态，差动或气体保护的出口中间继电器 KCO2 闭合后不断开，直流电源通过 KCO2 的触点和 QF4 的辅助触点，构成断路器失灵保护的启动回路，见图 5-39（e），启动 2KT 时间继电器。2KT 启动后，第一段延时 2KT₁ 闭合跳开母联断路器；第二段延时 2KT₂ 闭合，经 2# 母线上的低电压中间继电器 KCV2 和 KCW2 及切换连接片 XB6，去跳开 QF2，将 2# 母线上与之相连的所有元件全部断开，切除故障，见图 5-39（c）。

重要提示　当变压器内部轻微故障，电压达不到 KCV2 的动作值时，则失灵保护也不能切除故障。

二、纵联差动保护回路

采用电流速断保护虽然接线简单，且可以达到瞬时动作、快速切除故障的目的，但往往不能保护发电机的全部定子绕组，在其中性点侧存在着保护无效区。为此，当发电机定子绕组中性点侧有分相引出线时，考虑到发电机在发电厂乃至电力系统中的重要性，目前在

800kW 及以上的小型发电机和 800kW 以下的重要发电机均采用纵联差动保护（简称纵差保护），以代替电流速断保护；800kW 以下的一般发电机，当电流速断保护的灵敏度不能满足要求时，也采用纵差保护。

变压器纵差保护的组成及工作原理，同样适用于线路和发电机的纵差保护。发电机纵差保护是通过比较发电机定子绕组始末两端的电流大小和相位的差异而构成的，能正确判断故障所在。在发电机中性点侧与靠近发电机出口断路器处分别装设了具有相同变比的同型号电流互感器，两组电流互感器按照环流式差动接线构成差动保护。和变压器纵差保护相比，发电机纵差保护的不平衡电流 I_{unb} 要小得多。下面介绍一种发电机高灵敏度纵差保护。

发电机纵差保护是一种理论上成熟，技术上实现起来简单、方便、经济的速动保护。纵差保护工作于同一电压和电流的电路上，不会出现像变压器纵差保护回路中那样大的不平衡电流，特别是没有励磁涌流。

发电机纵差保护的接线原理有两种：一种是动作电流大于发电机额定电流的纵差保护，即"一般纵差保护"，其接线原理与变压器纵差保护相似，但不使用差动继电器中的平衡绕组；另一种是动作电流小于发电机额定电流的纵差保护，即"高灵敏度纵差保护"，其接线利用了平衡绕组来降低动作电流。

采用动作电流小于发电机额定电流的高灵敏度纵差保护，是为了提高发电机一般纵差保护的灵敏度，使发电机运行更加安全可靠。过去用于较大容量的发电机上，由于这种纵差保护无需增加任何投资，只是稍改接线即可提高灵敏度，故又推广到一般容量（6000kW 及以上）的发电机上。近年来，又在小型发电机上逐渐开始采用。现简要分析如下。

1. 接线

图 5-40 为高灵敏度纵差保护原理图，此接线又称为电流互感器断线闭锁装置。图中差动线圈 $W_{d.1}$、$W_{d.2}$ 与 $W_{d.3}$ 分别接于对应各相的电流上，而它们的平衡线圈 $W_{da.1}$、$W_{da.2}$ 与 $W_{da.3}$ 则串联在差动回路的中性线上，且与差动线圈反极性连接。同时，在差动回路的中性线上串联了一个电流继电器 KA，以监视差动用的电流互感器 TA 二次回路的完整性。发电机正常运行和二次回路完整时，KA 中流过的电流为零（实际上有很小的不平衡电流）。当 TA 二次回路任一相发生断线时，KA 中流过发电机的负载电流的二次值而作用于延时信号。KA 的动作电流通常取 $0.2I_{G.n}$，断线信号时限应大于发电机后备保护过电流的时限。

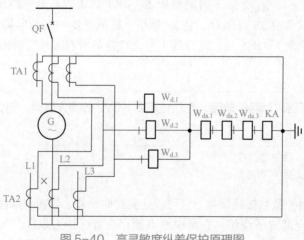

图 5-40　高灵敏度纵差保护原理图

2. 电路原理

当 TA 某一相二次回路发生断线（多出现在 TA 的二次侧端子处，如图 5-40 中 L1 相 TA2"X"处）时，沿着断线相的 $W_{d.1}$ 和三个差动继电器的平衡线圈 W_{da} 中将有发电机的负荷电流二次流过，但因 $W_{d.1}$ 与 $W_{da.1}$ 极性正好相反，所以在断线相继电器中产生的磁通是相互抵消的，该相继电器不会动作，即起到了 TA 断线闭锁作用。换言之，纵差保护的动作电流便可小于发电机的额定电流，从而使保护的灵敏度得到提高。另一方面，其他两个非断线相继电器的 W_d 中虽然无电流，但 W_{da} 中却有负荷电流，此时只要适当选择 W_{da} 的匝数，便能达到小于差动继电器 KD（见图 5-41）的动作安匝而不致误动。

当在保护范围内发生相间短路时，短路电流流过故障相 W_d，但因中线上各相电流之和为零，W_d 不会产生抵消的动作安匝，而不影响差动继电器 KD 的动作灵敏度，KA 也不会误发断线信号。

三、带断线监视继电器的发电机纵差保护

带断线监视继电器 KC 的发电机纵差保护原理接线图如图 5-41 所示，图中 KD1 ～ KD3 为差动继电器，KS 为信号继电器，KOU 为出口中间继电器，XB 为投入或退出保护用的连接片，R_a 为附加电阻，TB 为试验盒，KC 为断线监视继电器，Y_{off} 为断路器的跳闸线圈，QF-1 为发电机出口继电器的辅助触点。

在正常情况下，每相差动回路两臂电流基本相等，流入差动继电器 KD1 ～ KD3 的电流近似等于零，小于继电器的动作电流，继电器不动作。差动回路的三相电流之和流入断线监视继电器 KC，该电流也近似于零，它小于 KC 的动作电流，KC 不动作。

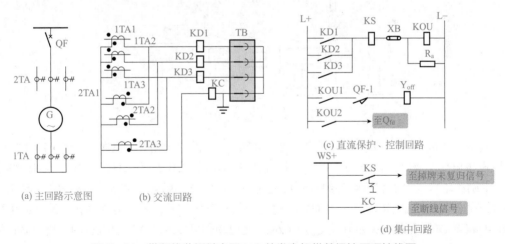

(a) 主回路示意图　　(b) 交流回路　　(c) 直流保护、控制回路　　(d) 集中回路

图 5-41　带断线监视继电器 KC 的发电机纵差保护原理接线图

如果发电机定子绕组或引出线上发生相间短路，则短路相的差动继电器中流过短路电流使之启动，其触点闭合启动 KS 和 KOU。KS 动作于信号，告诉值班人员，差动保护已动作。KOU 动作后，上面一对触点 KOU1 闭合作用于跳开发电机出口断路器 QF；下面一对触点 KOU2 闭合作用于跳开发电机的灭磁开关 Q_{fd} 使发电机转子灭磁。内部相间短路时，差动回路的三相电流之和仍然接近于零，因此继电器 KC 不会动作。如果发电机差动回路的电流互感器 1TA、2TA 接线端子有松动，可能造成二次回路断线，断线相的二次电流流过断线监视继电器 KC 的线圈，使之动作，经一定延时发出信号。

四、过电流保护回路

当发电机外部发生故障时，例如连接在母线上的变压器、线路上发生相间短路，且该设备相应的保护装置或断路器拒绝动作时；或者在发电机电压母线上发生短路（未装设专门的母线保护）时，都会有过电流流过发电机定子绕组，为了能可靠地切除故障，在发电机上应装设防御外部短路的过电流保护装置，作为纵差保护的辅助保护和发电机电压直配线路的后备保护。

过电流保护的范围一般包括升压变压器的高（中）压母线，厂用变压器低压侧和发电机电压直配线路末端。800kW 以下的小型发电机，一般装设不带欠电压启动或复合电压启动的过电流保护；800 ～ 3000kW 的发电机，可采用带欠电压启动的过电流保护；3000kW 以上的发电机，则多采用复合电压启动的过电流保护。带欠电压启动或复合启动的过电流保护在变压器保护中已介绍过，此处不叙述。

五、过电压保护回路

为了防止发电机突然甩负荷时出现危险的电压升高而导致定子绕组绝缘遭到破坏，在发电机组上应装设过电压保护，其原理接线图如图 5-42 所示。

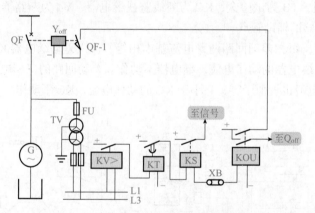

图 5-42　小型发电机过电压保护原理接线图

过电压继电器 KV> 接在发电机出口电压互感器 TV 的二次侧引出电压小母线 L1、L3 上，当发电机电压上升到（1.5 ～ 1.7）$U_{\text{G.n}}$ 时，过电压继电器动作，动合触点闭合，使时间继电器 KT 励磁动作，保护装置经过约 0.5s 的延时后，动合触点闭合，使信号继电器 KS 和出口中间继电器 KOU 同时动作，一方面发出过电压保护动作信号，另一方面动作于跳开发电机出口断路器 QF，并跳开灭磁开关 Q_{off}。0.5s 的延时动作可以躲过大气过电压的作用，防止保护误动作。

发电机在突然甩负荷时，因调节阀来不及关闭，致使转速升高，若不加以限制，电压可达 $2U_{\text{G.n}}$ 以上，大大超过了发电机励磁系统强行减磁的作用范围［一般约为（1.2 ～ 1.3）$U_{\text{G.n}}$］，这对发电机定子绕组的绝缘威胁甚大。因此，在小型发电机上装设过电压保护是十分必要的。

解列保护回路

一、解列保护及方式

如图 5-43 所示，正常情况下，某发电厂的小型发电机与系统并列运行时，由系统与该发电厂共同供给用户用电，系统送出的有功功率 P_1 与发电厂送出的有功功率 P_2 和电力用户吸收的有功功率 P_3 基本平衡，而假定电力用户的有功负荷是由电动机功率 P_3' 与 P_3'' 组成，即 $P_1 + P_2 + P_3 = P_3' + P_3''$。

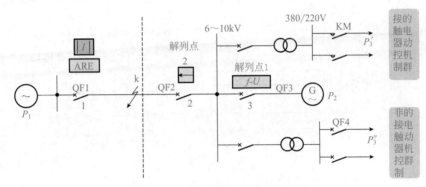

图 5-43　解列保护必要性说明图

当系统发生短路时，重合闸前加速非选择性地动作分断 QF1，切除了系统送给用户的有功功率 P_1，此时有功平衡遭到破坏（$P_3 > P_2$），系统频率可认为不变，而发电厂的发电机频率 f 降低。经一定时间后，若线路重合闸动作使 QF1 重合，造成非同期并列，发电厂的小型发电机将出现高达几十倍额定电流的冲击电流，损坏发电机轴或损坏定子绕组。为此，并列运行的小型发电机必须装设解列保护，以防止非同周期并列。

1. 解列方式

目前，小型发电机常采用的简单解列保护有下列 3 种，可以根据需要选用：

❶ 低频解列保护；

❷ 低电压解列保护；

❸ 功率方向解列保护。

它们都在重合闸前解列，其中保护①、②作用于发电机断路器 QF3 分闸，保护③作用于用户进线断路器 QF2 分闸。

2. 解列点

解列点可选择为：

❶ 小型发电机断路器 QF3，当 $P_2 < (P_3' + P_3'')$ 时，选择此点解列，并采用低频解列加低电压解列方式；

❷ 用户进线断路器 QF2，当用户用接触器控制的电动机较多且允许小型发电机单独运行时选择此点解列，并采用功率方向保护解列方式。因为在系统发生短路时，I 增大分断 QF1，U 降低接触器断开，同时卸去了 P_1 与 P_3'；小型发电机的频率下降不多，可能造成低频低压解

列保护拒动而出现上述非同期并列的不利情况，故在用户进线断路器 QF2 处装设方向解列保护，同时还可防止小型发电厂向系统倒送电。

二、低频低压解列保护

低频低压解列保护装置主要利用系统短路时小型发电机 f 降低和 U 降低这 2 个特征构成，解列点为发电机断路器 QF3，其保护装置原理接线如图 5-44 所示。保护用的电压互感器选用 6 ~ 10kV 母线上的 TV，目的在于当系统停电而用户进线断路器 QF2 未断开时，防止小型发电厂发电机断路器 QF3 合闸而使小型发电厂向系统倒送电，同时还可减轻发电机侧电压互感器的二次负载。

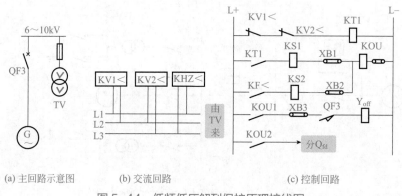

图 5-44   低频低压解列保护原理接线图

1. 低频率解列部分

测量元件为 GDZ-1 型低频率继电器 KF<，其设定值选用系统低频率减载装置的末级动作频率 46.5Hz。可不考虑对用户供电的连续性，即瞬时作用于分闸。

2. 低电压解列部分

由于系统故障类型的不同，发电机残余电压下降的程度也不同。目前，国产 GDZ-1 型低频率继电器的线圈在电压低于 50% 时，将因动作力矩不足而拒动，单靠低频率解列部分就显得不完善，为此增设电压解列部分。图 5-44 中电压互感器二次侧采用 L2 相不装熔断器并且接地，是为了降低 TV 二次侧相间短路而引起 KV1<、KV2< 误动的概率。KV< 的定值取 70V。低电压解列部分的动作时限应比上一级重合闸装置小一个时限级差。如重合闸时限为 0.7s，则低电压解列时限取 0.3s，有一个时限级差 0.4s 的配合。

·第十节·

保护实例及故障分析

一、35kV 母线差动保护端子排烧坏及故障处理

1. 故障现象及分析处理

× 年 × 月 × 日，天气情况多云。专家对 YH（220kV）变电站 35kV 补偿电容 Y39、

Y40 进行投切过程中真空断路器灭弧特性试验和电容投切时系统谐波测试。试验合格后，当天 16 时 30 分，35kV 补偿电容 Y39、Y40 投入试运行。投运时，继电保护人员发现 35kV 母线差动保护相电流闭锁元件一直处于启动状态，将 35kV 母线差动保护闭锁，并发出"交流回路断线"报警信号。

YH 变电站 35kV 母线差动保护装置由两只 DCD-2 型及其他电磁型继电器组成的 35kV 双母线两相式差动保护装置构成。Y39、Y40 都为 35kV 集合式补偿电容器。Y31、Y39、Y40 断路器都为 HYN1-35-22 型 35kV 手车式断路器柜。

对 35kV 补偿电容 Y39、Y40 再分别进行投切试验，发现当 Y39、Y40 只有一组补偿电容投运时，35kV 母线差动保护屏表上测试差动回路不平衡电流为 0.3A；Y39、Y40 两组补偿电容都投运时，35kV 母线差动保护屏表上测试差动回路不平衡电流为 0.9A，差动电流超过相电流闭锁元件整定值 0.5A，相电流闭锁元件动作将 35kV 母线差动保护闭锁，并发出"交流回路断线"报警信号。继电保护人员现场检查差动电流产生的原因时，在 35kV 配电室工作的人员发现 1# 主变压器 35kV 侧 Y31 断路器柜内端子排处有端子烧坏冒烟。

经检查，发现 Y31 断路器柜内端子排处，用于 35kV 母线差动保护的电流互感器二次回路中有 4 个端子被烧坏。按以往检修经验判断：电流互感器二次回路端子排烧坏，一般是电流互感器二次回路开路而出现高电压和过热造成的。于是先将 35kV 补偿电容器 Y39、Y40 断路器断开，以减小 35kV 母线的负荷（35kV 各线路负荷都较小），对 35kV 母线差动保护用电流互感器二次回路进行针对性检查。

Y31 断路器柜电流互感器为三相 3 个二次绕组，分别用于 1# 主变压器差动保护、35kV 母线差动保护、测量及计量。查阅 YH 变电站 1# 主变压器 35kV 侧开关安装接线图，Y31 柜 35kV 母线差动保护电流互感器二次回路，是由编号为 1B-102（1）的电缆从 Y31 柜端子排连接至 35kV 母线差动保护辅助电流互感器屏端子排，电缆芯数为 4 芯，电缆截面为 $2.5mm^2$。从 Y31 柜端子排引出电缆芯线编号为 A4241、B4241、C4241、M4241，即采用三相 4 线引出（见图 5-45），查阅 35kV 母线差动保护辅助电流互感器屏端子排及设计图样，只使用该电缆 3 根芯线，电缆编号为 1B-169，电缆芯线编号为 A330、C330、N330。因此，从安装接线图分析：35kV 母线差动保护电流互感器二次回路，从 Y31 柜端子排上引出的编号为 B4241 的电缆芯线，到 35kV 母线差动保护辅助电流互感器屏的端子排处在设计图样上没有其接线端子位置。

询问原二次设备施工人员，Y31 柜端子排和 35kV 母线差动保护辅助电流互感器屏端子排电缆接线，为两人各拿各端的安装接线图进行施工。Y31 柜端子排施工人员按图样进行三相完全星形电流互感器接线，即 4 芯线都接入。35kV 母线差动保护辅助电流互感器屏端子排施工人员则根据图样和实物采用 A、C 两相电流互感器接线，因 B4241 电缆芯线在辅助电流互感器屏端子排处无设计，且接线工作太忙，未及时向工作负责人反映，再加上随后上级主管部门将 Y31 柜电流互感器，由原设计变流比 1500A/5A，更换为变流比 800A/5A，并要求将 Y31 电流互感器 35kV 母线差动保护辅助电流互感器屏端子排更改为不经辅助电流互感器二次变流，而直接接入 35kV 母线差动保护继电器端子排。原电缆的 B4241 芯线的接口，在电缆更换屏位过程中空置。从设计到施工的一连串不规范操作，导致最后在 35kV 母线差动保护继电器屏端子排处，B4241 芯线无编号空置，使 Y31 电流互感器母线差动保护组的 B 相二次回路开路。

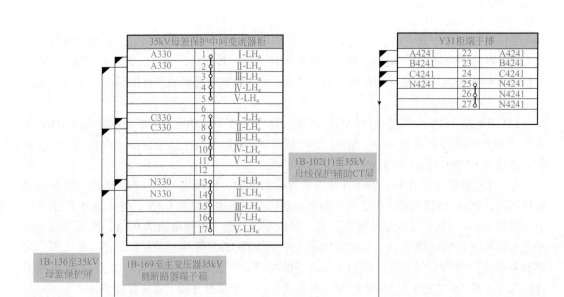

图 5-45　35kV 母线差动保护错误设计二次接线

YH 变电站于 × 年 × 月 × 日投产，试运行时曾在 35kV 母线差动保护屏处进行负荷六角图测试，电流及六角图情况正常。因 35kV 母线差动保护屏处只有 A、C 两相的电流互感器二次回路，也就未怀疑 B 相电流互感器二次回路接线空置开路。试运行后，35kV 负荷一直很小，Y31 柜端子排也未出现异常。而在 35kV 补偿电流 Y39、Y40 投运时负荷增大。Y31 断路器柜内 B 相电流互感器因二次回路开路，引起 B 相电流互感器铁芯严重发热，导致 B 相电流端子排烧坏，并使相邻端子排受热损坏，引起 Y31 断路器柜 A、B、C 三相电流互感器二次回路短路，使 35kV 母线差动保护的电源侧二次电流和负荷侧二次电流失去平衡，相电流元件 1LJS 启动，使闭锁中间继电器 1BSJ 动作，闭锁 35kV 母线差动保护，使 35kV 母线差动保护未发生误动作跳闸，如图 5-46 所示。

联系电力调度部门，并操作将 1# 主变压器 35kV 侧停电，更换 Y31 断路器柜内烧坏的端子排，在该端子排将 B 相电流互感器二次回路短接（B4241 与 N4241 连接）。再将 1# 主变压器 35kV 侧断路器及 35kV 补偿电容 Y39、Y40 投入运行，35kV 母线差动保护屏表上测试差动回路不平衡电流为 0A，相电流闭锁元件不动作，"交流回路断线" 报警信号消失。Y31 断路器柜内电流互感器运行正常，35kV 母线差动保护带负荷，电流及相位六角图测试合格，故障处理完成。

2. 故障结论

由于 Y31 断路器柜至 35kV 母线差动保护屏的电流互感器二次回路电缆接线，从设计到施工再到更改，一连串不规范性操作，导致在 35kV 母线差动保护屏处 B4241 电缆芯线无编号空置，使 Y31 电流互感器母线差动保护组的 B 相二次回路开路。当 35kV 负荷增大时，B 相电流互感器铁芯严重发热，使 Y31 断路器柜母线差动保护组端子排 B 相电流端子烧坏，还影响到相邻端子排，使其过热损坏，A、B、C 三相电流互感器二次回路短路、接地，以及产生差动回路不平衡电流，使相电流元件启动闭锁了 35kV 母线差动保护，并发出 "交流回路断线" 报警信号。

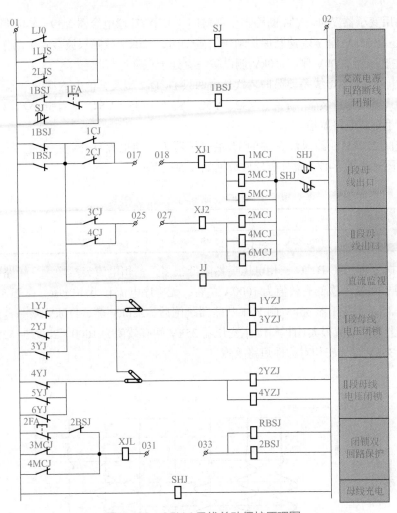

图 5-46 35kV 母线差动保护原理图

3. 防范措施

❶ 工程施工前，应对施工图样进行严格会审，尽早发现并纠正施工图样的错误。

❷ 加强施工管理，施工人员在施工过程中若发现图样有错误之处，应停止施工，及时向工作负责人和主管部门汇报。待联系设计人员下达"设计更改通知单"后再按更改后的图样进行施工，以规范化操作来保证施工质量。

❸ 严把试验关和工程验收关，要求试验和验收细致、全面、到位。设备新投入试运行后，应进行带负荷试验检查，其中包括电流互感器二次回路检查，以保证保护装置及二次回路的正确性。

二、一次设备缺陷引起 35kV 母线差动保护动作及处理

1. 故障现象及分析处理

×年×月×日5时50分，天气情况多云。YH（220kV）变电站35kV母线差动保护动作，连接于35kV母线上的1#主变压器35kV侧Y31断路器及各线路Y32、Y52、Y37、Y35

断路器和站用变压器 Y54、Y34 断路器全部跳闸（35kV 补偿电容器 Y39、Y40 当时未投入运行）。同时还有 35kV 侧 Y35 速断保护动作信号发出，220kV 故障录波装置也动作录波，故障前后，1# 主变压器 220kV 侧、110kV 侧设备一直处于正常运行状态。

YH 变电站 35kV 母线差动保护装置是由两只 DCD-2 型及其他电磁型继电器组成的 35kV 双母线两相式差动保护装置，Y31、Y32、Y52、Y37、Y35、Y54、Y34 断路器都为 JYN1-35-22 型 35kV 手车式断路器柜。

现场查阅 220kV 故障录波图中的 1# 主变压器（一期工程只安装一台主变压器）220kV 侧故障波形图（见图 5-47）及分析软件数据如表 5-4 所示。

表5-4   220kV故障录波分析软件数据

| 电压 | U_a=48.4V | U_b=48.5V | U_c=48.4V | $3U_o$=0V |
| 电流 | I_a=8.33A | I_b=8.34A | I_c=8.33A | $3I_o$=0A |

录波数据分析：A、B、C 三相电压突然降低很多，三相电流突然增大，短路电流反应于 1# 主变压器 220kV 一次侧有效值为 1000A 左右，无零序电流和零序电压。由于 35kV 母线差动保护动作，1# 主变压器 35kV 侧 Y31 断路器跳闸后，220kV 侧、110kV 侧一直处于正常运行状态，加上短路电流很大（计算 1# 主变压器 35kV 侧有效值为 1000×220/35=6286A 左右），初步判断为 35kV 母线三相对称性短路故障。

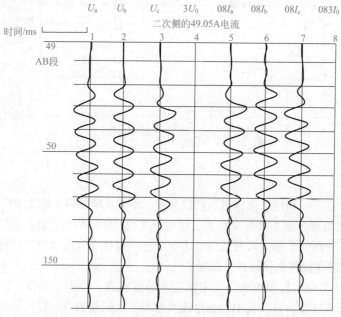

图5-47   35kV 母线差动保护动作时故障录波图

随即现场布置好安全措施后，将 35kV 断路器柜中的断路器手车全部拉出柜外进行检查，首先是保护动作的 Y35 断路器手车，拉出柜外时发现该手车上端接插触头 A、B、C 三相全部烧坏，Y35 断路器柜内有弧光短路的明显痕迹，其他断路器手车及断路器柜内未见任何异常情况。

对 35kV 母线进行耐压试验检查合格，再分别检查其他断路器手车，耐压试验也合格，Y31 断路器手车单独耐压试验合格，判断 Y35 断路器柜内发生三相短路，引起 35kV 母线三相短路故障，造成 35kV 母线差动保护动作。

检查 Y35 断路器柜三相短路原因，发现 Y35 断路器手车进入断路器柜内时，手车上端接插触头的动静触头接触部位行程较小（规程要求手车上端一次触头接触行程大于 25mm，实测接触行程只有 12mm）。分析认为，运行中由于动静触头接触部位面积不足，随着负荷电流的增大，运行时间的增长，接触部位严重发热，最后导致燃弧，并发展成为三相短路故障。

现场由一次设备检修人员更换已损坏的 Y35 断路器手车上端动触头及柜内静触头，按规程要求调试合格；并且对其他断路器手车的一次触头接触行程进行检查，又发现两台断路器手车动、静触头接触行程不合格，只有 15mm 左右，对一次触头接触行程不合格的手车重新调度，直到全部合格。

断电保护人员对 Y35 断路器柜内的电流互感器及其二次回路进行试验和检查，未发现异常情况。经各个专业技术人员试验和检查确定各项工作合格后，YH 变电站 35kV 母线及各线路先后恢复供电。随后继电保护人员进行 35kV 母线差动保护带负荷相位六角图测试合格，确定本次故障处理工作结束。

2. 故障结论

由于 YH 变电站 35kV 线路 Y35 断路器手车上端一次接插触头的接触行程在安装时调试不合格，使投运时手车上端动、静触头接触部位面积不足，随着负荷电流的增大，运行时间的增长，接触部位产生严重过热，最终导致一次接插触头三相燃弧，并发展成为 35kV 母线三相短路故障。35kV 母线差动保护动作正确，Y35 线路速断保护动作正确，连接于 35kV 母线上的各断路器全部可靠跳闸。

3. 防范措施

手车式断路器柜由于其外部的封闭性，使其正常运行时无法细致观测和检查一次设备及部件的工作状况。所以手车式断路器安装、检修时，调整、试验工作尤为重要，必须严格按照调试规程和工艺导则进行，并加强验收，确保安装、检修质量，杜绝该类事故重复发生。

中央信号系统组成及要求

一、信号回路电路构成

在发电厂或变电所中，一般都设有这样一套系统，它时刻并自动监视各主要设备的运行状态和运行参数，一旦被监视设备发生异常或事故，就以各种不同的音响信号、灯光信号、光字牌信号以及信号继电器掉牌信号等来提示电气值班人员及时进行分析，这套系统被称为中央信号系统。

1. 中央信号系统的作用

监视电力系统中各主要设备的运行状态，一旦被监视设备发生异常或事故，能自动发出相应的声、光等信号，提醒值班人员。同时为值班人员提供事故的对象和性质等信息，帮助值班人员做出正确的判断，从而及时进行分析处理，清除异常，控制事故的范围，以提高电力系统运行的可靠性。

2. 中央信号系统的组成

中央信号系统由中央音响信号、断路器位置信号、光字牌信号以及信号继电器掉牌信号等部分组成，各部分的任务如下。

（1）**中央音响信号系统的任务**　提醒值班人员。

中央音响信号系统能根据故障性质的不同，发出不同的音响：当电气设备发生事故（如断路器事故跳闸等）时，由蜂鸣器HAU发出音响；当电气设备发生异常情况（如发电机过负荷等）时，由电铃HAB发出音响。

中央音响信号系统从本质上来说，就是一套报警系统。一般每一个发电厂或变电所都装设有一套共用的中央音响信号系统。

（2）**断路器位置信号的任务**　正常情况下指示断路器的位置状态，发生事故时帮助值班人员判明是何设备或回路发生了事故跳闸。

（3）**光字牌信号的任务**　发生异常情况时，提示值班人员是何设备发生了什么性质的异常情况。

（4）**信号继电器掉牌信号的任务**　发生事故时告诉值班人员是何种保护动作，从而帮助值班人员判明大致是何种性质的事故。

中央信号系统的核心是中央音响信号系统。

中央信号系统包括事故信号和预告信号两大子系统。

事故信号系统作为发电厂或变电所发生事故时的报警系统，它主要反映断路器的事故跳闸或发电机的非正常停机事故。一旦发生事故，事故信号系统即使蜂鸣器发出音响提醒值班人员。此外，值班人员可根据断路器指示灯的闪烁来判断是哪个设备发生了事故跳闸，根据继电保护装置中的信号继电器的掉牌情况来判断是何种保护作用于断路器跳闸。

事故信号的启动方式有断路器与控制开关位置不对应启动方式和继电保护启动方式（由继电保护中的信号继电器启动）两种。

预告信号系统作为发电厂或变电所发生异常时的报警系统，它主要反映电力系统中各主要设备的异常运行情况和二次回路的故障，如发电机过负荷、变压器温度偏高等一次设备的异常运行情况和差动保护回路断线、事故信号系统电源消失等二次回路的故障。一旦一次设备发生异常或二次回路发生故障，预告信号系统即启动电铃 HAB 发出事故信号不同的音响提醒值班人员。此外，预告信号系统还设有光字牌，值班人员可根据光字牌的亮牌情况判断是哪个一次设备发生何种异常或哪个二次回路发生何种故障，并据此做出正确的判断处理，防止一次设备的异常转人为事故，或消除二次回路的故障。

预告信号的启动方式主要为继电保护启动方式。由继电保护中的信号继电器、气体继电器、温度继电器或其他继电器启动。

无论是事故信号系统，还是预告信号系统，它们的组成大致相同，主要由启动和音响两部分构成。图 6-1 是事故信号系统的框图。预告信号系统的框图与此基本相同。

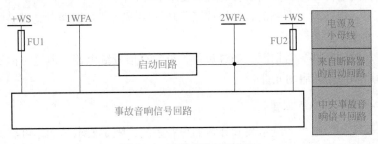

图 6-1　事故信号系统框图

在图 6-1 中，只要启动回路接通，音响回路就会根据故障的性质（异常或事故）发出不同的音响，提醒值班人员。

3. 中央信号系统的分类

中央信号系统的分类实际上就是中央音响信号系统的分类。一般按照复归地点的不同以及能否重复动作等进行分类。

❶ 按复归地点的不同，中央音响信号系统可分为就地复归方式和中央复归方式两种。

就地复归方式：中央音响信号系统启动后，音响信号的复归是在发生事故或异常的设备就地屏上进行。除了极个别特别小的小水电站外，目前已基本不采用，本书不做介绍。

中央复归方式：中央音响信号系统启动后，无论是哪个设备发生事故或异常，音响信号的复归均在主控制室内的中央信号屏上进行。

❷ 按能否重复动作，中央信号系统可分为不重复动作和能重复动作两种。

不重复动作：当电力系统发生事故或异常时，启动中央音响信号系统，在人工或自动将音响复归后，到原启动回路复位（断开）前这段时间内发生第二个事故或异常时，音响装置不再动作发出音响。

能重复动作：当电力系统发生事故或异常时，启动中央音响信号系统，在人工或自动将音响复归后，到原启动回路复位（断开）前这段时间内发生第二个事故或异常时，音响装置能够再次动作发出音响。

在发电厂或变电所中，一般装设中央复归能重复动作的中央音响信号装置。

对于小型变电所以及火力发电厂中的锅炉控制室、给水控制室以及汽机控制室等各车间信号装置，可采用中央复归不重复动作的中央音响信号系统。水利部门的小型水电站也有采用中央复归不重复动作的中央音响信号系统。

4. 中央信号系统的信号表示形式

中央信号系统的信号表示形式主要有音响信号、灯光信号、光字牌信号和信号继电器掉牌信号等。

（1）事故信号的表示形式

音响信号：用蜂鸣器（HAU）发出音响表示发生了事故。

灯光信号：蜂鸣器发出音响时，某断路器的位置指示灯绿灯"闪光"，表示该断路器所在的一次系统发生了事故，该断路器已事故跳闸。

信号继电器掉牌信号：通过上述已事故跳闸的断路器保护系统中的信号继电器掉牌情况可以判断事故的性质。

（2）预告信号的表示形式

音响信号：用电铃（HAB）发出音响表示发生了异常。

光字牌信号：电铃发出音响时，某块或某几块光字牌点亮，根据点亮光字牌显示的文字表示什么设备发生了什么样的异常。

预告信号反映的某些异常情况，如过负荷等也含有信号继电器，但这时信号继电器的作用主要是作为启动回路的启动元件。

5. 对中央信号系统的基本要求

中央信号系统作为电力系统事故和异常的报警系统，除了要求其动作可靠、信号明显直观、接线简单等外，还要求其必须具备下列功能：

❶ 中央信号应能保证断路器的位置指示正确。对单灯控制音响监视接线应能实现亮屏（即断路器位置指示灯亮）及暗屏（即断路器位置指示灯暗）运行，根据需要选择一种，谓之位置信号装置。

❷ 断路器事故跳闸时，能及时发出音响信号（蜂鸣器），并使相应的位置信号指示灯闪光，谓之事故信号装置。

❸ 发生事故时，能及时发出区别于事故音响的另一种音响（警铃），并在光字牌显示事故的对象和性质，谓之预告信号装置。

❹ 大型发电厂及变电所发生事故时，应能通过事故分析信号迅速确定事故的性质。

❺ 对事故及预告信号装置及其光字牌应能进行是否完好的试验。

❻ 当音响信号启动后，应能具备手动或自动复归音响的功能，而表示故障对象和性质的指示灯、光字牌和信号继电器的状态等信息仍应保留。

❼ 对于其他信号装置，如指挥信号、全厂故障信号等，可根据需要装设。

二、中央复归能重复动作的中央音响信号系统

中央复归不重复动作的中央音响信号系统，若在原已启动的启动回路没有复归前再次发

生事故，中央音响信号系统不会再次启动，这样就可能导致延误事故的发现和处理。因此，在中央音响信号系统监视的设备或系统较多的情况下，应该采用中央复归能重复动作的中央音响信号系统。

除了设备特别少的变电所或小型水电站外，发电厂或变电所设置在中央控制室内的中央音响信号系统一般都采用中央复归能重复动作的中央音响信号系统，而且事故音响信号的启动回路通常采用控制开关位置与断路器位置不对应的启动方式；预告音响信号的启动回路通常采用保护启动方式。

1. 冲击继电器

构成中央复归能重复动作的中央音响信号系统的关键部件是冲击继电器。随着劳动力成本的不断提高，对单价不高的电气元器件的故障进行修复在经济上的意义并不大，一般不再进行修复处理，而是直接更换。因此，本书不再讨论冲击继电器的内部结构，只对其工作原理进行介绍。图 6-2 所示为 ZC-23 型冲击继电器的内部原理接线简图。

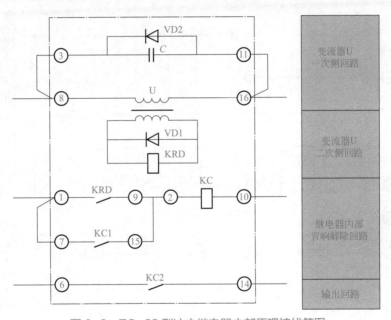

图 6-2　ZC-23 型冲击继电器内部原理接线简图

在图 6-2 中，冲击继电器内部包含许多元件，其中 U 为微分变流器，KRD 为干簧继电器，KC 为小型中间继电器，VD1、VD2 为二极管，C 为电容器。

ZC-23 型冲击继电器的基本原理是：变流器 U 的一次侧回路与外部的音响启动回路串联，当外部音响启动回路发生变化时，流过微分变流器 U 一次侧线圈的电流发生变化，微分变流器 U 将一次线圈回路中跃变后持续的矩形电流脉冲变成二次侧线圈回路中短暂的尖峰电流脉冲，去启动干簧继电器 KRD。干簧继电器 KRD 动作后，其动合触点闭合，从而启动小型中间继电器 KC。中间继电器 KC 动作后，其动合触点闭合。动合触点 KC1 闭合，起自保持作用；动合触点 KC2 闭合，接通外部电路，启动音响。

微分变流器一次侧并接的电容器 C 起抗干扰作用，当一次侧回路受到瞬间电流干扰时，干扰电流被电容器 C 短路，从而使干扰电流不经过变流器 U 的一次侧线圈，防止冲击继电器误动作。一次侧并接的二极管 VD2 起保护内部元器件的作用，当微分变流器 U 的一次侧线圈所在的外部回路突然断开时，若没有二极管 VD2，一次侧线圈因电流的突变（突然变为零）可能产生高电压，从而导致绝缘击穿。有了二极管 VD2 后，当外部电路断开时，一次侧线圈能通过 VD2 续流，从而防止高电压的产生。微分变流器二次侧并接的二极管 VD1 的作用是把由一次回路电流突然减少而产生的反向电动势所引起的二次电流旁路掉，使其不流入干簧继电器 KRD 的线圈，防止 KRD 误动作。

ZC-23 型冲击继电器只有当其内部微分变流器 U 的一次侧线圈所在的回路发生单一方向的电流变化时，才能动作；当电流发生反方向变化时，不会动作。因此，该冲击继电器具有方向性。

2. 事故音响信号回路

在工程制图中，中央复归能重复动作的中央音响信号系统中的事故音响信号回路与预告音响信号回路在同一张图中。为了清楚起见，本书分别予以介绍。图 6-3 所示为某电厂中央音响信号系统中有关事故音响信号部分的回路图。

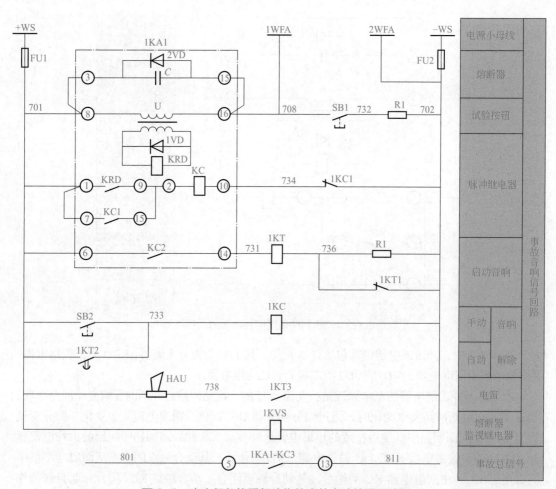

图 6-3　中央复归能重复动作的事故音响信号回路图

在图 6-3 中，按照工程制图惯例，启动回路部分没有画出。启动回路部分在各自所属断路器的控制回路图中，启动方式采用控制开关与断路器位置不对应启动方式。图中点画线框内的 1KA1 为 ZC-23 型冲击继电器，其余没有介绍过的元件在下面的分析中介绍。该事故音响信号系统的工作原理如下：

（1）**启动音响** 若某一电气设备或回路发生了事故，相关继电保护动作于断路器跳闸。同时在断路器控制回路图中的事故音响信号启动部分接通，即图 6-3 中的事故音响信号小母线 1WFA、2WFA 之间的电路接通，从而使冲击继电器 1KA1 内部的微分变流器 U 的一次侧线圈所在的回路（信号电源 +WS →熔断器 FU1 →变流器 U 的一次侧线圈→ 1WFA → 2WFA →熔断器 FU2 →信号电源 -WS）接通流过 1KA1 的电流由零增加到某一数值。由前面冲击继电器动作原理的分析可知：当通过其内部的微分变流器一次侧线圈的电流发生某一方向的变化时，冲击继电器内的中间继电器 KC 动作并自保持。动合触点 KC2 闭合，接通了时间继电器 1KT 线圈所在的回路，1KT 因线圈通电而动作。时间继电器 1KT 动作产生如下三个结果：

❶ 动断触点 1KT1 断开，将电阻 R1 串联接入时间继电器 1KT 线圈所在的回路，减小通过 1KT 线圈的电流，从而减少 1KT 的发热，延长其寿命。

❷ 动合触点 1KT3 闭合，接通蜂鸣器 HAU 所在的回路，蜂鸣器鸣响，提醒值班人员发生了事故。

❸ 延时动合触点 1KT2 启动，经过一定的延时后 1KT2 闭合，自动解除音响。

此外，冲击继电器 1KA1 内的中间继电器 KC 动作后，除了启动音响外，其动合触点（图中最下边、文字符号为 1KA1-KC3 的动合触点）闭合，向需要了解情况的部门或单位发出事故信号，如通过通信向电力调度部门发出信号。

（2）**解除音响** 该事故音响信号回路解除音响有两种方法：人工解除和自动解除。

❶ 人工解除音响 当值班人员听到蜂鸣器鸣响后，按下音响解除按钮 SB2，接通中间继电器 1KC 线圈所在的回路（+WS → FU1 → SB2 → 1KC 的线圈→ FU2 → -WS），中间继电器 1KC 因线圈通电而动作，其动断触点 1KC1 断开，切断 1KA1 内的中间继电器 KC 线圈所在回路。KC 因断电而返回，其动合触点断开。KC1 断开，解除自保持；KC2 断开，切断 1KT 线圈所在的回路，从而使 1KT 返回。1KT 的动合触点 1KT3 断开，解除音响。

❷ 自动解除音响 若值班人员在一定的时间（时间继电器 1KT 的延时动合触点 1KT2 的延时时间）内没有按下音响解除按钮 SB2，音响启动后，时间继电器 1KT 的延时动合触点 1KT2 经过预先设定的时间后闭合，自动解除音响。动作过程及回路分析与按下动合按钮 SB2 相同。

（3）**重复动作** 该事故音响信号系统具有重复动作的功能，其重复动作功能的实现是利用流过冲击继电器 1KA1 的电流发生变化（增大）实现的。只要小母线 1WFA 与 2WFA 之间的电阻发生变化（减小），流过 1KA1 的电流就会发生变化（增大）。小母线 1WFA 与 2WFA 之间并联接入了需要由该事故音响信号系统发出事故报警信号的所有断路器控制回路图中的事故音响启动回路部分，每一个启动回路分别画在各自所属断路器的控制回路图中，其中的元器件也设置在各自断路器的控制屏内，在控制屏内将各元器件按照设计方案用导线连接起来后，再接入各自控制屏屏顶小母线 1WFA、2WFA。小母线 1WFA 与 2WFA 之间的电路如图 6-4 所示。

在图 6-4 中，R1 ～ Rn 为各个启动回路的电阻，所有电阻阻值相等，设为 R；SA1 ～ SAn 为对应各自断路器的控制开关；QF1 ～ QFn 为各断路器的辅助动断触点。

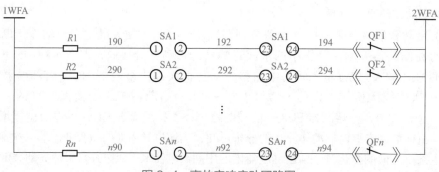

图6-4 事故音响启动回路图

当断路器 QF1 事故跳闸后，并且在其控制开关 SA1 切换至"跳闸后"位置前的这段时间，SA1 与 QF1 的位置不对应，因而对应断路器 QF1 的启动回路（1WFA → R1 → SA1 的触点 1—2 → SA1 的触点 23—24 →断路器辅助动断触点 QF1 → 2WFA）接通，小母线 1WFA、2WFA 之间的电路接通（1WFA、2WFA 之间的电阻为 R），启动事故音响信号系统。

若在音响解除后，值班人员将 SA1 切换至"跳闸后"位置前的这段时间又发生了断路器 QF2 事故跳闸，则 QF2 对应的控制开关 SA2 与 QF2 的位置不对应，从而使 QF2 对应的启动回路（电阻 R2 所在的回路）接通，这时小母线 1WFA、2WFA 之间的电阻由 R 变为 $R/2$，因此流过冲击继电器 1KA1 内微分变流器 U 的一次侧线圈的电流增大到原来的 2 倍（微分变流器 U 的一次线圈所在回路的电阻主要由小母线 1WFA、2WFA 之间的电阻决定），从而再次启动事故音响信号。

（4）**事故音响信号系统复位** 当值班人员将所有事故跳闸的断路器对应的控制开关切换至"跳闸后"位置后，由于所有断路器与其控制开关的位置互相对应，因此小母线 1WFA、2WFA 之间的电路不通，切断冲击继电器 1KA1 内微分变流器 U 的一次侧线圈所在的回路，1KA1 内部所有元器件恢复至没有动作前的状态，从而使整套事故音响信号系统的所有元器件恢复为没有动作前的状态，为下次发生事故时启动音响做准备。

（5）**音响回路的试验** 值班人员可通过按下音响试验按钮 SB1 对音响回路进行试验。回路动作过程分析与启动音响过程相同。

（6）**事故音响信号系统电源监视** 图6-3 下面的"熔断器监视继电器"回路中的低电压继电器 1KVS 的作用是监视事故音响信号系统的电源。电源正常时，1KVS 动作，其接在预告音响信号回路中的动断触点断开；一旦事故音响信号电源消失（如熔断器 FU1 或 FU2 熔断等）时，1KVS 返回，其接在预告音响信号回路中的动断触点延时闭合，延时启动预告音响信号系统，提示值班人员事故音响信号回路电源消失。

低电压继电器 1KVS 启动预告音响信号系统的分析在本章后面介绍。

3. 预告音响信号回路

在中央复归能重复动作的中央音响信号系统中，虽然事故音响信号系统与预告音响信号系统在回路接线上有较大的区别，但其工作原理基本相似。图6-5 所示为某电厂中央音响信号系统中有关预告音响信号部分的回路图（一）。

与事故音响信号回路图一样，图6-5 中启动回路部分也没有画出。启动回路部分在各自所属设备的保护信号回路图中，启动方式采用保护启动方式。图中点画线框内的 2KA1 为 ZC-23 型冲击继电器，其余没有介绍过的元件在下面的分析中介绍。该预告音响信号系统的工作原理如下：

（1）**启动音响**　若某一电气设备或回路发生了异常，相关继电保护动作，所动作继电器的动合触点闭合，将发生异常的设备的正信号电源（编号一般为 701）与图 6-5 中冲击继电器 2KA1 的 8 号输入端子接通，从而接通冲击继电器 2KA1 内部的微分变流器 U 的一次侧线圈所在的回路，下面过程与事故音响信号启动过程相同，启动电铃，提醒值班人员发生了异常。同时，相应的光字牌点亮告诉值班人员是何设备发生了什么样的异常情况。

光字牌点亮过程在下面的重复动作分析中介绍。

（2）**解除音响**　该预告音响信号回路解除音响也有两种方法：人工解除和自动解除。解除音响的分析过程与图 6-3 所示的事故音响信号系统解除音响的分析过程相同。

（3）**重复动作**　该预告音响信号系统具有重复动作的功能，其重复动作功能的实现是利用流过冲击继电器 2KA1 的电流发生变化（增大）实现的。

在预告音响信号系统投入工作时，图 6-5 中的切换开关 1SAH 处于"信号"位置，其触点 13—14、15—16 接通，其余触点断开。这时预告信号小母线 1WAS 和 2WAS 相互间接通后，再与 2KA1 的端子 8 相连。

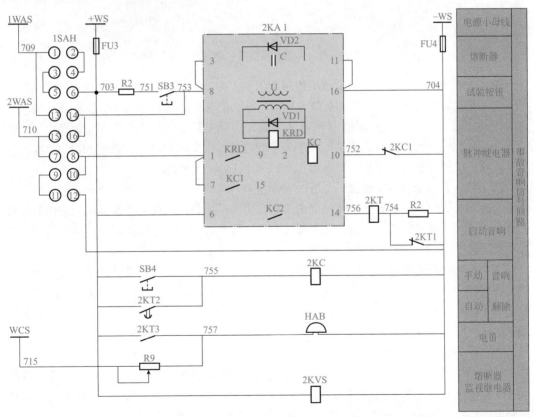

图 6-5　中央复归能重复动作的预告音响信号回路图（一）

图 6-6 所示为某台发电机信号回路图，该信号回路图即为该发电机启动预告音响信号系统的启动回路。当发电机发生定子接地故障时，其反映定子绕组接地的电压继电器 2KV 动作，2KV 的动合触点闭合，将发电机二次系统的正信号电源 701 与预告信号系统中冲击继电器 2KA1 的 8 号端子接通［回路：发电机正信号电源 701 → 2KV 的动合触点→光字牌

HL1 →预告音响信号小母线 1WAS 和 2WAS（并联）→切换开关 1SAH 的触点 13—14、15—16→ 2KA1 的 8 号端子]，从而启动预告音响信号系统的电铃，向值班人员报警。同时光字牌 HL1 点亮，其上所标注的文字"发电机定子接地"发亮，告知值班人员异常的对象和性质。

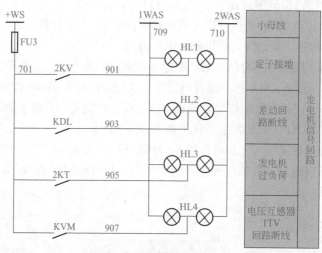

图 6-6 预告音响信号启动回路图

若在音响复归后，发电机定子接地故障消失前，即 2KV 的动合触点断开前的这段时间，又发生了其他异常情况，假设为发电机过负荷。反映发电机过负荷的时间继电器 2KT 的动合触点闭合，将光字牌 HL3 与 HL1 并联，从而使冲击继电器 2KA1 内部的微分变流器一次侧线圈所在回路的电阻（主要为启动回路中光字牌内灯泡的电阻）减少，流过 2KA1 内部的微分变流器一次侧线圈的电流发生变化（增大），再次启动音响信号。

（4）**预告音响信号系统复位** 与事故音响信号系统的复位不同，预告音响信号系统的复位不需要人员操作。当所有异常情况都消失后，所有反应异常的继电器均返回，它们的动合触点都断开，切断音响启动回路，整个预告音响信号系统的所有元器件就会自动恢复为没有启动前的状态。

（5）**音响回路的试验** 值班人员可通过按下音响试验按钮 SB3 对音响回路进行试验。回路动作过程分析与启动音响过程相同。需要注意的是：音响回路试验时，接入 2KA1 的 8 号端子的正电源由预告音响信号系统自身的正信号电源 703 供给；而报警时接入 2KA1 的 8 号端子的正电源由发生异常的设备的正信号电源 701 供给。

（6）**预告音响信号系统电源监视** 图 6-5 下面"熔断器监视继电器"回路中的电压继电器 2KVS 的作用是监视预告音响信号系统的电源。电源正常时，2KVS 动作；一旦预告音响信号电源消失（如熔断器 FU3 或 FU4 熔断等）时，2KVS 返回，提示值班人员预告音响信号回路电源消失。具体的报警方式与事故音响信号系统电源消失时不同。

电压继电器 2KVS 启动预告音响信号系统的分析在本章后面介绍。

（7）**光字牌检查** 将图 6-5 中的切换开关 1SAH 切换至"光字牌检查"位置，其触点13—14、15—16 断开，其余触点接通。预告音响信号小母线 1WAS 通过 1SAH 的触点 1—2、3—4、5—6 与正信号电源 703 接通；2WAS 通过 1SAH 的触点 7—8、9—10、11—12 与负信号电源 704 接通。再由图 6-6 可以看出，每个光字牌内的两只灯泡串联后接入 1WAS 与

2WAS 之间,只要某个光字牌内有一只灯泡损坏,该光字牌就不会点亮。只有光字牌内的两只灯泡都完好时,该光字牌才会点亮。由此可判断光字牌内灯泡的情况。

与光字牌检查时不同,预告音响信号系统正常启动时,某设备某种异常所对应的光字牌内的两只灯泡是并联的,即使一只灯泡损坏,光字牌照样能点亮,只是亮度略暗。

(8)全厂公共信号的报警 除了附属于各一次单元系统(设备)的预告信号外,发电机或变电所还有一些公共系统(一般为二次系统)的异常或信息需要及时告知值班人员,如事故音响信号系统电源消失、预告音响信号系统电源消失和掉牌未复归等。反映这些公共系统异常或信息的电路直接画在预告音响信号回路图中,如图 6-7 所示。

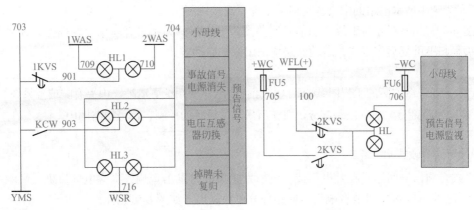

图 6-7 中央复归能重复动作的预告音响信号回路图(二)

前面已经介绍,当事故音响信号系统电源消失时,反映事故音响信号系统电源情况的低电压继电器 1KVS 返回。当 1KVS 返回后,其动断触点(图 6-7 中的 1KVS)延时闭合,使正信号电源 703 通过 1KVS、光字牌 HL1 与预告音响信号小母线 1WAS、2WAS 接通,启动预告音响信号系统中的电铃,同时光字牌 HL1 点亮,其上所标注的文字"事故音响信号回路电源消失"发亮,告知值班人员事故音响信号回路电源消失。

当预告音响信号系统电源消失时,反映其电源情况的电压继电器 2KVS 返回,其动合触点断开,切断正控制电源小母线 +WC 与负控制电源小母线 -WC 之间的回路;同时 2KVS 的动断触点闭合,接通闪光小母线 WFL(+)与负控制电源小母线 -WC,使光字牌 HL 闪亮(闪光),这时音响回路不启动。预告音响信号系统电源正常时,光字牌 HL 点亮(平光)。

光字牌 HL 为何是接入控制电源,而不是接入信号电源,请读者自行分析。

图 6-7 中的小母线 YMS、WSR 为掉牌未复归信号小母线,两条小母线之间接入的是反映各种保护的信号继电器(一般为动作于断路器跳闸的保护所属的信号继电器)的动合保持触点,各信号继电器的动合保持触点并联接入 YMS 与 WSR 之间。当某种或某几种保护动作后,若值班人员忘了将所有动作的信号继电器复归,YMS 与 WSR 之间就处于接通状态,光字牌 HL3 点亮(不发出音响信号),HL3 上标注的文字"掉牌未复归"发亮,提醒电气值班人员及时复归信号继电器。

图 6-7 中光字牌 HL2 反映电压互感器在一次系统某一电压等级两段母线之间的切换,光字牌上标注如"10 kV 母线电压互感器切换"等文字。当某电压等级母线电压互感器发生切换工作时,反映电压互感器切换情况的继电器 KCW 的动合触点闭合,使光字牌 HL2 点亮。光字牌 HL2 上所标注的文字发亮,提醒电气值班人员。

三、中央复归不重复动作的中央音响信号系统

中央复归不重复动作的中央音响信号系统是指音响信号系统启动后，音响的复归（即停止音响）是在发电厂或变电所的中央控制室（也称为主控制室）内的中央信号控制屏上进行的，当某一次电气设备或系统发生事故或异常，音响信号系统启动后，在原启动回路没有复位（断开）的情况下，当再次发生事故或异常时，虽然第二条启动回路接通，也不能再次启动音响。

小型变电所以及火力发电厂中的锅炉控制室、给水控制室以及汽机控制室等各车间信号装置，水利部门下属的小型水电站等经常采用中央复归不重复动作的中央音响信号系统。图6-8 所示为某小型水电站的中央音响信号系统原理接线图。

图 6-8 中上半部分为事故音响信号回路图，下半部分为预告音响信号回路图。两者均采用中央复归不重复动作方式，启动回路均采用保护启动方式。

> **提示**　在许多实际的工程图纸中，为了简化图纸，使图纸更清晰，中央音响信号系统图不包括启动回路部分。启动回路部分一般在所属一次设备的控制、信号回路图中。

1. 事故音响信号回路

事故音响信号回路是在发电厂或变电所发生事故时发出音响，提醒电气值班人员的一套报警系统。将图 6-8 中事故音响信号回路部分单独画出，如图 6-9 所示。

图 6-9 启动回路中的 KS1 ～ KSn 为启动元件，它们是各设备相关保护的信号继电器的动合保持触点；+WS 和 -WS 为信号电源小母线；WFA 为事故音响信号小母线。其余元件在下面的分析中介绍。该事故音响信号系统的工作原理如下：

（1）启动音响　若某一电气设备或回路（假设 1′ 发电机）发生了事故，相关继电保护（假设为 1′ 发电机差动保护）动作，对应的信号继电器（假设 1′ 发电机差动保护的信号继电器为 KS1）动作掉牌，保护动作于 1′ 发电机断路器跳闸。同时，图 6-9 中的信号继电器 KS1 的动合保持触点闭合并保持在闭合状态（这种保持触点闭合后，必须人工复归才能断开）。回路［信号电源 +WS →熔断器 FU1 →信号继电器 KS1 动合保持触点→时间继电器 1KT 的线圈→时间继电器 1KT 的动断触点 1KT1（1KT 没有动作时，其动断触点处于闭合状态）→熔断器 FU2 →信号电源 -WS］接通，时间继电器 1KT 因线圈通电而动作。时间继电器 1KT 动作产生如下三个结果：

❶ 动断触点 1KT1 断开，将电阻 R1 串联接入时间继电器 1KT 的线圈回路，减小通过时间继电器 1KT 线圈的电流，从而减少时间继电器 1KT 的发热，延长其寿命。

❷ 动合触点 1KT2 闭合，接通蜂鸣器 HAU 所在的回路［+WS → FU1 →中间继电器 1KC 的动断触点 1KC1（1KC 没有动作时，其动断触点处于闭合状态）→ HAU → 1KT2 → FU2 → -WS］，蜂鸣器鸣响，提醒值班人员发生了事故。

❸ 延时动合触点 1KT3 启动，经过一定的延时后 1KT3 闭合，自动解除音响。

（2）解除音响　该事故音响信号回路解除音响有两种方法：人工解除和自动解除。

❶ 人工解除音响　当值班人员听到蜂鸣器鸣响后，按下音响解除按钮 SB2，接通中间继电器 1KC 线圈所在回路（+WS → FU1 → SB2 → 1KC 的线圈→ 1KT2 → FU2 → -WS），中间继电器 1KC 因线圈通电而动作，其动合触点 1KC2 闭合起自保持作用。同时其动断触点 1KC1 断开，切断蜂鸣器所在的回路，解除音响。

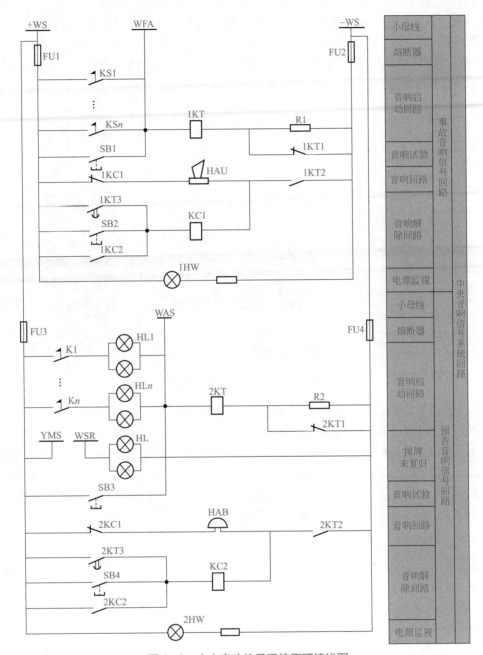

图6-8 中央音响信号系统原理接线图

❷ 自动解除音响　若值班人员在一定的时间（时间继电器 1KT 的延时动合触点 1KT3 的延时时间）内没有按下音响解除按钮 SB2，音响启动后，时间继电器 1KT 的延时动合触点 1KT3 经过预先设定的时间后闭合，自动解除音响。动作过程及回路分析与按下动合按钮 SB2 相同。

（3）**事故音响信号系统复位**　所谓事故音响信号系统复位，就是将其恢复至没有启动前的状态。

值班人员将事故处理完毕后，通过查看已经掉牌的信号继电器标示牌上所标出的文字，了解到是何种保护动作并做好记录后，将掉牌的信号继电器（如 KS1）复归，则信号继电器的动合保持触点 KS1 恢复为断开状态，切断时间继电器 KT1 线圈所在的回路，时间继电器 1KT 因线圈失电而返回，其所有触点恢复为没有动作前的状态，即其动断触点 1KT1 闭合，动合触点 1KT2、1KT3 断开，整套系统的所有元件恢复为没有动作前的状态，为下次发生事故时启动音响做准备。

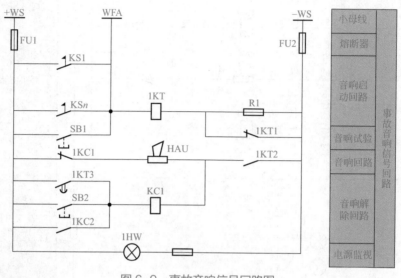

图 6-9　事故音响信号回路图

（4）音响回路的试验　值班人员可通过按下音响试验按钮 SB1 对音响回路进行试验。回路动作过程分析与启动音响过程相同。

（5）事故音响信号系统电源监视　图 6-9 最下边回路中的白色信号灯 1HW（电阻与灯配套提供，起到限制电流、延长 1HW 寿命的作用）的作用是监视事故音响信号系统的电源。电源正常时，1HW 点亮。一旦事故音响信号电源消失（如熔断器 FU1 或 FU2 熔断等）时，1HW 熄灭，提示值班人员事故音响信号回路电源消失。

2. 预告音响信号回路

预告音响信号回路是在发电厂或变电所发生异常时发出音响（与事故音响信号回路的音响不同：事故音响信号回路中的发声元件是蜂鸣器，而预告音响信号回路中的发声元件是电铃），提醒电气值班人员，以便及时进行处理的一套报警系统。将图 6-8 中预告音响信号回路部分单独画出，如图 6-10 所示。

图 6-10 启动回路中的 K1 ~ Kn 为启动元件，它们是各设备相关保护中的信号继电器等电气量继电器和气体继电器、温度继电器或其他继电器等非电气量继电器的动合触点；HL、HL1 ~ HLn 为光字牌；+ WS 和 -WS 为信号电源小母线；WAS 为预告音响信号小母线；YMS、WSR 为掉牌未复归信号小母线。该预告音响信号系统的工作原理与上述事故音响信号回路基本相同。下面以 1' 发电机过负荷为例，对启动音响过程做简要介绍：

若 1' 发电机过负荷，用于 1' 发电机过负荷保护的过电流继电器（假设为 K1）动作，图 6-10 中的过电流继电器动合触点 K1 闭合，时间继电器 2KT 因线圈通电而动作，其动合触点 2KT2 闭合，接通电铃 HAB 所在的回路，启动电铃 HAB 发出音响。

启动音响的同时，光字牌 HL1 点亮，光字牌 HL1 上所标的文字"1' 发电机过负荷"发亮，告诉值班人员 1' 发电机发生了过负荷现象。

图 6-10 中的掉牌未复归信号小母线 YMS、WSR 之间的电路，体现在各相关一次单元系统所属的控制、保护和信号回路图中。图 6-11 所示为该电厂厂用变压器保护回路图中有关掉牌未复归信号部分的接线图。若厂用变压器一次系统发生相间短路事故，其电流速断保护动作跳开该变压器高、低压侧断路器的同时，信号继电器 KS2 动作，其动合保持触点 KS2 闭合并自保持，接通小母线 YMS、WSR，使图 6-10 中的光字牌 HL 点亮，HL 上标注的文字"掉牌未复归"发亮，从而提醒电气值班人员"有信号继电器已经发生了动作，并且尚未复归"。

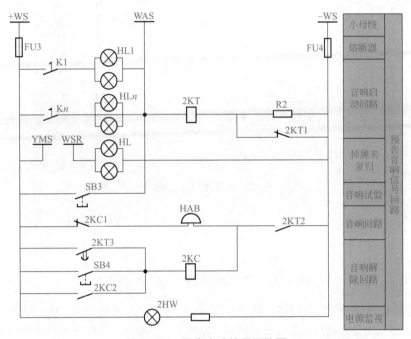

图 6-10 预告音响信号回路图

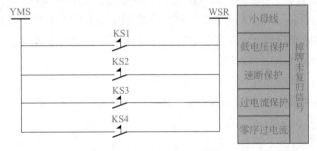

图 6-11 厂用变压器保护回路图（部分）

信号继电器，尤其是事故信号中的信号继电器，起到了提示值班人员何种保护动作于跳闸的作用。只有当值班人员记录信号继电器的动作情况并人工将信号继电器复归后，其动合保持触点才会断开。小母线 YMS、WSR 之间并联接入了全厂所有主要设备信号继电器的动合保持触点，只要有一只信号继电器动作后未复归，图 6-10 中的光字牌 HL 就不会熄灭，防止值班人员忘记将某动作后的信号继电器记录并复归。

3. 辅助车间事故音响信号回路

在火力发电厂中，为了突出重点，主控制室中的中央信号系统并不反映在各辅助车间控制的相关电气设备的故障情况。汽轮机控制室、锅炉控制室和化学水处理车间控制室等辅助车间的控制室，常常装设一套反映在该控制室控制的电气设备（绝大多数为重要辅助机械所属的电动机）的故障情况。

由于各辅助车间需要事故报警的一次系统并不多，因此一般装设中央复归不重复动作的中央音响信号系统。图 6-12 所示为某火力发电厂装设在循环水泵房控制室内的循环水泵事故音响信号回路图。

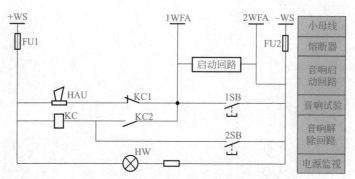

图 6-12　某电厂循环水泵事故音响信号回路图

图 6-13　循环水泵事故音响启动回路图

图中虚线框内部分为启动回路，启动回路内的电路一般包含在相关一次设备的控制回路图中。图 6-13 所示为某台循环水泵电动机控制回路图中有关事故音响信号部分的电路接线图。

由图 6-13 可知：该事故音响信号系统采用控制开关与断路器位置不对应启动方式，其中的 SA 为相关断路器控制开关的接点，QF 为相关断路器的动断辅助触点，它们串联在一起作为启动回路的启动元件。每台循环水泵的控制回路图中都有图 6-13 所示的电路，这些电路并联接入事故音响信号小母线 1WFA、2WFA，只要任何一台循环水泵电动机的断路器事故跳闸，就接通了小母线 1WFA、2WFA。

启动回路的工作原理如下：控制开关 SA 的触点 1—2、23—24 只有在控制开关 SA 处于"合闸后"位置时才同时接通，控制开关 SA 处于其他位置时，两对触点至少有一对不通。而断路器的动断辅助触点 QF 只有在断路器处于"跳闸"位置时才接通。因此，只有当控制开关 SA 处于"合闸后"位置，而断路器又处于"跳闸"位置时，事故音响信号小母线 1WFA、2WFA 才接通。

· 第二节 ·

二次回路中各种测量回路

一、电流互感器回路

电流互感器的二次回路根据接线方式的不同分为三相星形接线、两相不完全星形接线、三相三角形接线、两相电流差接线和零序接线。

1. 三相星形接线

（1）**接线方式** 电流互感器三相星形接线如图 6-14 所示，这是电流互感器最完整的接线，所以又称为三相完全星形接线。

图 6-14 中垂直排列的 L1、L2、L3 三相导线表示一次导线和电流互感器的一次绕组。3 个电流互感器的二次绕组分别与 3 个负荷（图中是 3 个电流继电器 1KA、2KA、3KA）形成闭合的电路，即构成所谓的回路。具体走向为：L1 相的电流互感器的二次电流从其二次绕组的正极性侧流出，经过继电器 1KA 的线圈后回到负极性侧；L2 相电流互感器的二次电流从其二次绕组的正极性侧流出，经过继电器 2KA 的线圈后回到负极性侧；L3 相电流互感器的二次电流从其二次绕组的正极性侧流出，

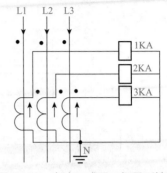

图 6-14　电流互感器三相星形接线

经过继电器 3KA 的线圈后回到负极性侧。根据这个道理，好像需要 6 条导线，而图中实际只有 4 条导线，即 3 条相线和 1 条中性线。根据电路原理和相量图可以知道，三相交流电负荷平衡时，中性线中的电流为零，所以可省去 2 条导线。

（2）**接线系数** 三相完全星形接线的接线系数是 1，即互感器二次绕组中的电流与流过该继电器中的电流的数值是一致的，而且相位也是一致的。这种接线方式广泛应用于继电保护和测量仪表回路。

2. 两相不完全星形接线

（1）**接线方式** 两相不完全星形接线如图 6-15 所示，由于其与三相完全星形接线相比只是少了一相的元件，所以常称其为不完全星形接线，也可称为两相 V 形接线。

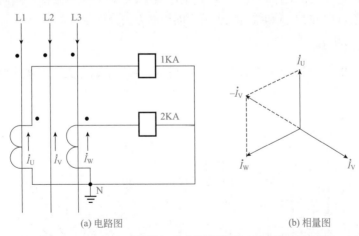

(a) 电路图　　　　　　　　　(b) 相量图

图 6-15　电流互感器的不完全星形接线（两相 V 形接线）

两相不完全星形接线的原理及电流走向和三相完全星形接线相同。不同的只是流过中性线的电流为两相电流之和。根据相量图可知，在一次侧电流完全平衡时，两相电流相加结果在数值上正好等于未装互感器的第三相电流，在相位上与实际的第三相电流成反向 180°。

（2）**接线系数** 两相不完全星形接线的接线系数也是 1。互感器二次侧电流与流过继电器中的电流的相位一致。

3.三相三角形接线

（1）接线方式 三相三角形接线如图 6-16 所示。它的接线特点是，每个电流互感器的正极性端都与相邻的负极性端连接，最后连接出 3 根导线至负荷元件（即继电器），无中性线。注意 3 个继电器线圈的另一端必须连接在一起。

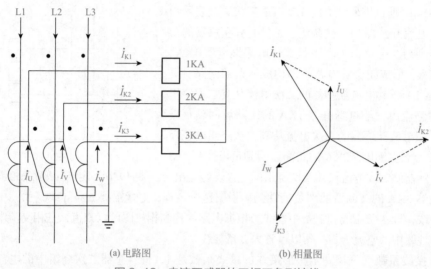

(a) 电路图   (b) 相量图

图 6-16　电流互感器的三相三角形接线

（2）接线系数 在三角形接线中，线电流（即流过继电器的电流）的数值是相电流（即流过电流互感器二次绕组中的电流）的 $\sqrt{3}$ 倍，且相位差 30°。

（3）电流路径 三相三角形接线的电流路径与星形接线基本相同，也是由互感器的正极性端经过负荷流回同一互感器的负极性端。不同的只在于每相电流都要流过两个负荷。例如 L1 相互感器的相电流从正极性端流出，经过继电器 1KA 和 3KA 两线圈后流回其负极性端构成一个回路。其他两相的电流和线电流也可用同样的方法分析。

4.两相电流差接线

（1）接线方式 两相电流差接线如图 6-17 所示。它是把两电流互感器的相反极性端相互连接后再连接到一个继电器元件。

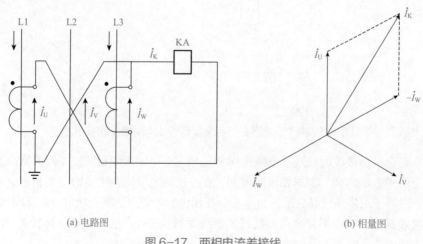

(a) 电路图   (b) 相量图

图 6-17　两相电流差接线

（2）**接线系数** 这种接线方式，流入继电器的电流为两相电流互感器二次电流之差。

❶ 在正常运行和三相短路时，三相电流是对称的，由图 6-17（b）可知，此时流过继电器中的电流为 $\sqrt{3}$ 倍的互感器二次电流。

❷ 装有互感器的任何一相与未装互感器的一相之间发生两相短路时，只有一相电流互感器中有电流流过继电器，所以继电器中的电流与互感器的电流大小相同。

❸ 装有互感器的两相之间发生两相短路时，继电器中流过的是两互感器电流之和，即 2 倍的故障电流。

5. 零序接线

电流互感器的零序接线如图 6-18 所示。根据电路原理可知，电流互感器的零序接线在正常运行时，理论上继电器中是不流过电流的，所以这种接线主要用于继电保护中单相接地保护的测量元件。

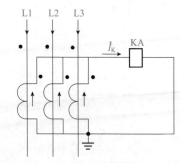

图 6-18 电流互感器的零序接线

二、电压互感器回路

1. 电压互感器的单相式接线

单台单相电压互感器的接线原理与一般变压器是一样的，只用于测量单相电压。

2. 电压互感器的三相式接线

（1）**接线方式** 电压互感器的三相式接线如图 6-19 所示，互感器可以是一台三相电压互感器，也可以由三台单相电压互感器组成。一次绕组和二次绕组都接成三相星形接线，二次绕组有中性线引出。

（2）**作用** 用于测量相电压和相间电压（线电压）。当相间电压为 100V 时，每相的电压为 $100/\sqrt{3}$ V。

（3）**特点** 采用此接线，电压互感器的二次回路可以在中性点接地，也可在任何一相接地，例如过去常采用的 V 相接地方式。

3. 电压互感器的 V 形接线

（1）**接线方式** 如图 6-20 所示为电压互感器的 V 形接线，采用两个单相电压互感器组成。

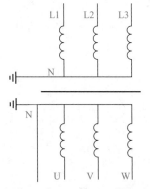

图 6-19 电压互感器的三相式接线

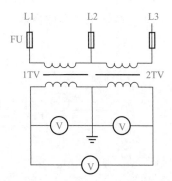

图 6-20 电压互感器的 V 形接线

（2）特点

❶可以省一台互感器。

❷只能用于测量三相线电压。

❸二次绕组不能采用中性点接地的方式。

（3）使用范围　V形接线在继电保护专业中有明文规定已不能采用，但可在仪表等回路采用。

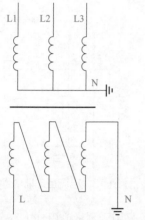

图 6-21　电压互感器的开口三角形接线

4. 开口三角形接线

（1）接线方式　如图 6-21 所示，电压互感器可以是一台三相五柱式电压互感器，也可以由三台单相电压互感器组成（有两组二次绕组，其中一组绕组接成开口三角形方式）。

（2）特点与用途　当一次系统正常运行时，输出电压为零。当一次系统发生接地时，有电压输出，常用于绝缘监察装置。

（3）使用范围　实际使用中，很少有为开口三角形接线而单独配置电压互感器的。一般都是采用一台三相五柱式双二次绕组电压互感器或三台双二次绕组的单相电压互感器构成两个二次电压回路，其中的一组接成三相星形，供测量三相电压使用；另一组绕组接成开口三角形方式，供绝缘监察使用。

5. 三相三柱电压互感器的接线特点

当采用三相三柱电压互感器时，要注意一次绕组（高压侧线圈）的中性点不能接地。这是因为如果一次系统出现单相接地，就会引起互感器过热甚至烧毁。

三、功率测量回路

1. 电动系功率表的测量电路

（1）功率表的正确接线　电动系仪表的转矩方向与两线圈的电流方向有关。为此要规定一个能使指针正确偏转的电流方向，即功率表的接线要遵守"电源端"守则。

"电源端"用符号"*"或"±"表示，接线时要使两线圈的"电源端"接在电源的同极性上，以保证两线圈电流都能从该端子流入。按此原则，正确接线有两种方法，如图 6-22 所示。

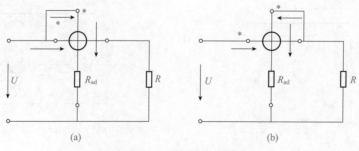

图 6-22　功率表的正确接线

在测量三相功率时，有时接线并没有错误，但由于三相相位关系，指针也会反偏。遇到此情况，可将其中一个线圈的电流调换一个方向。

（2）功率表量程的扩大与选择

❶ 功率表量程的扩大。扩大功率表量程应包括扩大功率表的电流量程或扩大功率表的电压量程。改变电流量程，通常可将固定线圈接成串联或并联。改变电压量程一般加附加电阻，功率表加附加电阻多数为内附式。

❷ 功率表量程的选择　功率表量程包括功率、电压、电流三个要素。功率表的量程表示负载功率因数 $\cos\phi=1$ 时，电流和电压均为额定值时的乘积。所以功率表量程的选择，实际是选择电压和电流的额定值。

2. 直流功率的测量电路

（1）用电流表和电压表测量直流功率　在直流电路中，直流功率的计算公式为 $P = UI$，可见可以通过测量 U、I 值间接求得直流功率。这种间接测量的电路图如图 6-23 所示。图 6-23（a）将电压表接在靠近电源的一端，故所测电压为负载电压和电流表两端压降之和。图 6-23（b）则将电压表接在靠近负载的一端，故所测电流为负载电流和电压表电流之和。

一般情况下，电流表压降很小，所以多用图 6-23（a）接法。只有在电阻负载小，即低电压、大电流的线路，才用图 6-23（b）的接法。另外在精密测量中，可以用图 6-23（b）接法，然后在电流表读数中扣除电压表电流。

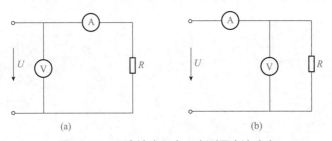

图 6-23　用电流表和电压表测量直流功率

用这种方法测量直流功率，其测量范围受电压表和电流表测量范围的限制。常用电流表的测量范围约为 0.1mA~50A，电压表的测量范围为 $1 \sim 600$V。

（2）用功率表测量直流功率　测量直流功率最方便的方法则是用电动系功率表进行直接测量。由于电动系功率表有电压线圈和电流线圈，所以和第一种方法一样，也有电压线圈接在电源端和接在负载端的区别。

（3）用数字功率表测量直流功率　数字功率表实际上是数字电压表配上功率变换器构成的，由于数字电压表能快速又比较准确地测出电压值，所以只要功率变换器足够准确，测出的功率也就比较准确。

3. 交流功率的测量电路

（1）单相交流功率的测量

❶ 用间接法测量交流功率　在交流电路中交流功率可表示为有功功率、无功功率和视在功率。其计算公式分别为：

$P = UI\cos\phi$ ；

$Q = UI\sin\phi$ ；

$S = UI$。

可见，视在功率 S 可以通过测量交流电压 U 和交流电流 I，然后间接求出。

有功功率 P 原则上也可以用间接法测量，即通过电压表、电流表、相位表分别测出 U、I、$\cos\phi$，然后再间接算出 P 的值。由于相位表的准确度不高，所以用这种方法求有功功率的很少。

将 S 和 P 的测量结果，代入公式 $Q = \sqrt{S^2 - P^2}$ 中，即可求得无功功率 Q。

❷ 用功率表测量单向交流功率　电动系功率表既可作为直流功率表，也可作为交流功率表。因为电动系功率表仅有两组线圈，它不但能反映电压与电流的乘积，而且能反映电压与电流间的相位关系，是一种测量功率的理想仪表。

（2）三相功率的测量接线图　三相有功功率可以用单相功率表，分别测出各相功率，然后求总和，即所谓三表法。在一些特殊情况下，例如完全对称的三线制，也可以用一表法。三相三线制也可以用二表法。三相无功功率和单相交流电路一样也可以采用间接法，先求得三相有功功率和视在功率，然后计算出无功功率，也可通过测量电压、电流和相位计算求得。

❶ 一表法测三相对称的负载功率　在对称三相系统中，如果负载也是对称的，则可用一只功率表测量其中一相负载功率。一表法测三相功率接线如图6-24所示。三相总功率等于单相功率表读数乘以3。

❷ 二表法测三相三线制的功率　二表法适用于三相三线制，不论对称或不对称都可以使用。如负载为星形接法，功率表接线如图6-25所示。

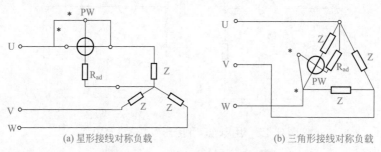

(a) 星形接线对称负载　　　　　　(b) 三角形接线对称负载

图6-24　一表法测三相功率接线图

❸ 三表法测三相四线制的功率　三相四线制的负载一般是不对称的，此时可用三只功率表分别测出各相功率，而三相总功率则等于三只功率表读数和。三表法的接线如图6-26所示。

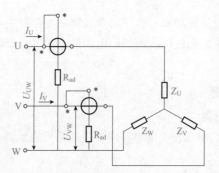

图6-25　二表法测三相三线制功率测量接线图

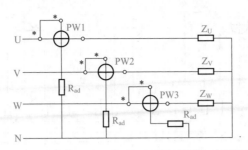

图 6-26 三表法测三相四线制功率测量接线图

四、电能测量回路

测量电能普遍使用电能表，直流电能表多为电动系，交流电能表一般用电感系。当然也可用间接法测量电能，即用功率表测量出功率 P，用测时仪器测出时间 t，然后计算出电能。这种方法只适用于功率在被测时间范围内保持不变的场合，但由于功率表、测时仪器的准确度大大超过电能表的准确度，所以可用这种方法校准电能表。

1. 电能表的正确使用

正确使用电能表，首先是正确选择额定电压、额定电流和准确度，电能表额定电压与负载额定电压相符。电能表最大额定电流应大于或等于负载最大电流。电能表准确度分为 0.5级、1.0 级、2.0 级和 3.0 级。电能表的正确接线，如同功率表一样，应遵守"电源端"守则。不过电能表都有接线盒，电压和电流线圈的电源端已经连接在一起，接线盒有四个端子，即相线的一"进"一出和中性线的一"进"一出，配线应采取进端接电源端，出端接负载端，电流线圈应接于相线，而不要接中性线，接线方式如图 6-27 所示。

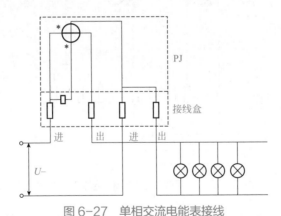

图 6-27 单相交流电能表接线

2. 有功电能的测量回路

（1）三相四线制电路中有功电能的测量接线图 测量三相四线制电路中的有功电能可以用三只单相电能表，也可以用一只三相四线制有功电能表。由于电能 $W = Pt$，所以测量电能的接线原理与测量功率时相同，只是所用表计不同而已。所以下面对接线原理的分析为简化起见，也是用功率 P 来表示的。

用三只单相电能表测量三相四线制电路电能的接线如图 6-28 所示。用一只三相三元件电能表时的接线图如图 6-29 所示。

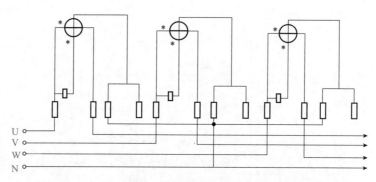

图 6-28　用三只单相电能表测量三相四线制电路电能的接线图

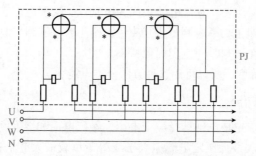

图 6-29　用一只三相三元件电能表测量三相四线制电路电能的接线图

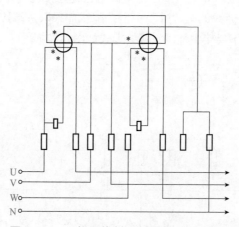

图 6-30　三相四线制二元件电能表接线图

　　另一种三相四线制二元件电能表，体积小，但使用范围仍与三相四线制电能表相同，其接线特点是：不接 V 相电压，V 相电流线圈分别绕在 U、W 相电流线圈的电磁铁上，但方向相反，如图 6-30 所示。

　　只要三相电压对称，不论负载是否平衡，用三相四线制二元件电能表计量电能所得的结果都是正确的。

　　（2）三相三线制电路中有功电能的测量接线图　　在三相三线制电路中可以用两只单相电能表测量三相电路的电能，也可用一只三相二元件电能表进行测量，其中以用三相电能表者较普遍。图 6-31 为三相三线制二元件电能表的接线图，图中第一个元件（左边的）电流线圈接在 U 相上，电压线圈跨接在 U、V 相上。其接线原理与前述测量三相三线制电路中有功功率的情况相同。

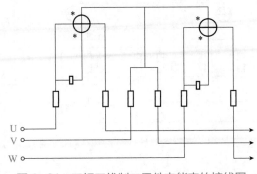

图 6-31　三相三线制二元件电能表的接线图

在高压网络中，电能表通常是通过电流互感器和电压互感器接线的，图 6-32 为国产 DS2 型三相有功电能表的内部接线及外部接线图。

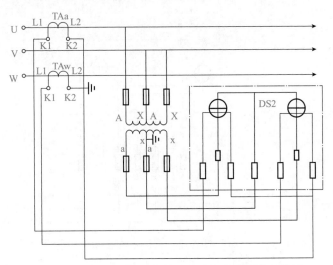

图 6-32　DS2 型有功电能表的内部接线及外部接线

3. 三相无功电能的测量接线图

为了充分发挥设备的效率，应尽量提高用户的功率因数，即尽量减少负载无功电能的损耗。为此，有必要对用户的无功电能的损耗进行监督，也就是需要用三相无功电能表测量用户的无功电能。测量无功电能除了用无功电能表以外，也可以用单相有功电能表或三相有功电能表通过接线的变化来测量无功电能。

（1）三相四线制电路的无功电能的测量接线图　测量三相四线制电路的无功电能可以用一种带附加电流线圈的三相无功电能表，接线如图 6-33 所示，该电能表的电流线圈除基本线圈外还有附加线圈，两个线圈的匝数相同，极性相反并绕在同一铁芯上，所以铁芯的总磁通为两者所产生的磁通之差，产生的转矩也与两个线圈的电流之差有关。基本线圈和串联后的附加线圈分别通过三相线电流，这种电能表不仅适用于三相四线制无功电能的测量，也适用于三相三线制无功电能的测量。

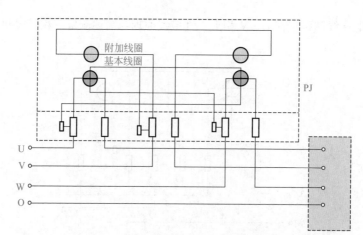

图6-33   有附加线圈的三相无功电能表接线图

（2）三相三线制电路无功电能的测量接线图

❶带60°相位差的三相无功电能表测量三相三线制电能   如图6-34所示。

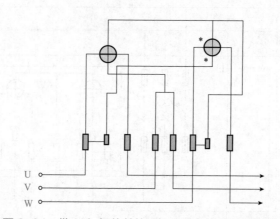

图6-34   带60°相位差的三相无功电能表测量接线图

❷用单相有功电能表测对称的三相三线制无功电能   如图6-35所示。一般单相有功电能表按图6-35接线，其读数乘以3就是三相总有功电能，但只限于对称三相三线制。

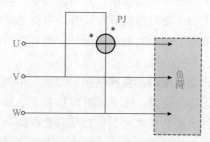

图6-35   用单相有功电能表测三相三线制无功电能

❸用三相有功电能表测量三相无功电能   如图6-36所示。

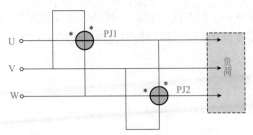

图 6-36　用二元件三相有功电能表测量三相无功电能

五、绝缘监察装置回路

因为发生直流接地将产生许多害处，所以对直流系统专门设计一套监视其绝缘状况的装置，让它及时地将直流系统的故障提示给值班人员，以便迅速检查处理。

1. 电压的测量及绝缘监视

图 6-37 中通过转换开关 1SA 可以对两组直流母线进行绝缘测量、绝缘监视及电压测量。

（1）母线对地电压和母线间电压的测量　图 6-37 为直流电压测量及电流绝缘监视装置原理接线图，用一只直流电压表 V2 和一只转换开关 3SA 来切换，分别测出正极对地电压（3SA 触点 1—2 和 9—10 闭合）或负极对地电压（3SA 触点 1—4 和 9—12 闭合）。如果直流系统绝缘良好，则在此两次测量中电压表 V2 的指针不动。在不进行正、负极对地电压测量时，转换开关 3SA 的 1—2 和 9—12 触点闭合，电压表 V2 指示出直流母线间电压值。

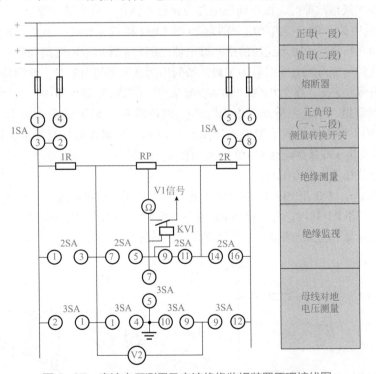

图 6-37　直流电压测量及电流绝缘监视装置原理接线图

（2）绝缘监视　绝缘监视装置能在某一绝缘下降到一定数值时自动发出信号。其监察部分由电阻 1R、2R 和一只内阻较高的继电器 KVI 构成。当不测量母线对地电压时，3SA 触点

5—7 及 2SA 触点 7—5 和 9—11 都在闭合状态。其电气接线如图 6-38 所示。

1R 和 2R 与正极对地绝缘电阻 R3 和负极对地绝缘电阻 R4 组成电桥，KVI 相当于一个检流计，如图 6-39 所示。

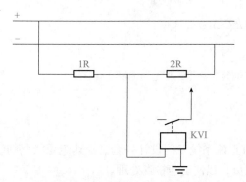

图 6-38 绝缘监视部分电气接线图

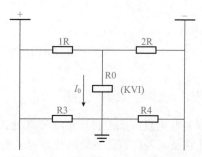

图 6-39 绝缘监视部分的原理分析

通常，1R=2R=1000Ω。正常运行时，正、负极对地绝缘电阻都较大，可假设 R3=R4，故 KVI 线圈中没有电流，继电器不动作。当任一极对地电阻下降时，电桥就将失去平衡，KVI 线圈中就有电流流过，当电流足够大时，继电器就动作，自动发出信号，如图 6-37 所示。

由于 KVI 是接地的，直流系统中存在了一个接地点。如果在直流二次回路中任一中间继电器 KC 之前再发生接地，继电器 KC 有可能产生误动作，如图 6-40 所示。因此，对继电器 KVI 提出了两个要求：其一，KVI 内阻要足够大，使得在直流系统中所接入的最灵敏的中间继电器之前发生接地故障时，该中间继电器应保证不动作。为满足此要求，一般在 220V 和 110V 直流系统中 KVI 继电器内阻应分别为 20～30kΩ 和 6～10kΩ。其二，KVI 的整定值要足够灵敏，当在直流系统中最灵敏的中间继电器之前发生接地故障时能动作发出信号，即当直流系统中任何一极对地绝缘电阻小于最灵敏的中间继电器的内阻时，绝缘监视继电器 KVI 能动作发出信号。为此，在 220V 或 110V 直流系统中，KVI 的动作值一般均为 2mA 左右。

（3）绝缘测量　绝缘测量部分由 1R、2R、电位器 RP、转换开关 2SA 和一只高内阻磁电式电压表 V1（俗称欧姆表）组成，如图 6-37 所示。欧姆表的标尺是双向的，其内阻为 100kΩ，欧姆表的一端接到电位器 RP 的滑动触头上，另一端经 3SA 的 5—7 触点接地。1R、2R 和 RP 的阻值相等，都为 1kΩ。

平时，2SA 的 1—3 和 14—16 两对触点断开，由于正、负极对地绝缘电阻都很大，可以认为它们相等（即 R3=R4），将电位器 RP 的滑动触头放在中间，则电桥处于平衡状态，欧姆表上读数为无穷大。这和绝缘监视部分原理相同，如图 6-41 所示。

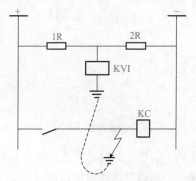

图 6-40 绝缘监视部分使继电器误动作的分析

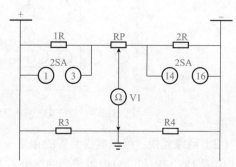

图 6-41 绝缘测量部分的原理接线图

当某一极对地绝缘电阻下降时，例如负极对地绝缘电阻 R4 下降，则电桥失去平衡，欧姆表 V1 指针偏转，指出负极对地绝缘电阻下降。若欲测量直流系统对地绝缘电阻，先将 2SA 的 14—16 触点闭合，短接 2R，调节电位器 RP（见图 6-37），使电桥重新平衡，欧姆表上的读数为无穷大，随后转动 2SA，使 2SA 的 14—16 触点断开，1—3 触点闭合，这时 V1 指针指示出直流系统对地的绝缘电阻。若正极对地绝缘电阻 R3 下降，测量时则应先将 2SA 的 1—3 触点闭合，这时 V1 就指示出直流系统对地的绝缘电阻。

2. 直流系统的电压监控电路典型图例

电压监视装置用来监视直流系统母线电压，其典型电路如图 6-42 所示。

图 6-42 中 KV1 为 低 电 压 继 电 器，KV2 为过电压继电器。当直流母线电压低于或高于允许值时，KV1 或 KV2 动作，点亮光字牌 H1 或 H2，发出预告信号。

直流母线电压过低，可能使继电保护装置和断路器操动机构拒绝动作；电压过高，对长期带电的继电器、信号灯会损坏

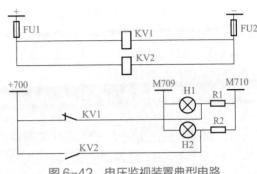

图 6-42　电压监视装置典型电路

或缩短使用寿命。所以通常低电压继电器 KV1 动作电压整定为直流母线额定电压的 75%，过电压继电器 KV2 动作电压整定为直流母线额定电压的 1.25 倍。

· 第三节 ·

控制回路识图实例

一、断路器的控制信号回路

1. 断路器的操动机构

断路器的操动机构是断路器本身附带的合、跳闸传动装置，用来使断路器合闸或维持闭合状态，或使断路器跳闸。在操动机构中均设有合闸机构、维持机构和跳闸机构。根据动力来源的不同，操动机构可分为电磁操动机构（CD）、弹簧操动机构（CT）、液压操动机构（CY）、气动操动机构（CQ）等。其中应用较广的是弹簧操动机构和液压操动机构。不同型式断路器可配用不同型式的操动机构。

（1）**电磁操动机构**　靠电磁力进行合闸的机构。这种机构结构简单、加工方便、运行可靠，是我国断路器过去应用较为普遍的一种操动机构。由于是利用电磁力直接合闸，合闸电流很大，所以合闸回路不能直接利用控制开关触点接通，必须采用中间接触器。

（2）**弹簧操动机构**　靠预先储存在弹簧内的位能来进行合闸的机构。这种机构不需配备附加设备，弹簧储能时耗用功率小，因而合闸回路可直接用控制开关触点接通。目前广泛使用于少油断路器、真空断路器和 SF$_6$ 断路器。

（3）**液压操动机构**　靠压缩气体（氮气）作为能源，以液压油作为传递媒介来进行合闸的机构。此种机构所用的液压油预先储存在贮油箱内，用功率较小（1.5kW）的电动机带动油泵运转，将油压入贮压筒内，使预压缩的氮气进一步压缩，从而不仅合闸电流小，合闸

回路可直接用控制开关触点接触，而且压力高、传动快、动作准确、出力均匀。目前我国110kV 及以上的少油断路器及 SF₆ 断路器广泛采用这种机构。

（4）气动操动机构　以压缩空气储能和传动能量的机构。此种机构功率大、速度快，但结构复杂，需配备空气压缩设备，所以只应用于空气断路器上。气动操动机构的合闸电流也较小，合闸回路中也可直接用控制开关触点接通。

2. 弹簧操动机构的断路器控制和信号电路

弹簧操动机构的断路器控制和信号电路如图 6-43 所示，图中"+""−"为控制小母线和合闸小母线，M100（+）为闪光小母线，M708 为事故音响小母线，−700 为信号小母线（负电源），SA 为 LW2-1a、LW2-4、LW2-6a、LW2-20 型控制开关，R1、R2 为限流电阻器，R3为事故信号启动电阻器，KCF 为防跳继电器，YC、YT 为合、跳闸线圈，M 为储能电动机，Q1 为弹簧储能机构的辅助触点。

（1）跳、合闸及防跳闭锁电路　断路器跳、合闸及防跳闭锁电路如图 6-44 所示。手动合闸操作时，将控制开关 SA 置于"合闸（C）"位置，其触点 5—8 接通，经防跳继电器动断触点 KCF、弹簧储能机构的动合触点 Q1 和断路器辅助动断触点 QF 接通断路器线圈 YC，断路器即合闸。合闸完成，断路器辅助动断触点 QF 断开，切断合闸回路。

手动跳闸时，将控制开关 SA 置于"跳闸（T）"位置，触点 6—7 闭合，经断路器辅助动合触点 QF 接通跳闸线圈 YT，断路器即跳闸。跳闸后，动合触点 QF 断开，切除跳闸回路。

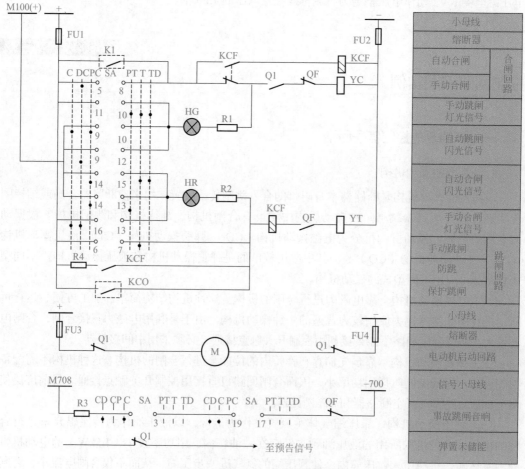

图 6-43　弹簧操动机构的断路器控制和信号电路

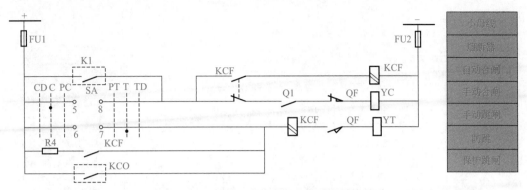

图 6-44　断路器跳、合闸及防跳闭锁电路

自动合、跳闸操作，通过自动装置触点 K1 和保护出口继电器触点 KCO 短接控制开关 SA 触点实现。

防跳措施有机械防跳和电气防跳两种。机械防跳是指操动机构本身有防跳性能，如 6~10kV 断路器的电磁型操动机构（CD2）就具有机械防跳措施。电气防跳是指不管断路器操动机构本身是否带有机械闭锁，均在断路器控制回路中加设电气防跳电路。常见的电气防跳电路有利用防跳继电器防跳和利用跳闸线圈的辅助触点防跳两种类型。

利用防跳继电器构成的电气防跳电路如图 6-44 所示。图中防跳继电器 KCF 有两个线圈：一个是电流启动线圈，串联于跳闸回路中；另一个是电压自保持线圈，经自身的动合触点并联于合闸线圈 YC 回路上，其动断触点则串入合闸回路中。当利用控制开关 SA 的触点 5—8 或自动装置触点 K1 进行合闸时，如合闸在短路故障上，继电保护动作，其触点 KCO 闭合，使断路器跳闸。跳闸电流流过防跳继电器 KCF 的电流线圈，使其启动，并保持到跳闸过程结束，其动合触点 KCF 闭合，如果此时合闸脉冲未解除，即控制开关 SA 的触点 5—8 仍接通或自动装置触点 K1 被卡住，则防跳继电器 KCF 的电压线圈得电自保持，动断触点 KCF 断开，切断合闸回路，使断路器不能再合闸。只有在合闸脉冲解除，防跳继电器 KCF 电压线圈失电后，整个电路才恢复正常。

（2）位置信号电路　断路器的位置信号一般用信号灯表示，分单灯制和双灯制两种形式。单灯制用于音响监视的断路器控制信号电路中，双灯制用于灯光监视的断路器控制信号电路中。

采用双灯制的断路器位置信号电路如图 6-45 所示。图 6-45 中，红灯 HR 发平光，表示断路器处于合闸位置，控制开关置于"合闸"或"合闸后"位置。它是由控制开关 SA 的触点 16—13 和断路器辅助动合触点 QF 接通电源而发平光的。绿灯 HG 发平光，则表示断路器处于跳闸状态，控制开关置于"跳闸"或"跳闸后"位置。它是由控制开关 SA 的触点 11—10 和断路器辅助动断触点 QF 接通电源而发平光的。

自动装置动作使断路器合闸或继电保护动作使断路器跳闸时，为了引起运行人员注意，普遍采用指示灯闪光的办法，其电路采用"不对应"原理设计，如图 6-45 所示。所谓不对应，是指控制开关 SA 的位置与断路器位置不一致。例如断路器原来是合闸位置，控制开关置于"合闸后"位置，两者是对应的，当发生事故，断路器自动跳闸时，控制开关仍在"合闸后"位置，两者是不对应的。在图 6-45 中，绿灯 HG 经断路器辅助动断触点 QF 和 SA 的触点 9—10 接至闪光小母线 M100（+）上，绿灯闪光，提醒运行人员断路器已跳闸，当运行人员将控制开关置于"跳闸后"的对应位置时，绿灯发平光。同理，自动合闸时，红灯 HR

闪光。

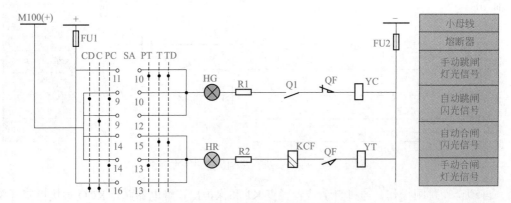

图 6-45　双灯制断路器位置信号电路

当然，控制开关 SA 在"预备合闸"或"预备跳闸"位置时，红灯或绿灯也要闪光，这种闪光可让运行人员进一步核对操作是否无误。操作完毕，闪光即可停止，表明操作过程结束。

闪光小母线 M100（+）上的闪光电源是由图 6-46 所示的闪光装置提供的。闪光装置由中间继电器 KM、电容器 C 和电阻 R 组成，它是利用电容器 C 的充放电和继电器 KM 的触点配合使闪光小母线 M100（+）的电位发生间歇性变化，从而使接至闪光小母线 M100（+）和负电源之间的指示灯的亮度发生变化（闪光）。

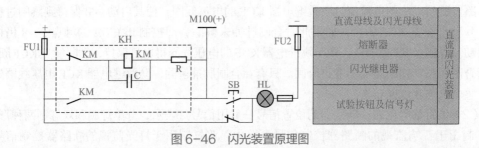

图 6-46　闪光装置原理图

（3）事故跳闸音响信号电路　断路器由继电保护动作而跳闸时，还要求发出事故跳闸音响信号。它的实现也是利用"不对应"原理设计的，其常见的启动电路如图 6-47 所示。图 6-47 中，M708 为事故音响小母线，只要将负电源与此小母线相连，即可发出音响信号。图 6-47（a）是利用断路器自动跳闸后，其辅助动断触点 QF 闭合，从而启动事故音响信号；图 6-47（b）是利用断路器自动跳闸后，跳闸位置继电器触点 KCT 闭合，从而启动事故音响信号；图 6-47（c）是分相操作断路器的事故音响信号启动电路，任一相断路器自动跳闸均能发信号。在手动合闸操作过程中，当控制开关置于"预备合闸"和"合闸"位置瞬时，为防止断路器位置与控制开关位置不对应而引起误发事故信号，图 6-47 中均采用控制开关 SA 的触点 1—3 和 19—17、5—7 和 23—21 相串联的方法，来满足只有在"合闸后"位置才启动事故音响信号的要求。

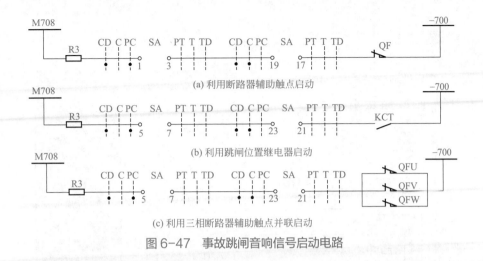

(a) 利用断路器辅助触点启动

(b) 利用跳闸位置继电器启动

(c) 利用三相断路器辅助触点并联启动

图6-47　事故跳闸音响信号启动电路

3. 液压分相操作断路器的控制信号电路

我国220kV及以上电压的电网为大电流接地系统，为满足系统稳定要求，其输电线路断路器应能进行单相和三相分、合闸操作。因此，目前220kV及以上电压等级的断路器多采用分相操动机构。现以图6-48所示的采用CY3型液压式分相操动机构的SW6-220I型少油断路器的控制信号电路说明液压分相操作断路器的控制信号电路原理。

图6-48中，M721、M722、M723为同步合闸小母线；M7131为控制回路断线预告小母线；M709、M710为预告信号小母线；SS为同步开关；SA为LW2-L型控制开关；HG、HR、HL分别为绿灯、红灯、光字牌；KC1、KC2为三相合闸继电器和三相跳闸继电器，它主要是为了实现三相同时手动合闸或跳闸而增设的；KCF1、KCF2、KCF3为U、V、W三相的防跳继电器；KCC1、KCC2、KCC3为U、V、W三相的合闸位置继电器；KCT1、KCT2、KCT3为U、V、W三相的跳闸位置继电器；YC1、YC2、YC3及YT1、YT2、YT3为U、V、W三相的合、跳闸线圈；KM1、KM2、KM3为U、V、W三相的直流接触器；KC31、KC32、KC33为U、V、W三相的压力中间继电器；KVP1、KVP2为压力监察继电器；K为综合重合闸装置中的重合出口中间继电器触点；K1、K2、K3为综合重合闸装置中的分相跳闸继电器触点；K4为综合重合闸装置中的三相跳闸继电器触点；XB为连接片；S1U～S5U、S1V~S5V、S1W～S5W为U、V、W三相的微动开关触点；S6U、S6V、S6W和S7U、S7V、S7W为U、V、W三相的压力表电触点。微动开关触点及压力表电触点的动作条件如表6-1所示。

表6-1　CY3型液压分相操动机构微动开关触点及压力表电触点的动作条件

触点符号	S1	S2	S3	S4	S5	S6	S7
压力/MPa	<23.5闭合	<23闭合	<20.1断开	<19.1断开	<21.6断开	<12.7闭合	>28.4闭合

电路动作过程如下：

（1）断路器的手动控制　需要在同步条件下才能合闸的断路器，其合闸回路都经同步开关SS的触点加以控制。当该断路器的同步开关SS在"工作"（即图6-48中的"W"）位置时，其触点1—3、5—7闭合，断路器才有可能合闸。

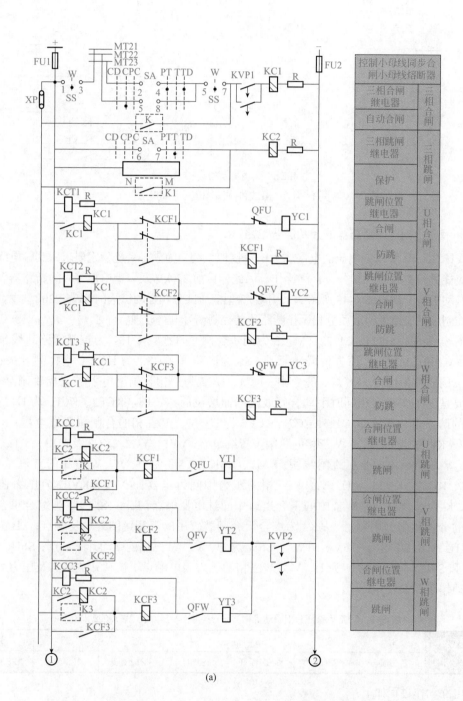

(a)

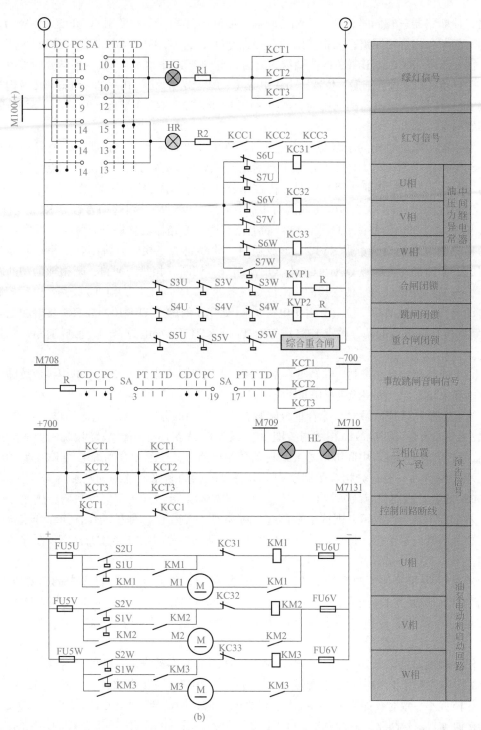

图 6-48　采用 CY3 型液压式分相操动机构的 SW6-220I 型少油断路器控制信号回路

当同步断路器满足同步条件进行合闸操作时，将控制开关 SA 置于"合闸"位置，其触点 5—8 接通，三相合闸继电器 KC1 的电压线圈经压力监察继电器 KVP1 的两对动合触点接通电源，KC1 得电动作，接在 U、V、W 三相的动合触点 KC1 均闭合，且每相经 KC1 的电流线圈（自保持作用）、防跳继电器的动断触点、断路器的辅助动断触点及合闸线圈，形成通路，使断路器三相同时合闸。三相合闸后，断路器三相辅助动断触点 QFU、QFV、QFW 断开，切断三相合闸回路；三相辅助动合触点 QFU、QFV、QFW 闭合，使三相的合闸位置继电器 KCC1、KCC2、KCC3 的线圈经压力监察继电器 KVP2 的动合触点接电源而带电，控制开关自动复归至"合闸后"位置，由正电源（+）经 SA 的触点 16—13、红灯 HR 及附加电阻器 R、合闸位置继电器的三相动合触点 KCC1、KCC2、KCC3 至负电源（-），形成通路，红灯发平光。

由于液压操动机构的断路器在液压低时，既不允许合闸也不允许跳闸，所以在三相合闸和跳闸回路中串入压力监察继电器的动合触点 KVP1 和 KVP2（使用两对触点并联，以增加可靠性）。进行断路器跳闸操作时，将控制开关 SA 置于"跳闸"位置，其触点 6—7 接通，三相跳闸继电器 KC2 的电压线圈带电，接在 U、V、W 三相的动合触点 KC2 均闭合，且每相经 KC2 的电流线圈、防跳继电器的电流线圈、断路器的辅助动合触点、跳闸线圈及压力监察继电器的动合触点 KVP2，形成通路，使断路器三相同时跳闸。三相跳闸后，断路器的三相辅助动合触点 QFU、QFV、QFW 断开，切断三相跳闸回路，三相辅助动断触点 QFU、QFV、QFW 闭合，使三相的跳闸位置继电器 KCT1、KCT2、KCT3 线圈带电，控制开关自动复归至"跳闸后"位置，由正电源（+）经 SA 的触点 11—10、灯 HG 及附加电阻器 R、跳闸位置继电器的动合触点 KCT1 或 KCT2 或 KCT3 至负电源（-），形成通路，绿灯发平光。

（2）断路器的自动控制　综合重合闸装置要求正常操作采用三相式，单相接地故障则单相跳闸和单相重合，两相接地及相间短路故障则三相跳闸和三相重合。

当发生单相接地故障时，综合重合闸装置中故障相的分相跳闸继电器动作。其触点 K1 或 K2 或 K3 闭合，相应故障相跳闸线圈 YT1 或 YT2 或 YT3 通电，故障相跳闸。故障相跳闸后，启动重合闸出口中间继电器 K，其动合触点闭合，使三相合闸继电器 KC1 启动，发出三相合闸脉冲。但在分相合闸回路中，只有故障相的断路器辅助动断触点 QFU 或 QFV 或 QFW 闭合，因而只有故障相 U 或 V 或 W 自动重合。若故障为瞬时性故障，则重合闸成功。若重合于永久性故障，则接于综合重合闸 M 或 N 端子上的保护动作，使综合重合闸中的三相跳闸继电器动作，其动合触点 K4 闭合，启动三相跳闸继电器 KC2，实现断路器三相跳闸。

当发生两相接地、两相短路及三相短路故障时，综合重合闸装置中的三相跳闸继电器动作，其触点 K4 闭合，启动三相跳闸继电器 KC2，实现三相同时跳闸。同理，三相跳闸后，启动重合闸出口中间继电器 K，启动三相合闸继电器 KC1，实现三相同时重合。

任一相断路器事故跳闸时，该相的跳闸位置继电器都动作，相应的动合触点 KCT1 或 KCT2 或 KCT3 闭合，且与 SA 的触点 1—3、19—17 串联，发出事故音响信号。当断路器出现三相位置不一致时，如 U 相跳闸，V、W 两相合闸，则动合触点 KCT1、KCC2、KCC3 闭合，接通预告信号回路，一方面光字牌 HL 亮，另一方面发出音响信号。当控制回路断线时，动断触点 KCT1、KCC1 闭合，发出控制回路断线信号。

（3）断路器的液压监视及控制　当油压低于 19.1MPa 时，微动开关触点 S4U、S4V、S4W 断开，压力监察继电器 KVP2 线圈失电，其两对动合触点断开，切断跳闸回路；当油压低于 20.1MPa 时，微动开关触点 S3U、S3V、S3W 断开，压力监察继电器 KVP1 线圈失电，其两对动合触点断开，切断合闸回路；当油压低于 23MPa 时，微动开关触点 S2U、

S2V、S2W 闭合，启动直流接触器 KMI、KM2、KM3，三相油泵电动机启动；当油压升高至 23.5MPa 时，微动开关触点 S1U、S1V、S1W 断开，切断接触器的自保持回路，三相油泵电动机停止运转。

当油压低于 21.6MPa 时，微动开关触点 S5U、S5V、S5W 断开，对综合重合闸实行闭锁。当油压升高至 28.4MPa 以上或降低至 12.7MPa 以下时，高压力表电触点 S7 或低压力表电触点 S6 闭合，启动压力中间继电器 KC31、KC32、KC33，其动断触点断开，切断油泵电动机启动回路，并发出油压异常信号（电路图中未画）。

4. 具有就地/远方切换控制的断路器控制和信号回路

具有就地/远方切换控制的断路器控制和信号回路如图 6-49 所示，多用于 110kV 及以下电压等级的变电站综合自动化系统中。就地/远方切换控制开关的型号为 LW21-16D/49、LW21-5858、LW21-4GS，其开关面板标示及触点表如图 6-50 所示。

该控制开关有三个固定位置，即两个"就地"、一个"远方"位置，有两个自动复归位置，即就地"分"、就地"合"。例如，手柄置于"远方"位置，触点 5—6、7—8 接通，置于"就地 1"位置，无触点接通，接着再置于"分"位置，触点 9—10、11—12 接通，放开手柄，手柄自动复归至"就地"位置。"就地 2"及"合"位置情况类似，一般情况下，SA1 置"远方"位置，就地操作时，置于就地操作。

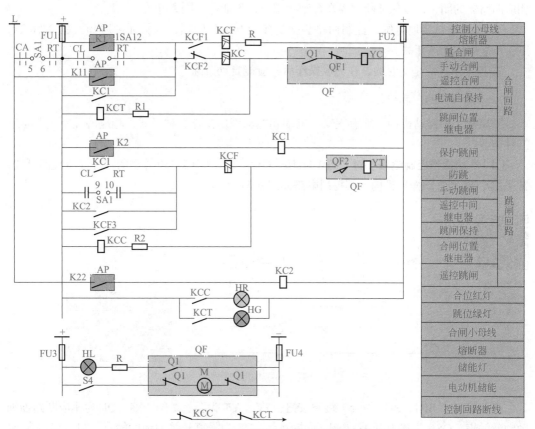

图 6-49　具有就地/远方切换控制的断路器控制和信号回路

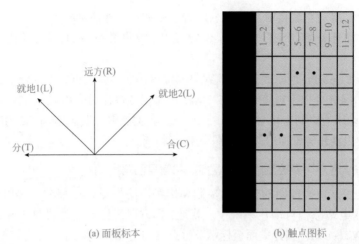

(a) 面板标本   (b) 触点图标

图 6-50   LW21-16D/49、LW21-5858、LW21-4GS 型切换开关

二、隔离开关控制及闭锁回路

1. 隔离开关控制电路构成原则

① 由于隔离开关没有灭弧机构，不允许用来切断和接通负载电流，因此控制电路必须受相应断路器的闭锁，以保证断路器在合闸状态下，不能操作隔离开关。

② 为防止带接地合闸，控制回路必须受接地开关的闭锁，以保证接地开关在合闸状态下，不能操作隔离开关。

③ 操作脉冲应是短时的，在完成操作后，应能自动解除。

2. 隔离开关的控制电路

隔离开关的操动机构一般有气动、电动和电动液压操作三种形式，相应的控制电路也有三种类型。

（1）气动操作控制电路   对于 GW4-110、GW4-220、GW7-330 等型的户外高压隔离开关，常采用 CQ2 型气动操动机构，其控制电路如图 6-51 所示。

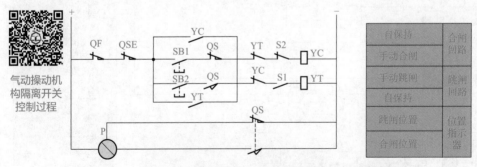

图 6-51   CQ2 型气动操动机构隔离开关控制电路

图 6-51 中，SB1、SB2 为合、跳闸按钮，YC、YT 为合、跳闸线圈，QF 为相应断路器辅助动断触点，QSE 为接地开关的辅助动断触点，QS 为隔离开关的辅助触点，S1、S2 为隔离开关合、跳闸终端开关，P 为隔离开关 QS 的位置指示器。

隔离开关合闸操作时，在具备合闸条件下，即相应的断路器 QF 在跳闸位置（其辅助动断触点闭合），接地开关 QSE 在断开位置（其辅助动断触点闭合），隔离开关 QS 在跳闸终端位置（其辅助动断触点 QS 和跳闸终端开关 S2 闭合）时，按下合闸按钮 SB1，合闸线圈 YC 带电，隔离开关进行合闸，并通过 YC 的动合触点自保持，使隔离开关合闸到位。隔离开关合闸后，跳闸终端开关 S2 断开（同时 S1 合上为跳闸做好准备），合闸线圈失电返回，自动解除合闸脉冲；隔离开关辅助动合触点闭合，使位置指示器 P 处于垂直的合闸位置。

隔离开关跳闸操作与合闸操作过程类似。

（2）电动操作控制电路 对于 GW4-220D/1000 型的户外高压隔离开关，常采用 CJ5 型电动操动机构，其控制电路如图 6-52 所示。图 6-52 中 KM1、KM2 为合、跳闸接触器，FR 为热继电器，SB 为紧急解除按钮，其他符号含义与图 6-51 中的相同。

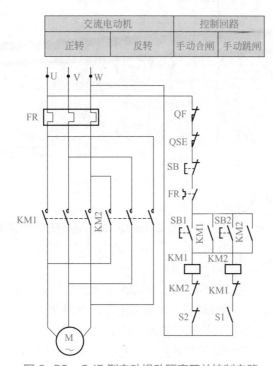

电动操作隔离开关控制操作

图 6-52 CJ5 型电动操动隔离开关控制电路

隔离开关合闸操作时，在具备合闸条件下，即相应的断路器 QS 在跳闸位置（其辅助动断触点闭合），接地隔离开关 QSE 在断开位置（其辅助动断触点闭合），隔离开关 QS 在跳闸终端位置（其跳闸终端开关 S2 闭合）并无跳闸操作（即 KM2 的动断触点闭合）时，按下合闸按钮 SB1，启动合闸接触器 KM1，使三相交流电动机 M 正方向转动，进行合闸，并通过 KM1 的动合触点自保持，使隔离开关合闸到位。隔离开关合闸后，跳闸终端开关 S2 断开，合闸接触器 KM1 失电返回，电动机 M 停止转动。这样当隔离开关合闸到位后，由 S2 自动解除合闸脉冲。

隔离开关跳闸操作与合闸操作过程类似。

在合、跳闸操作过程中，由于某种原因，需要立即停止合、跳闸操作时，可按下紧急解除按钮 SB，使合、跳闸接触器失电，电动机立即停止转动。电动机 M 启动后，若电动机回路故障，则热继电器 FR 动作，其动断触点断开控制回路，停止操作。此外，利用 KM1、

KM2 的动断触点相互闭锁跳、合闸回路，以避免操作程序混乱。

（3）**电动液压操作控制电路**　对于 GW6-200G、GW7-200 和 GW7-330 等型的户外高压隔离开关，可采用 CYG-1 型电动液压操动机构，其控制电路如图 6-53 所示。

隔离开关合、跳闸操作与电动操作类似。

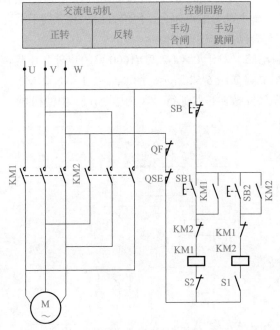

图 6-53　CYG-1 型电动液压操动机构隔离开关控制电路

3. 隔离开关的电气闭锁电路

为了避免带负载开、合隔离开关，除了在隔离开关控制电路中串入相应断路器的辅助动断触点外，还需要装设专门的闭锁装置。闭锁装置分机械闭锁、电气闭锁和微机防误闭锁装置三种类型。6~10kV 配电装置一般采用机械闭锁装置，35kV 及以上电压等级的配电装置。主要采用电气闭锁装置和微机防误闭锁装置。这里只介绍电气闭锁装置。

（1）**电气闭锁装置**　电气闭锁装置通常采用电磁锁实现操作闭锁。电磁锁的结构如图 6-54（a）所示，主要由电锁和电钥匙组成。电锁由锁芯 1、弹簧 2 和插座 3 组成，电钥匙由插头 4、线圈 5、电磁铁 6、解除按钮 7 和钥匙环 8 组成。在每个隔离开关的操动机构上装有一把电锁，全厂（站）备有两把或三把电钥匙作为公用。只有在相应断路器处于跳闸位置时，才能用电钥匙打开电锁，对隔离开关进行合、跳闸操作。

电磁锁的工作原理如图 6-54（b）所示，在无跳、合闸操作时，用电锁锁住操动机构的转动部分，即锁芯 1 在弹簧 2 压力作用下，锁入操动机构的小孔内，使操作手柄不能转动。当需要断开隔离开关 QS 时，必须先跳开断路器 QF，使其辅助动断触点闭合，给插座 3 加上直流操作电源，然后将电钥匙的插头 4 插入插座 3 内，线圈 5 中就有电流流过，使电磁铁 6 被磁化吸出锁芯 1，锁就打开了，此时利用操作手柄，即可拉断隔离开关。隔离开关拉断后，取下电钥匙插头 4，使线圈 5 断电，释放锁芯 1，锁芯 1 在弹簧 2 压力作用下，又插入操动机构小孔内，锁住操作手柄。

需要合上隔离开关的操作过程与上述过程类似。

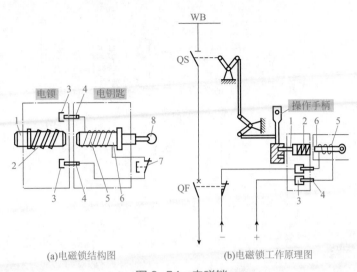

(a)电磁锁结构图　　　　　　　(b)电磁锁工作原理图

图 6-54　电磁锁

1—锁芯；2—弹簧；3—插座；4—插头；5—线圈；6—电磁铁；7—解除按钮；8—钥匙环

（2）电气闭锁电路

❶ 单母线隔离开关闭锁电路。单母线隔离开关闭锁电路如图 6-55 所示。图中，YA1、YA2 分别为隔离开关 QS1、QS2 电磁锁开关（钥匙操作）。闭锁电路由相应断路器 QF 合闸电源供电。断开线路时，首先应断开断路器 QF，使其辅助动断触点闭合，则负电源接至电磁锁开关 YA1 和 YA2 的下端。用电钥匙使电磁锁开关 YA2 闭合，即打开了隔离开关 QS2 的电磁锁，拉断隔离开关 QS2 后取下电钥匙，使 QS2 锁在断开位置；再用电钥匙打开隔离开关 QS1 的电磁锁开关 YA1，拉断 QS1 后取下电钥匙，使 QS1 锁在断开位置。

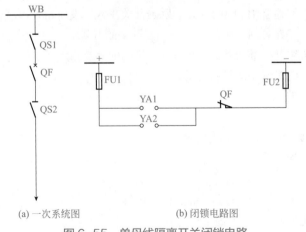

(a) 一次系统图　　　　　　　(b) 闭锁电路图

图 6-55　单母线隔离开关闭锁电路

❷ 双母线隔离开关闭锁电路。双母线系统，除了断开和投入馈线操作外，还需要进行倒闸操作。双母线隔离开关闭锁电路如图 6-56 所示。图中，M880 为隔离开关操作闭锁小母线。只有在母联断路器 QF 和隔离开关 QS1、QS2 均在合闸位置时，隔离开关操作闭锁小母线 M880 经隔离开关 QS2 的动合触点、隔离开关 QS1 的动合触点、母联断路器 QF 的动合触点才与负电源接通，即双母线并列运行时，M880 才取得负电源。

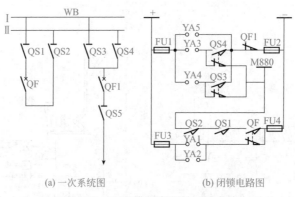

(a) 一次系统图　　　　(b) 闭锁电路图

图6-56　双母线隔离开关闭锁电路

三、信号回路

1. 信号回路的类型与基本要求

在小型发电厂中，有位置信号、中央信号和一些其他信号装置。位置信号用于指示断路器和隔离开关的分、合位置等。中央信号是以声（音）、光两种信号来表示运行设备的事故或异常状态，以告知值班人员进行处理。其他信号有保护装置掉牌未复归、自动装置动作、绝缘监视、操作电源监视等。小型发电厂一般不设指挥（联络）信号。

（1）**分类**　小型发电厂的信号装置可按其用途和表示方法进行分类。

● 按用途分类

❶ 事故信号：可分为中央复归可重复动作和不能重复动作两类。

❷ 预告信号：可分为中央复归可重复动作和不能重复动作两类。

❸ 设备状态（或位置）信号：用灯光表示。

红灯——表示断路器合闸、闸门打开、励磁开关投入、发电机发电状态等。

绿灯——表示断路器分闸、闸门关闭、励磁开关断开等。

白灯——表示机组开机准备状态、弹簧操动机构的储能指示等。

蓝灯——表示发电机调相运行状态等。

● 按表示方法分类

❶ 音响信号。

电笛（或蜂鸣器）——表示事故信号。

电铃——表示预告信号。

❷ 灯光信号。

设备状态（或位置）信号——红、绿、白、蓝灯。

光字信号——光字牌。

信号继电器掉牌信号——"掉牌未复归"光字牌亮。

（2）**事故信号和预告信号**　事故信号是指发电机组、变压器及输电线路等设备在电气或机械上出现事故时，断路器自动跳闸或机组自动停机，并通过电笛（或蜂鸣器）发出音响信号。

预告信号又称故障信号，是指发电机、变压器、输电线路及其他厂内设备等在电气或机械上运行不正常，或辅助设备发生异常情况时，通过电铃瞬时或延时发出区别于事故音响的信号。

　　事故的性质严重，要求立即处理。运行不正常（故障）的概率较大，且性质较轻，允许不立即处理。若采用同一种音响，往往无法区分性质，会影响到事故的及时处理。

　　事故信号装置和预告装置在控制室内各装一套，全厂共用，因此称为中央信号装置。按原理可分为中央复归不重复动作和中央复归可重复动作两种。对于电气接线简单而且容量较小的发电厂，由于同时发生故障的机会很少，可以采用中央复归不重复动作的方式。而大多数小型发电厂目前采用的是中央复归可重复动作的方式。

　　为了防止误发不需要告知值班人员的短时间故障信号，在预告信号回路中加了一只时间继电器，延时动作于电铃。在此时间内，如果短时性故障信号脉冲消除，则时间继电器被复归而不再发出音响信号。

　　（3）对中央信号装置接线的基本要求　对中央信号装置的接线，有以下基本要求。

　　❶ 在运行中发生事故和故障时，应自动发出音响并点亮相应的光字牌，以便使运行值班人员了解事故和故障的设备（或元件）及其性质。

　　❷ 发生音响信号后，应能手动或自动延时（4～9s）复归（或解除）音响，即中央复归，以免干扰值班人员进行处理。而光字牌显示仍应继续保留，以便于分析和处理事故（或故障）。光字牌应在事故（或故障）处理完后，手动复归信号继电器，之后才熄灭。

　　❸ 音响信号的接线应有音响试验按钮，当光字牌数量较多时，还要有试灯回路，以确保投入运行的音响信号装置及光字牌本身完好。

　　❹ 信号回路应与保护回路分开。信号电源通过熔断器由信号小母线引出，并对其完整性加以监视。

　　❺ 一般情况下，光字牌采用双灯接线，当其中一只灯泡损坏时，尚能保证装置动作，灯光和音响均不受影响。当光字牌布置在控制台上时，如受台面尺寸限制，也可采用单灯的光字牌。

　　2. 中央复归不重复动作的音响信号回路

　　中央复归不重复动作的音响信号回路接线简单，如图 6-57 所示。当发生某种事故（或故障）时，有关回路的信号继电器动作掉牌，点亮光字牌 1PLL～nPLL，显示事故（或故障）的性质（或对象），并启动信号继电器 KS，KS 的一对触点闭合，接通音响回路，值班人员听到音响信号后，按下音响解除按钮 SB_{AR}，中间继电器 KA 启动，其动断触点断开音响信号回路，解除音响信号；动合触点闭合使 KA 自保持。这种自保持一直持续到手动复归信号继电器 KS 为止，KA 复归，整个信号回路也回复到起始状态。因而，从按下 SB_{AR} 至复归 KS 的整个时间内，事故（或预告）音响信号不能重复动作。这种接线一般多用在接线简单、信号数量较少的小容量发电厂中。

　　3. 中央复归可重复动作的事故音响信号回路

　　中央复归可重复动作的音响信号装置，都是由冲击继电器（信号脉冲继电器）来实现的，它是中央音响信号系统的关键元件。中央音响信号系统运行的好坏在很大程度上取决于冲击继电器的动作是否可靠。下面介绍 BC-4 型冲击继电器构成的事故音响信号装置。

　　图 6-58 所示为采用 BC-4 型冲击继电器构成的事故音响信号装置原理图。BC-4 型冲击继电器是根据平均电流的变化而动作的，因此不容易受干扰因素的影响而拒动或误动。图中电阻 R3、R4，电容 C4，稳压管 VS1、VS2 组成简单的参数稳压电源；电阻 R0、R2，电容 C1、

C2，电感 L，电位器 RP1、RP2 组成量测部分；小型继电器 K 及三极管 VT1、VT2 等组成出口部分。

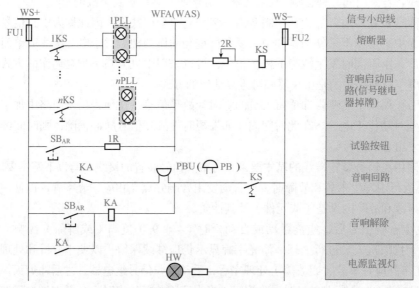

图 6-57　中央复归不重复动作的音响信号回路

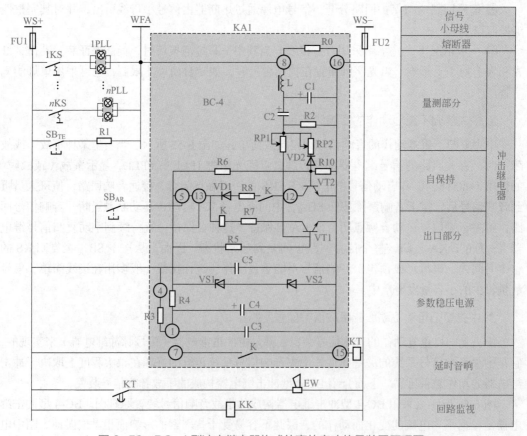

图 6-58　BC-4 型冲击继电器构成的事故音响信号装置原理图

其动作过程如下：当光字牌接通时，电流流过 R0，在 R0 上形成一定电压 U_{R0}，于是电容 C1 通过电感 L 充电，电容 C2 通过 L 及电阻 R2 充电。由于电容 C1 充电回路的"时间常数"小，充电快，电压 U_{C1} 上升快，而电容 C2 的充电回路"时间常数"大，充电慢，电压 U_{C2} 上升慢。电阻 R2 上的压降 U_{R2} 便是两者的电压差，即 $U_{R2} = U_{C1} - U_{C2}$。这一电压差 U_{R2} 使正常处于截止状态的三极管 VT1 发生翻转，由截止变为导通，继电器 K 动作，触点闭合，启动后续元件。当电容充电过程结束时，两个电容均充电至稳定电压 U_{R0}，则两者电压差 $U_{R2}=0$。但此时出口继电器 K 通过处于导通状态的三极管 VT2 实现了自保持（通过电阻 R6、R10 的固定分压，三极管 VT2 获得了正偏压，触点 K 闭合后，VT2 便饱和导通），故 K 一直保持吸合状态，尽管此时 VT1 已截止。

当光字牌断开时，动作过程则相反，R0 上的电压消失，C1、C2 放电。同理，C1 放电快，C2 放电慢，于是两者又形成了一个电压差 $U_{R2}=U_{C1}-U_{C2}$，显然这一电压差与上述光字牌接通时的电压差极性完全相反。这一电压差使 VT2 发生翻转，由导通变为截止，出口继电器 K 返回，实现了自动冲击复归。

多个光字牌连续接通或断开时，继电器重复动作过程与以上所述类似。随着光字牌的连续接通或断开，流过 R0 的平均电流和加在 R0 上的平均电压便发生阶跃式的递增或递减，而平均电压 U_{R0} 发生一次阶跃式的递增或递减时，电容 C1、C2 则发生一次上述的充、放电过程，继电器便启动、复归。当光字牌数量不变时，平均电压则不变，C1、C2 上的电压也稳定。于是，继电器的状态不改变，而不论此时已接通的光字牌数量有多少。

4. 信号回路监视

预告信号装置一般经独立的熔断器供电，有时设置与事故信号共用一组熔断器供电。为了监视音响信号回路的完好性，通常设置如图 6-59 所示的信号回路监视。其工作原理为：当事故信号和预告信号回路失去电源，则回路监视继电器 KK 动作，其动断触点闭合，使白灯 HW 亮，电铃 PB 响。在处理回路故障时可操作音响信号解除按钮 SB_{AR}，消除音响信号。但由于 SB_{AR} 的线圈通电后自保持，此时，白灯 HW 仍亮，直到故障处理好，KK 重新励磁，其动断触点断开，将 SB_{AR} 的自保持解除，整个回路才复归。

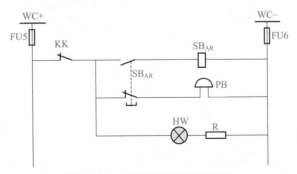

图 6-59　信号回路监视原理图

5. 保护装置动作和自动重合闸装置动作信号

在发电厂中，装设有各种继电保护装置。继电保护动作后，除发出事故（或故障）音响信号，相应的光字牌点亮外，相应的信号继电器掉牌（或红色指示灯亮），需要值班人员手动复归。若不及时复归，另外有信号继电器掉牌（或红色指示灯亮），这时就会导致判断不正确。为提示值班人员及时将动作的信号继电器复归，对保护项目较多的发电厂，设置了"掉牌未复归"（或"信号未复归"）的光字牌信号。其原理如图 6-60 所示。

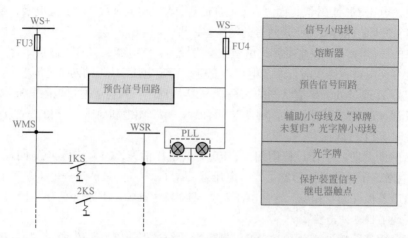

图 6-60　信号继电器"掉牌未复归"信号原理图

自动重合闸装置动作后，由灯光信号指示；控制屏上装有"自动重合闸动作"的光字牌信号。自动重合闸 ARE 动作，若重合成功，不需要发出预告音响信号，所以"自动重合闸动作"光字牌不宜接至预告信号小母线 WAS，而是直接接至负信号电源小母线（WS-）上，如图 6-61 所示。

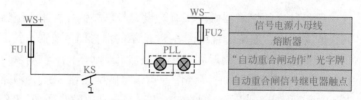

图 6-61　自动重合闸装置动作信号原理图

第七章

二次控制回路识图实例

高压二次回路电路识图实例

一、发电机二次回路及特点

发电机的二次回路主要包括出口断路器、励磁开关的控制回路和信号回路、自动励磁调节装置及其回路、继电保护装置及其回路、同期回路、测量仪表回路、励磁系统中的二次部分。发电机二次回路的特点如下：

❶ 大型发电机的断路器控制回路、励磁开关控制回路、保护装置逻辑回路应分别采用独立的熔断器。

❷ 灭磁开关与出口断路器之间有联锁关系。发电机出口断路器跳闸联动灭磁开关跳闸，灭磁开关跳闸联动出口断路器跳闸。

❸ 发电机的合闸回路经过同期并列装置控制。

❹ 大型发电机额定电流较大，例如一台 300MW 的汽轮发电机，额定电流为 11320A，所以电流互感器的容量也较一般的电流互感器大得多，一旦开路就会立即烧坏电流互感器，因此电流回路必须可靠。

❺ 大型发电机多采用发电机变压器组（简称发变组）的接线方式，即发电机的输出直接连接到升压变压器（中间没有断路器和隔离开关），在变压器高压侧经断路器与系统连接。发电机的出口断路器控制回路也就是发电组的控制回路。

❻ 必须要有发电机定子三相电压和三相电流、发电机转子电压（励磁电压）和转子电流（励磁电流）、交流励磁机定子电压和定子电流、发电机有功功率和无功功率、发电机频率、发电机有功电能、无功电能、同期列盘等表计。

二、发电机的电流互感器配置

图 7-1 是一发电机变压器组（200 ～ 300MW）的电压互感器和电流互感器及保护配置，具体每台机组不完全相同，但基本原则是一样的。

❶ 中型以下发电机一般都至少装设 4 组电流互感器，分别装在出线端和中性点端。大型发电机在中性点和出线各串联电流互感器 4 组。

❷ 发电机变压器组在升压变压器的高压侧装设 5~6 组电流互感器。实际上 110kV 以上的室外电流互感器都是单相瓷箱式，每台电流互感器内都包括多个不同准确级的互感器。

❸ 发电机的三相全部装设电流互感器，因发电机属于重要设备，不采用两相式接线。

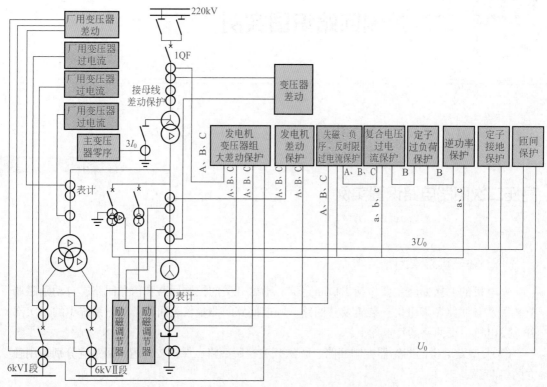

图 7-1　发电机变压器组电流互感器及保护配置

❹ 发电机的过电流保护要接在发电机中性点侧的电流互感器上，这样可以更全面地保护发电机的内部故障，例如，在发电机并网前，发电厂内部的故障只有中性点的电流互感器才能测量到。

❺ 电流互感器保护的范围要尽量大，多套保护的电流互感器要采用交叉使用的方式。以图 7-1 为例，在发电机与变压器之间的连接回路上，发电机差动保护电流互感器在主接线的变压器侧，而变压器差动保护电流互感器靠近发电机侧。在变压器与母线之间的回路上，变压器差动保护的电流互感器靠近母线侧，母线保护的电流互感器靠近变压器侧。再如，厂用变压器差动保护的 6kV 侧，应采用尽量靠近 6kV 母线的电流互感器，而 6kV 段的过电流保护，则采用尽量靠近变压器处的电流互感器。这样交叉后，在某些区域保护是重叠的，不会留下保护的空白点。

❻ 发电机自动调整励磁装置的电流互感器要装设在发电机的出线侧，这样在发电机内部故障时，自动调节励磁装置不会因电流变化而自动调节，可以减轻内部故障对发电机的损伤。

三、发电机的电压互感器配置

发电机的电压互感器配置仍以图 7-1 为例介绍。

❶ 中型发电机一般在出线端装设 2 组电压互感器，其中 1 组电压互感器供保护和测量仪表回路使用，其二次绕组应有能测量三相相电压和相间电压的绕组，额定相电压应为 $100/\sqrt{3}$ V，同时有开口三角绕组可测量零序电压，额定电压为 100/3V；第 2 组电压互感器用于发电机的自动励磁调节装置，额定相电压为 100V（线电压为 $100 \times \sqrt{3}$ V）。

❷ 大型发电机装设 3 组电压互感器，其中 2 组应有开口三角绕组，另 1 组专供励磁调节

装置的为双绕组。

❸ 大型发电机的 2 套自动励磁调节装置应分别连接在 2 组电压互感器上。

❹ 发电机与变压器之间无断路器时，是否在变压器高压侧装设电压互感器，应根据主接线确定，分以下 2 种情况：一是发电厂内无变电站即无高压母线，发电机变压器组直接与线路连接，就需要在升压变压器高压侧断路器（即发电机的出口路器）的线路侧装设电压互感器，以用于发电机的同期并列；二是升压变压器直接连接到本厂变电站的高压侧母线，则可不装设电压互感器，发电机并列可通过高压母线上的电压互感器进行。

四、中小型发电机的二次回路构成

中小型发电机（不包括低压 380V 发电机）二次回路较简单，一般断路器控制回路和保护逻辑回路共用 1 组熔断器保护。图 7-2 所示为一台由传统元件构成的中小型发电机二次回路图。

（1）**交流回路**　包括交流电流回路和交流电压回路。

❶ 在发电机中性点和出线侧各装设有 2 组电流互感器，在发电机的出口断路器 QF 两侧各装设 2 组电流互感器，其中 5 组共同用于发电机的保护、测量和自动励磁调节装置，1 组用于 6kV 母线保护。

❷ 发电机的 2 组电压互感器，其中 1TV 用于保护和测量，2TV 用于自动励磁调节装置，发电机的主要测量表计包括图 7-2（a）所示的有功功率表 PP、无功功率表 PQ、有功电能表 PPJ、无功电能表 PQJ 以及定子电流表 PA、转子电流表、转子电压表。

（2）**直流回路**　包括 QF 控制回路、保护回路，如图 7-2（b）所示。

❶ 发电机的逻辑回路采用直流蓄电池电源，可以接入保护跳闸回路。

❷ 发电机可以在同期闭锁条件符合时手动合闸并网，也可以通过自动同期装置自动并列。

❸ 发电机励磁开关联动发电机断路器跳闸。

❹ 热机保护动作跳开电机断路器。

❺ 发电机装设的复合电压闭锁的过电流保护在系统有故障时，负序电压继电器 KUN 和欠电压继电器 1KV 都动作，启动中间继电器 KM，当过电流继电器（1KA ～ 3KA）动作时通过 KM 的触点启动时间继电器 1KT 作用于断路器跳闸。

❻ 发电机的转子两点接地和过电压保护作用于跳闸，过负荷保护只发出信号。

❼ 所有保护都可通过投退连接片投入或退出。

（3）**励磁系统中的二次部分**　发电机励磁回路中的二次元件如图 7-2（c）所示。串联在发电机主励磁回路的分流器 R 连接转子电流表。工作励磁机的刀开关 1QK 右边的电压表是工作励磁机电压表，备用励磁机的刀开关 2QK 左边的电压表是备用励磁机电压表，中间连接在励磁母线上的电压表就是发电机转子电压表，这些表计虽然连接到一次回路，但表计本身和连接导线属于二次部分。1SA 是励磁回路保护投入开关，连接发电机的转子一点接地保护和转子两点接地保护继电器。

在转子一点接地后，应投入转子两点接地保护。如果转子发生两点接地，两点接地保护继电器动作，继电器触点 KE 在图 7-2 的逻辑回路图中，KE 经信号继电器 5KS 和投退连接片 XB5 启动出口中间继电器 KCO 执行跳闸，熔断器 61FU 和 62FU 连接发电机的绝缘监测装置。

（4）**逻辑回路的信号回路**　图中未画出。

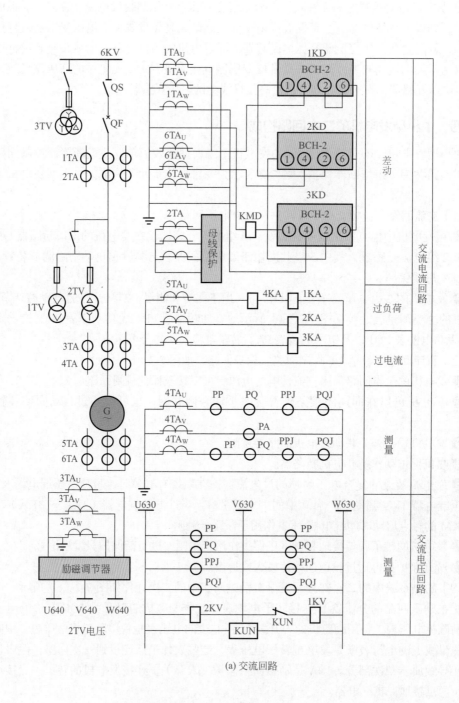

(a) 交流回路

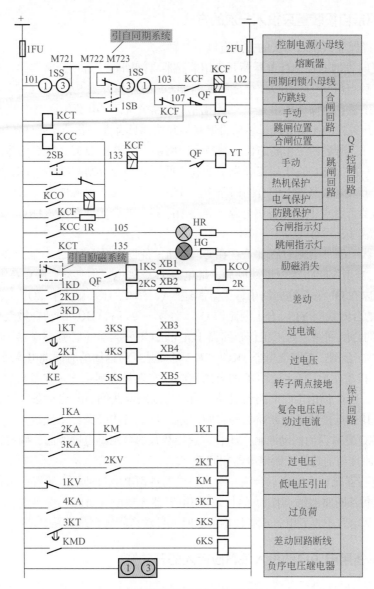

(b) 主断路器控制回路和保护回路

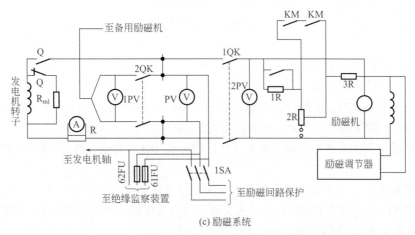

(c) 励磁系统

图 7-2　传统元件构成的中小型发电机二次回路

五、实现备自投装置只投入一次的方式

备自投装置保证只投入一次的方式有以下 3 种。

❶ 采用延时返回的控制继电器断开备用断路器合闸回路。备用断路器的合闸是由跳闸后的工作断路器触点启动的。图 7-3 中联络断路器 QF 的操作开关 SA 的触点 2、4 串联在自动合闸回路中，该触点在操作把手置于"断闸后"位置接通，自动合闸回路中的 5SA 为 I 段母线的投退联动开关，6SA 为 II 段母线的投退联动开关，只有投入联动才允许备用断路器投入。

在图 7-3（a）所示的工作断路器控制逻辑回路中，继电器 1KC、2KC 的作用是实现备用断路器只合闸一次。1KC 在 I 段工作电源的高、低压断路器合闸时动作，1KC 的动合触点串联在备用电源（联络断路器）的合闸回路中。2KC 在 II 段工作电源的高、低压断路器合闸时动作，2KC 的动合触点串联在备用电源（联络断路器）的合闸回路中。1KC、2KC 均为延时返回继电器，延时返回时间为 1～2s。

备用断路器（QF）合闸过程如下：在 QF 断开，备自投投入时，SA 触点 2—4 和 5SA 触点 5—7 接通。当工作断路器 2QF 跳闸后，继电器 1KC 失电，但其动合触点在 1～2s 内仍然是闭合的，所以在 QF 的控制回路中，正电源经 SA、5SA、1KC 触点和 2QF 动断触点启动备用断路器 QF 的合闸线圈 YC，合上断路器 QF。经 1～2s 后，1KC 的动合触点断开，切断备用断路器 QF 的合闸回路。如果工作断路器 1QF 和 2QF 不再合上，则继电器 1KC 不再动作，QF 也就不会再次合闸。控制继电器 1KC、2KC 可以是延时返回的时间继电器或中间继电器。

❷ 采用短接备用电源断路器 QF 的合闸继电器实现只合闸一次。在备自投装置中增加 1 个合闸继电器，1KC 仍由工作断路器启动。当工作断路器跳闸后，启动备自投装置内的合闸继电器动作，其触点接通备用断路器的合闸回路，合上备用断路器。经过 1～2s 的延时后，控制继电器 1KC 延时返回的动断触点闭合，短接装置的合闸继电器线圈，则装置将不会发出合闸脉冲，其原理与前述的控制继电器相同。

❸ 利用电容器充放电实现只合闸一次。微机的备用电源自动投入装置接入相关断路器的触点，通过判断各断路器触点作为条件，利用电容器充放电或延时元件实现只合闸一次。自投一次后使内部电容不再充电，或者使内部延时元件动作闭锁合闸回路。

六、微机备用电源自动投入装置应接入的开关量

以图 7-4 所示的备自投装置为例，开关量输入如图 7-4（b）所示，这部分表示了开关量（即触点）与装置的连接。各开关量和输入端子的作用如下。

❶ 装置输入断路器 431 的动合、动断触点（图中连接开入 1、开入 2 的触点）用于判断 431 在跳闸位置。

❷ 输入装置的断路器 431 动合触点（图中连接开入 3 的触点）的作用是，在手动合上断路器 431 时，装置应被闭锁不动作。

❸ 备用电源自动投入装置应能根据需要选择投入或退出，此功能由连接片 52XB5 完成，连接片连接时，装置被闭锁（相当于分立元件电路中自动投入的连接片功能）。

❹ 装置输入断路器 471 的动断触点（连接到进线 1KCT 光耦元件），作为工作电源断开的判据。

❺ 装置输入 1 号变压器低压侧过电流保护动作触点（接线端子 52D33），用以在低压侧过电流保护动作时闭锁备用电源自动投入装置。因为低压侧过电流保护动作说明低压侧母线故障，此时投入备用电源是无意义的。

❻ 装置输入工作断路器 471 手动跳闸闭锁触点（连接 52D35 端子），以实现在手动断开断路器 471 时备用电源自动投入装置不动作。

❼ 装置开入回路电源 110V（图中的 52n318、52n319 端子）是该装置的开入回路专用电源。

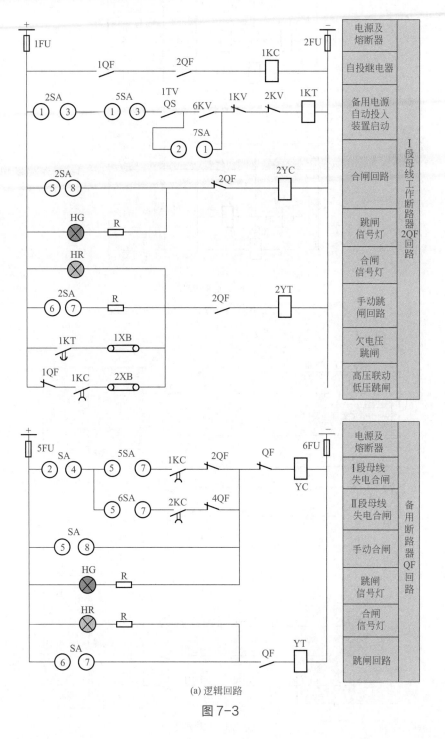

(a) 逻辑回路

图 7-3

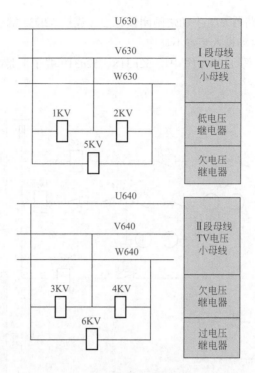

(b) 交流电压回路

图 7-3　备用电源自动投入装置的回路接线

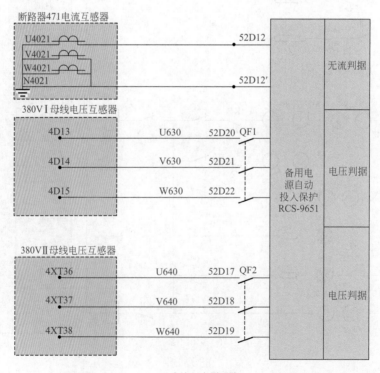

(a) 电流、电压回路

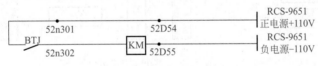

(b) 开入回路

(c) 跳闸出口回路图

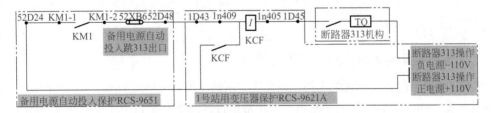

(d) 跳工作电源高压断路器回路图

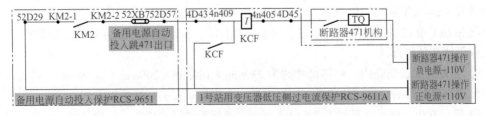

(e) 跳工作电源低压断路器回路图

图 7-4

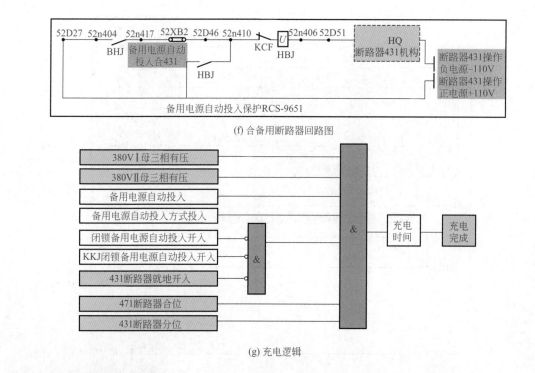

(f) 合备用断路器回路图

(g) 充电逻辑

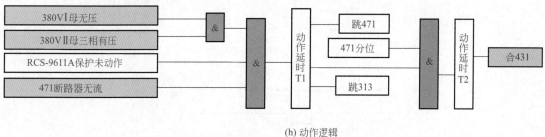

(h) 动作逻辑

图 7-4　微机备用电源自动投入装置接线图

七、微机备用电源自动投入装置的组成

以图 7-5 所示的备自投装置为例，该装置应用的一次系统接线如图 7-5（a）所示，属于明备用方式，380V 低压母线有两路电源。正常运行时，变压器 1T 运行，1QF 和 2QF 闭合，3QF 和 4QF 断开。当 380V 母线失电时（包括断路器未跳开的失电），备用电源自动投入装置应跳开工作断路器 2QF 和 1QF，合上 3QF 和 4QF，恢复 380V 母线供电。图中 6kV Ⅰ 段工作母线和 6kV Ⅱ 段备用母线只是相对备用电源而言的，实际上在 6kV 系统中，它们均可以作为工作母线或备用母线。

❶ 装置置于金属壳内，整体尺寸约为 230mm×180mm×260mm（宽 × 高 × 深）。接线端子布置在装置箱的后面，装置既可组屏安装，也可直接安装在开关柜上。

❷ 显示面板。面板示意如图 7-5（b）所示。各操作按键功能如下：确认键——进入菜单、确认命令、确认定值；取消键——退出菜单、取消命令。

❸ 内部插件。在装置的金属壳内安装有 6 个插件，布置如图 7-5（c）所示。各插件的功能如下：

a. IO 插件。是 CPU 与面板间的接口插件，处理键盘、液晶显示、面板信号指示灯的信息。

b. CPU 插件。微机处理器，是整体装置的核心插件，所有测量、计算、判断、显示及出口动作指令均由此插件完成。

c. PT 插件。模拟量调理板，实际就是模拟量变换插件，将电压互感器二次电压经装置内的小变压器转换成小电压信号，再经整形，送往 AD 部分做电压幅值采样计算，并进行频谱、相位测量。

d. KOUT 插件。开入开出板，把来自控制屏台、保护回路和其他控制设备的开关量（这些设备的触点）隔离变换成电平量，供 CPU 板测量判断。另外，提供经光电隔离后的信号输出触点和装置开关电源 +5V、±15V 和 24V 电压监视输出触点。

e. OUT 插件。跳合闸出口板，将 CPU 发出的出口指令经逻辑组合后转换成出口继电器的动作信号。此插件与 CPU 板经光电隔离，共有 4 路出口。

f. PWR 板。电源插件，将 DC（直流）220V 或 110V 电压转换成 +5V、±15V 和 24V 电源，供装置内部使用。插件内特制的电压延时电路能保证装置在通电或停电过程中不会误动作和误发信号。

❹ 输入量接线端子。装置端子如图 7-5（d）所示，各端子接线分别为：

a. 装置电源 A1。接厂站的直流（DC）220V 或 110V 蓄电池电源。

b. 外部模拟量输入 A2。对运行母线只检测有无电压，所以端子 7、8、9、10 接工作母线的电压互感器，端子 5、6 接备用电源电压互感器。

c. 外部开关量输入 A3。开关量输入回路电源为装置内部的 24V 电源。

端子 12——公共端；

端子 13、14——运行 1 号变压器高压断路器 1QF 触点，反映断路器已跳闸时装置可投入；

端子 17、18、19、20——低压侧工作断路器 2QF、低压侧备用断路器 4QF 触点，反映原运行状态为工作断路器 2QF 合上而现已跳开，备用断路器 4QF 未闭合；

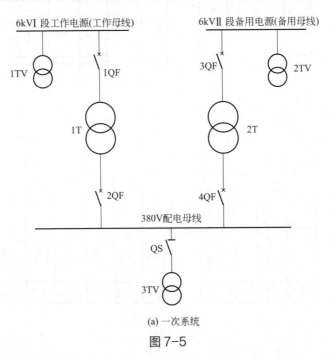

(a) 一次系统

图 7-5

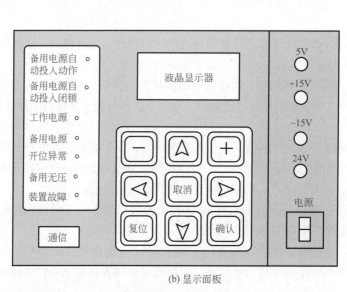

(b) 显示面板

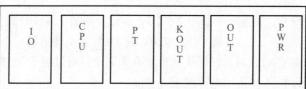

(c) 内部插件排列

上排

A1装置电源	220V直流电源		A2外部模拟量输入							A3外部开关量输入																		A4	
	1	2	3	4	5	6	7	8	9	10	11	12	13	14	15	16	17	18	19	20	21	22	23	24	25	26	27	28	29	30
	−	+	预留		备用电压		母线电压				24V公共端	+24V地	工1QF的辅助触点		外部闭锁触点		工2QF的辅助触点		备用4QF的辅助触点		3TVQS隔离开关		信号复归		后备失电投退		预留		GPS+	GPS−
			U_U	U_W	U_U	U_W	U_U	U_V	U_W	U_N																				

下排

B1跳合闸出口	跳(工作段高压1QF断路器)		跳2QF		合(工作段低压3QF断路器)		合备(备用段高压断路器)		合备低压4QF断路器)		B2信号出口	备用电源自动投入动作		备用电源自动投入动作		装置故障		投入后加速		预留		装置失电		B3通信接口	RS-485		屏蔽
	31	32	33	34	35	36	37	38				39	40	41	42	43	44	45	46	47	48	49	50		51 SIOB	52 SIOA	53

(d) 接线端子

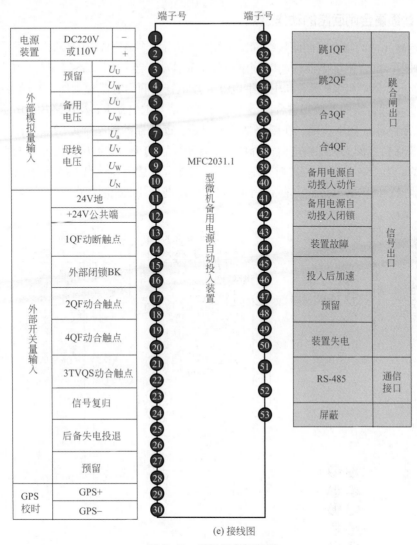

(e) 接线图

图 7-5　微机备自投装置

● 端子 21、22——为低压母线电压互感器 3TV 隔离开关辅助触点，反映低压母线不是由于电压互感器拉开失电（拉开时装置不应动作）；

● 端子 15、16——外部操作退出装置时闭锁触点，接外部的转换开关；

● 端子 25、26——备用电源失电闭锁的投退触点，触点闭合则装置无需检测备用电源是否有电就可工作，相当于将图 7-3（a）中 7SA 短接过电压继电器 6KV 用；

● 端子 23、24——用于外部操作复归装置的动作信号，接外部的复归信号操作按钮。

❺ 输出量接线端子，如图 7-5（d）所示，跳闸出口和合闸出口（BI 端子）为开关量输出，有 4 对触点，即端子 31 ~ 38。端子 31 ~ 34 为跳开工作断路器的触点，端子 35 ~ 38 为合备用断路器的触点，端子 39 ~ 50 为信号出口（B2 端子），其均为独立触点，可以连接到其他回路。

❻ 图 7-5（e）为外部接线示意图，图的左边是输入端子，右边是输出端子。示意图只表示端子与回路的接线，而不表示端子的实际排列，相当于展开图。图 7-5（d）所示的输入、输出接线则相当于安装图。

八、普通重合闸回路的动作过程

采用电磁元件的重合闸回路接线简图如图7-6所示，控制回路基本动作过程是：当断路器 QF 跳闸后，重合闸继电器内的时间继电器 KT 启动，经 0.5～1.5s 延时，KT 触点闭合，已充好电的电容器 C 经 KT 触点向中间继电器 K 放电，中间继电器 K 动作，其动合触点闭合，通过 K 的电流保持线圈连接到重合闸继电器外部的信号继电器 KS 及连接片 XB 使合闸线圈 YC 带电，断路器开始重合闸。在断路器合上以后，断路器的动断辅助触点断开，合闸继电器 K 因电流保持线圈失去保持电流而释放。重合闸装置的投入和退出是由专门的重合闸开关 1SA 控制的。当 1SA 在投入位置时，触点 1—3 接通，装置工作；当 1SA 在退出位置时，只退出断路器控制回路的重合闸功能，断路器仍然可以进行其他控制操作。

普通三相重合闸在断路器控制回路中的接线与操作

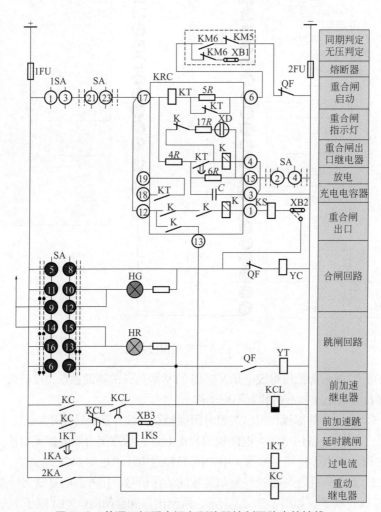

图 7-6　普通三相重合闸在断路器控制回路中的接线

九、变压器差动保护的应用特点

❶ 安装差动保护的为容量 6.3MVA 及以上的电力变压器，变压器常采用 Yd11（或 YNd11）接线。升压变压器的高压侧三相绕组接成星形，低压侧三相绕组接成三角形。如果变压器差动保护的高、低压侧三相电流互感器都接成星形，就会因两侧电流相位不同而在二

次回路产生差电流，这是不允许的。

解决办法：变压器电流互感器一次绕组为星形连接时，二次绕组采用三角形连接；一次绕组为三角形连接的，二次绕组采用星形连接，如图 7-7 所示。这样差动保护回路中的两侧电流相位就一致了。但电流互感器二次侧接线方式的不同又会产生由接线系数不同带来的电流不平衡问题，所以有时还需要在一侧（三绕组变压器可能需要在两侧）装设补偿变流器以平衡差动保护各侧的电流。

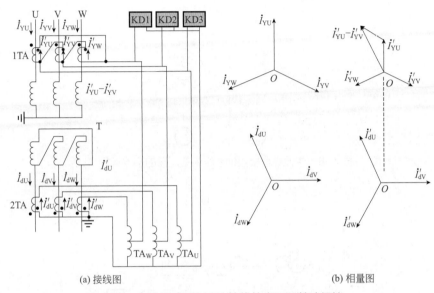

(a) 接线图　　　　　　　　　　　　　(b) 相量图

图 7-7　电流互感器 Yd11 接线的变压器差动保护

❷ 微机保护可以在微机保护装置内部实现电流互感器相位的补偿，所以采用微机保护的 Yd11 变压器，两侧的电流互感器都可以采用同样的星形连接方式。

❸ 变压器高、低压侧的电压不同，电流数值也不同，但一次回路的电流肯定是平衡的。可是电流互感器的一次电流不可能按变压器的额定电流制造，因此，二次电流可能不同，这个问题是发电机、电动机保护所不存在的。

解决办法：在一侧电流互感器上加装补偿变流器，补偿变流器采用自耦变流器，即图 7-7 中的 TA。补偿变流器一般装在小电流侧，即把小电流变换为大电流。

❹ 变压器在空载投入电网时会产生很大的励磁涌流，有的可达到 8 倍的变压器额定电流。如果速动的差动保护按躲过该电流整定，则保护的动作值过大，保护会因灵敏度不够而在故障时无法动作。

解决办法：变压器的差动保护要采用特别的方法，使保护继电器在出现励磁涌流时不动作，具体可通过差动继电器实现，如采用带速饱和变流器、二次谐波制动、鉴别波形间断角大小等原理。

十、变压器的零序过电流、过电压保护方式

在中性点直接接地的电网中，可能有多台变压器并列运行，根据运行方式，在同一时间段，安排部分变压器中性点接地运行，如图 7-8 所示，变压器 T1 和 T2 均在运行状态，T1 中性点接地，T2 中性点不接地。为了很好地保护变压器，保护采用以下 2 种不同方式。

❶ 对于全绝缘的变压器，如果双母线系统发生单相接地短路，中性点接地运行的变压器的中性点会流过短路电流，所以该变压器零序保护动作，跳开母联断路器，以缩小故障范围，然后跳开本变压器的断路器，切除短路电流。这样，其他中性点不接地的变压器将由于系统中性点失去接地而引起零序电压升高，此时母线的零序过电压保护动作跳其他所有变压器，动作逻辑如图 7-9 所示。

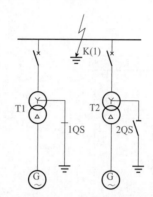

图 7-8　中性点直接接地系统中变压器的接地运行方式

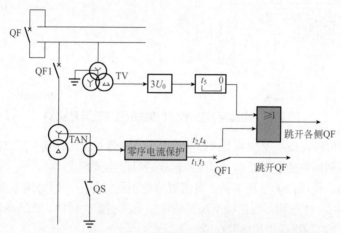

图 7-9　中性点接地与不接地变压器的零序保护配合原理

❷ 分级绝缘的变压器绕组的绝缘水平等级是不同的，靠近中性点的绝缘水平比绕组端部的绝缘等级要低，所以分级绝缘变压器不允许过电压，本身应装设完善的零序过电流和零序过电压保护。并且变压器的中性点在投入运行前必须直接接地，投入运行后如果需要将某台变压器的中性点接地断开（在有其他变压器中性点接地的情况下），必须投入变压器零序过电压保护，并动作于跳闸。在系统发生单相接地短路时，中性点接地运行的变压器的中性点会流过短路电流使该变压器的零序电流保护动作，动作的零序电流保护应首先由短时限跳开其他不接地运行的变压器，然后再由长时限跳开接地运行的本变压器，切除短路电流，防止出现过电压造成分级绝缘变压器的绝缘损坏。

十一、配电变压器二次回路的构成

配电变压器一般都是单电源双绕组变压器。以图 7-10（a）所示的主接线为例，分析其二次回路特点：高压侧为三角形连接，保护采用三相式电流互感器，过电流保护只在高压侧装设（即保护采用高压侧断路器处安装的电流互感器测量），过电流保护动作跳开两侧断路器，保护逻辑回路与高压侧断路器为同一组熔断器，操作电源为直流蓄电池电源。其二次回路由以下部分构成。

❶ 交流回路 如图 7-10（a）所示，变压器采用微机成套保护装置，所以过电流保护用电流互感器 2TA 与零序电流互感器 3TA，以及 6 ～ 10kV 母线的三相电压均接入微机保护装置（PUIPD）。

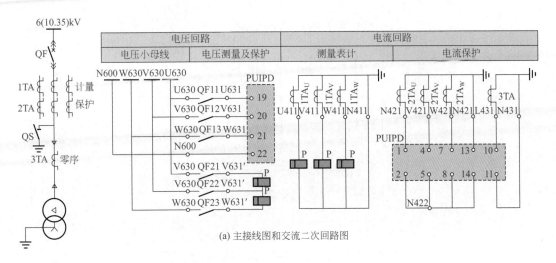

(a) 主接线图和交流二次回路图

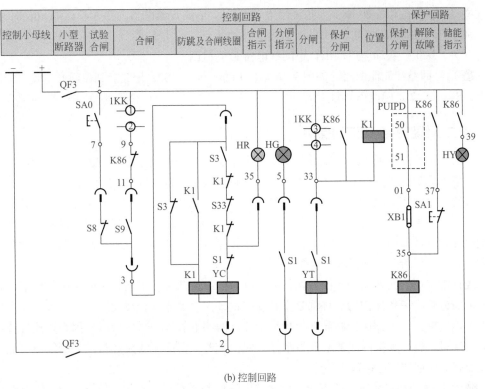

(b) 控制回路

图 7-10

控制小母线	信号回路								保护装置故障小母线	储能小母线	储能回路		
	小型断路器	多功能表电源	保护装置电源	断路器合位	断路器分位	未储能指示	断路器工作位	接地开关合位	分闸回路监视			小型断路器	储能电动机	储能指示

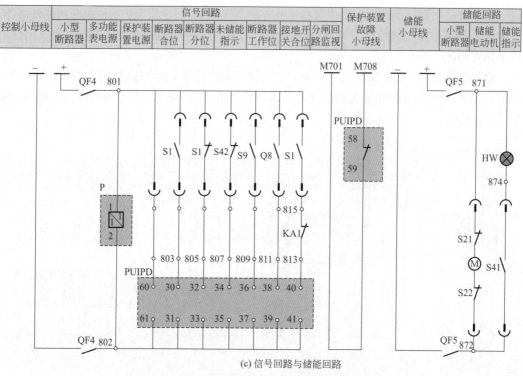

(c) 信号回路与储能回路

图 7-10　采用综合保护的单电源变压器接线图

❷ 控制回路　实际就是高压侧断路器的控制回路，如图 7-10（b）、（c）所示，YC 为合闸线圈，YT 为跳闸线圈，K1 为防跳继电器，KA1 是位置继电器，手车在试验位置时 S8 接通，在工作位置时 S9 接通，S1 是断路器的辅助触点，S3 是储能到位触点，S33 是联锁机构位置开关。保护装置动作启动出口中间继电器 K86 跳闸。

❸ 信号回路和储能回路　如图 7-10（c）所示，S21、S22 是储能到位断开电动机回路的触点，S41、S42 是储能信号触点。

十二、线路的全线速动保护

在 220kV 高压电网，即使短路发生在线路末端，为了电网的稳定，也需要快速切除故障，此时一般的电流保护或距离保护都做不到快速切除故障。因此需要装设保护全线路的速动保护。线路的全线速动保护的基本原理与纵差保护原理相似，就是把线路两端的电气量输入到保护装置，由保护装置对线路两端的电气量进行比较，例如可以利用线路两端电气功率在外部故障和内部故障时方向的不同，也可以利用线路两端电流相位在外部故障和内部故障时方向的不同，以判断保护是否应当动作。

线路常采用的快速保护有高频保护和光纤保护，这两种保护名称表明了电气信号两种不同的传输方式。一般保护的名称都是指其动作量，如过电流保护反映了电流增大，距离保护反映了阻抗减少，高频保护和光纤保护是指传输两侧电气量信号的手段。因为要比较线路两侧的电气量，就必须把两侧的电气量都输入保护装置，但高压线路都很长，所以不可能采用敷设控制电缆把两侧连接起来传输信号。

❶ 高频保护是将高压线路本侧所测的电气量调制后送到高频发信机，利用输电线路作为高频通道，将该高频载波信号传输到线路对侧的收信机进行解调处理。同时线路对侧所测

量的电气量也要进行调制后送到高频发信机，利用输电线路作为高频通道，将高频载波信号传输到线路本侧的收信机进行解调处理，图7-11是线路的高频保护电气信号传输示意图。线路在本侧和对侧都安装有保护装置，它们对对侧信号进行鉴别，以确定短路故障是否发生在保护范围内（实际就是测量两侧电流互感器安装点之间的线路上是否有故障），如果在保护范围内，就开放保护并跳开线路断路器。由于高频保护是利用高压线路的导线实现的，所以不需要另外敷设专用的辅助导线。

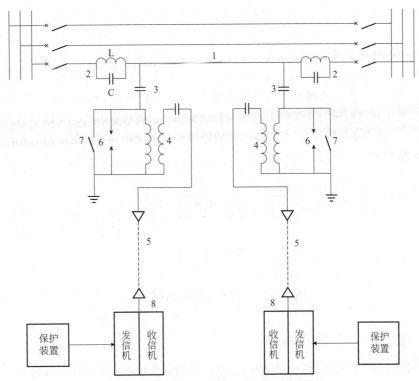

图7-11 线路的高频保护电气信号传输示意图

1—输电线路；2—高频阻器；3—电容器；4—连接滤波器；5—高频电缆；6—放电间隔；7—接地开关；8—高频收发信机

❷ 光纤保护利用和线路同杆敷设的光缆（或光导纤维）传输线路两侧的电气量信号。由于光缆长距离传输时衰减很小，且传输频带宽，所以能很好地传输信号。但光缆只能传输光信号，所以在线路两侧应把电气信号转换成光信号，通过光缆传输到对侧后，再将光信号转换成电信号送入各自的保护装置进行比较，所以理论上与高频保护基本相同。光缆和相应的电/光转换设备与光/电转换设备都是只起传输两侧信号的作用。由于220kV线路在线路的最上方全线架设2根接地线，所以就可采用光缆和接地线合为一体的复合地线光缆，也可单独架设光缆。线路光纤保护电气信号传输原理如图7-12所示。

图7-12 线路光纤保护电气信号传输原理

十三、线路光纤纵联差动保护的构成

线路的光纤纵联差动保护就是利用光缆传输电气量信号的纵联差动保护，其测量的电气量是线路两侧的电流。但一般的差动保护是将两侧的电流互感器连接到唯一的测量元件（即同一个差动继电器）上，所以保护元件只有 1 套。而采用光纤传输信号的保护，在线路两侧各有 1 套相同的保护装置，两侧的保护装置都要测量本侧和对侧的电流量，把本侧的电流量和对侧的电流量进行比较，以确定故障是发生在线路保护区域内还是保护区域外。线路光纤纵联差动保护构成如图 7-13 所示，图中 U_L 是本侧电流互感器二次电流变换后的电压量，U_R 是对侧电流互感器二次电流变换后的电压量，保护的动作量由本侧和对侧的电流量（电压量）相加构成，保护的制动量由本侧的电流量和对侧的电流量相减构成（将对侧的电流量反相后相加），通过滤波整流后送入比较回路进行比较。在正常运行或外部短路时，由于两侧电流的相位相差 180°，所以两侧电流动作量之和等于零，制动量大于动作量，保护不会动作。在线路内部发生短路故障时，两侧电流改为同方向 0°，制动量消失，动作量增加，比较回路的测量结果为保护应当动作。在线路内部故障时，两侧保护装置测量的情况相同，动作跳开本侧断路器。

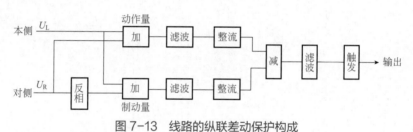

图 7-13　线路的纵联差动保护构成

十四、线路的光纤闭锁方向保护

光纤闭锁方向保护与光纤纵差保护的相同点是两者都采用光缆传输电气量信号，不同之处是光纤纵差保护只比较两侧电流的方向，而光纤闭锁方向保护是采用方向继电器比较两侧功率的方向的。所以光纤闭锁方向保护装置测量部分输入的有电流量和电压量。如果在线路上（内部）发生短路故障，则两侧的保护装置正方向元件都动作，并且都作用于本侧断路器而跳闸。如果故障发生在线路以外（外部），虽然有一侧测量到的故障是正方向，但另一侧因故障是反方向，而由反方向元件发出闭锁保护的信号，闭锁信号除发送到本侧的保护装置外，还要通过光缆传输到对侧的保护装置，将所有保护都闭锁。图 7-14 是光纤闭锁方向保护构成逻辑图。

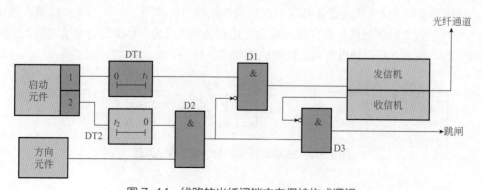

图 7-14　线路的光纤闭锁方向保护构成逻辑

十五、电力电容器组应配置的保护

1. 电力电容器组的通用保护

电力电容器组可配置的通用保护包括以下几种。

（1）**电流速断保护**　为防止电容器与断路器之间的连接回路及电容器内部故障引起的短路，电容器组要装设电流速断保护。电流速断保护的动作值按躲过断路器的充电电流整定，一般可取 4 ～ 5 倍的电容器额定电流值，同时校验电容器处发生两相短路时，在最小短路电流下的灵敏度应大于 2，保护作用于跳开断路器。

（2）**定时限过电流保护**　电网中出现的高次谐波可能导致电力电容器过负荷（过电流），所以应装设过电流保护动作于跳闸。定时限过电流保护按躲过电容器组的额定电流整定，可整定为 1.8 倍的额定电流，动作时限一般为 0.2s，保护的灵敏度应大于 1.25 ～ 1.5。如果每相电容器在 3 组以下，则应校验保护与分组熔断器的保护特性能否配合。

（3）**反时限过电流保护**　反时限过电流保护可整定为 1.8 倍的额定电流动作跳闸，动作时限可按 2 倍动作电流时限 1s 整定。

（4）**电流互感器二次电流直接跳闸过电流保护**　将断路器的跳闸线圈直接串联在电流互感器的二次回路中。跳闸线圈的动作电流可按 2.5 倍额定电流整定。

（5）**接地保护**　当电容器组连接的 6 ～ 10kV 电压系统的单相接地电流大于 20A 时，就应当装设保护电容器单相接地的零序电流保护。动作值可按 20A 整定，在 0.5s 内跳开断路器。

（6）**过电压保护**　当电力电容器组中发生故障的电容器切除到一定数量时，仍然运行的电容器端电压可能会超过 1.1 倍的额定电压，此时保护应将整组电力电容器断开。

（7）**母线失压的欠电压保护**　在电容器连接的母线电压严重降低时作用于断路器跳闸。

2. 电力电容器组的专用保护

电力电容器组专用保护有横差保护、零序电压保护、零序电流保护、电流平衡保护等。

（1）**横差保护**　用于双三角形接线的电力电容器组横联差动保护，如图 7-15 所示的一次回路接线中的 3TA ～ 8TA 和继电器 3KA、4KA、5KA 组成的电流二次回路。每相有 2 个分支，在每相的每个分支上都装设 1 个电流互感器，每相电容器组 2 个分支装设 1 个横联差动保护继电器。当 2 个分支的电容器都良好时，2 个分支中电流的数值是一样的。由于每相电容器的 2 个分支的电流互感器二次侧连接成差接线方式，所以横差保护继电器中流过的是 2 个分支的差电流。正常情况下横联差动继电器线圈中无电流（只有少量不平衡电流），如果其中 1 个分支的电容器短路损坏，必然使该分支电流互感器电流增加，则差动电流回路的平衡状态被破坏，横差保护继电器中会流过电流进而动作。

（2）**零序电压保护**　用于单星形接线的电力电容器组，保护原理如图 7-15 所示。保护的测量电压为三相的 3 个电压互感器二次绕组连接成的开口三角输出的不平衡电压，如果电容器组中的多台电容器发生故障，会引起电容器组的端电压变化，电压互感器的开口三角绕组就有电压输出使保护继电器 1KV 动作。

（3）**零序电流保护**　常用于容量较小的三角形连接的电容器组，保护原理如图 7-15 所示，三相电流互感器连接成零序过流器方式与保护继电器 7TA 连接。

（4）**电流平衡保护**　用于双星形接线的电力电容器组，如图 7-15 左下方所示。即把 2 个星形连接的电容器中性点之间通过一个电流互感器（图中的 TA）连接起来。工作原理是在正常运行时，2 组对称的电容器组之间或者 1 组平衡的三相电容器组的三相之间电流基本上是平衡的，当1台或多台电容器故障时，平衡被破坏，平衡保护继电器8KA中流过电流而动作，跳开断路器将电容器切除。动作电流可按星形连接电容器组的一相电容器的额定电流的15%整定，动作时间可取 0.15 ～ 0.2s 或 1 个中间继电器的延时。

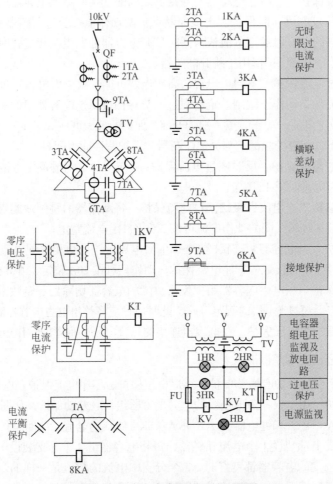

图 7-15　电力电容器组保护原理图

十六、电力电抗器应配置的保护

6 ～ 10kV 电网的并联电抗器用于补偿高压输电线路的电容和吸收其无功功率，防止电网轻负荷时因容性功率过多引起电压升高，并且可以降低电力系统的操作过电压，避免发电机带空载长线路时电压升高。并联电抗器由高压断路器控制，必须装设继电保护装置，以保护电抗器内部短路、断路器与电抗器连接回路之间的短路，以及电抗器单相接地、过电压、过负荷等。并联电抗器的控制回路和保护回路与其他电气设备，如电动机、电力线路基本相同。

并联电抗器一般装设的保护有差动保护、电流速断保护、过电流保护。差动保护电流回路的接线与电动机差动保护相同，也是通过在电抗器电源侧和中性点侧装设电流互感器实现的。电流速断保护、过电流保护采用断路器处的电流互感器。

十七、直流控制电源的高压电动机二次回路构成

直流控制的高压电动机电气主接线如图 7-16（a）所示。电动机为高压笼型电动机，断路器为真空断路器（ZN12-10），安装在手车式开关柜内，为弹簧储能操动机构，采用直流电动机储能，电动机采用综合保护装置。

（1）断路器储能回路　如图 7-16（b）所示，断路器采用自动储能方式，当断路器在释能状态时，只要合上储能电源自动空气开关 QF5，储能电动机就开始带电旋转储能。当电动机储能到位时，储能到位限位开关动断触点 S21 和 S22 断开，切断储能电动机电源使其停止运转。同时储能到位行程开关动合触点 S41 闭合，储能到位白色指示灯 HW 亮，表示已具备合闸条件。所以储能回路的特点是，只要断路器一经合闸释能就立即进行自动储能，使断路器经常处于储能状态。如果储能过程未结束，连接在信号装置回路的储能到位行程开关动断触点 S42 就无法断开，发出未储能信号。

（2）电动机的跳、合闸控制和联锁回路　如图 7-16（c）所示。

❶ 电动机可以进行远方/就地合闸，就地合闸只有在装置切换到就地操作时才能进行，即图中左边 PUIPD 测控装置的编号为 55、56 的触点闭合，才能用就地合闸按钮 SB4 合闸。S8 和 S9 是断路器手车的位置开关，手车在"试验"位置时，位置开关触点 S8 接通，此时可以用按钮 SA0 试验合闸，断路器的一次回路不与电源连接，相当于固定安装的隔离开关未合上。当手车推入"工作"位置后，位置开关触点 59 闭合，相当于固定安装的隔离开关闭合送电。图中所有标有 SI 的触点都是断路器的辅助触点。合闸回路中的 S3 触点是储能到位的闭锁合闸触点。S33 是联锁机构位置开关。

❷ 电动机跳闸不受远方/就地方式的影响。

❸ 电动机的联锁。根据生产工艺要求，电动机需要在某些工况时自动跳开，图中 S15 触点就是联锁跳闸触点。

（3）电动机交流回路　电动机的保护和测量表计安装在高压手车配电柜最上面的间隔内，接线如图 7-16（d）所示。

❶ 配置磁平衡保护，以保护电动机绕组的短路。磁平衡保护的电流互感器 4TA 安装在电动机出线侧附近，用控制电缆连接到断路器开关柜的接线端子后接入综合保护装置 PUIPD 中的磁平衡保护继电器元件。

❷ 电流互感器 2TA 用来测量电动机一次回路的电流，供综合保护装置中所有需要测量电流的回路使用。1 套微机型的综合保护测控装置可以实现多种保护功能，如电流速断、过电流、过负荷保护及过热保护等，但值得注意的是，这些保护的出口和磁平衡保护的出口是分开的。

❸ 电动机接入的是中性点非直接接地系统，所以电动机装设有电缆型零序保护，用于保护电动机绕组的单相接地故障。零序保护电流互感器 3TA 也接入综合保护装置且作用于断路器跳闸。

❹ 电动机的测量回路有就地电流表 A 和电能测量表计。

（4）信号回路　如图 7-16（b）所示。断路器合闸、跳闸、未储能、接地开关、联锁等信号都送入保护装置，保护装置故障时发出信号。

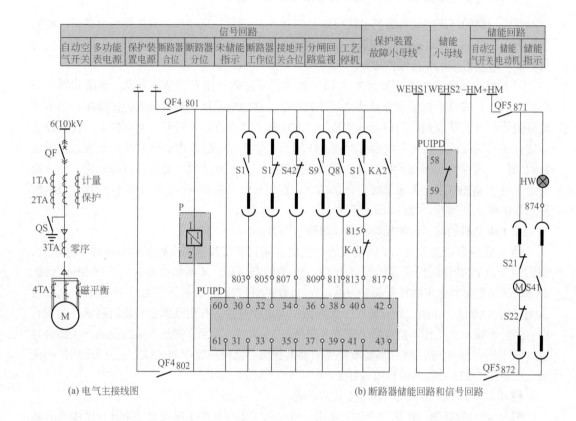

(a) 电气主接线图

(b) 断路器储能回路和信号回路

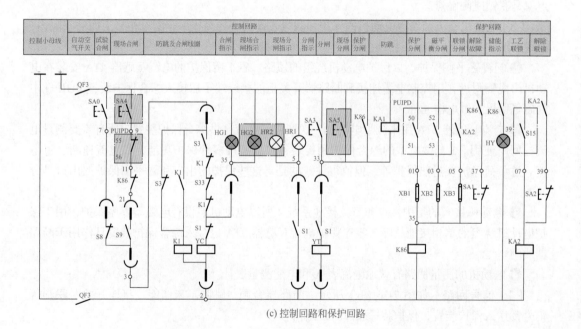

(c) 控制回路和保护回路

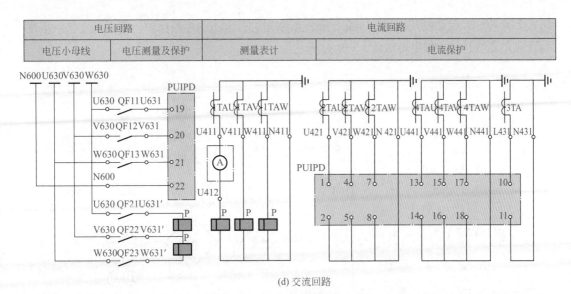

电压回路		电流回路		
电压小母线	电压测量及保护	测量表计	电流保护	

(d) 交流回路

图 7-16　直流控制电源的电动机

十八、交流控制电源的高压电动机二次回路构成

交流控制电源的高压电动机电气主接线和二次回路接线图如图 7-17 所示。

为电动机供电的 6kV 系统为中性点非直接接地系统，所以电动机只装设电流速断保护和过电流保护，两种保护采用同一个过电流继电器，继电器本身有速断元件和反时限元件，其中速断元件作短路保护用，反时限元件作过电流（过负荷）保护用。

由于采用交流操作电源，所以电动机的保护不能接在控制回路中直接启动跳闸线圈跳闸，而由过电流继电器在电流互感器二次回路中接通断路器的电流跳闸线圈实现跳闸。由于电流互感器二次回路不允许开路，所以电流继电器有特殊的结构，即动合触点先闭合，然后动断触点才断开。正常时电流互感器虽然有电流（电动机的负荷电流），但电流继电器的动断触点是闭合的，所以断路器的电流跳闸线圈被短接而无电。只有过电流继电器动作并且在动断触点断开后，电流跳闸线圈才能带电作用于跳闸。

分析可知，采用具有速断保护和过电流保护功能的继电器有很大的优越性。由于交流控制回路不能像直流控制回路那样由多套保护启动一个出口中间继电器，因此各相电流互感器二次回路只能由 1 对保护继电器触点启动跳闸线圈，如果采用只有电流速断或只有过电流保护的继电器，则电动机只能选用其中一种保护，按规定保留电流速断保护，这对易过负荷的电动机显然是不合理的。采用电流速断和过电流保护兼有的测量继电器，就能很好地解决这个问题，并且一定要选用触点能直接接通跳闸线圈（一般 220V 时跳闸线圈电流为 1～2.5A）的过电流继电器。

连接到信号装置的信号触点为无源触点，同样的，该回路也不能应用公共的闪光电源，所以跳、合闸指示灯均不闪光。

十九、F-C 装置控制的电动机二次回路

采用高压限流熔断器（FUSE）和高压真空接触器（CONTACTOR）配合的 F-C 回路控制高压电动机的方式已得到广泛应用，配上多功能的综合继电保护装置和操作过电压吸收装置，

可较好地控制和保护高压电动机。高压限流熔断器进行电路的短路保护，高压真空接触器进行正常的送电投运和停电退出。

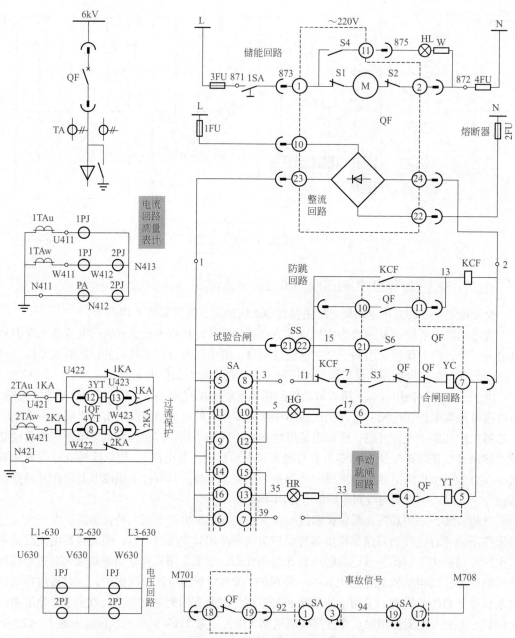

图 7-17　交流控制电源的电动机电气主接线和二次回路接线图

1. F−C 二次回路的主要特点

❶ F-C 回路一般用于短路电流不大于 40kA 的系统，可控制容量在 1250kW 以下的电动机。真空接触器可频繁操作，寿命长，检修周期长，无着火爆炸危险。限流断路器可以限制短路电流的上升，所以短路电流小，动作快，当预期短路电流大于额定电流几十倍，6kV 回路电流瞬时值不超过 40kA 时，熔断器的熔断时间在 10ms 之内，可以减小电动机回路的电缆和母

线的截面积，节省线路成本。

❷ F-C 回路短路保护只能由熔断器承担。实现这一目的要依靠限流熔断器的时间 - 电流特性，所以选择的熔断器熔断电流必须与电动机的启动电流配合，还要保证短路时迅速切断短路电流。具体选择时应根据电动机的启动电流和启动时间曲线，结合熔断器制造厂给的熔断器选用曲线确定。例如额定电流 400A 的真空接触器，最大开断电流为 3.2kA。由于电流为 3.2kA 时应由熔断器断开，如果考虑可靠系数，则接触器的断开电流应更小一些。根据电动机不同的启动时间计算，限流熔断器的额定电流一般为电动机的额定电流的 2 ～ 3 倍。

❸ F-C 装置一次回路增加了由氧化锌避雷器构成的防止操作过电压的装置。

2. F-C 装置控制回路的特点

以图 7-18 为例，介绍电动机的 F- C 装置控制回路（采用直流控制电源）特点如下：

❶ 电动机的综合保护装置只有电动机的过电流保护，而不能实现短路保护功能。因为保护装置作用于接触器跳闸，而接触器是不能断开短路电流的。所以，综合保护装置实际的保护功能有电动机过负荷保护（过电流保护）、电动机堵转保护、电动机接地保护、一次过电压保护。图 7-18 中的继电器触点 KT 就是综合保护装置动作跳闸的触点。有的综合保护装置有电流速断保护，应用时一定要保证短路时限熔断器的熔断时间短于保护动作时间，并且在短路电流大于接触器的断开电流（3.2kA 的 80%）时，综合保护装置闭锁，不能作用于接触器跳闸。

❷ 增加高压熔断器熔断联锁接触器跳闸回路。图 7-18 中 FU 是高压熔断器的状态行程触点，当高压熔断器的任何一相熔断时，FU 触点闭合，接通真空接触器的跳闸线圈 YT 使接触器跳开。同时串联在合闸线圈回路的触点断开，闭锁合闸回路，目的是避免一次系统非全相运行。

❸ 用真空接触器 K 的辅助触点替代断路器的辅助触点，实现跳、合闸到位后切断回路的作用。

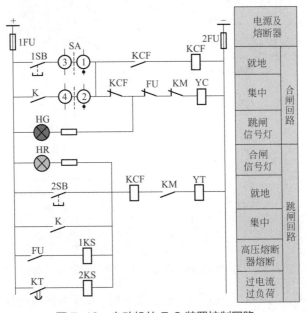

图 7-18　电动机的 F-C 装置控制回路

二十、继电器控制交流接触器的电动机回路的动作过程

由交流接触器控制低压电动机是较为常见的方式，其中包含多种控制方式，如采用跳、合闸按钮直接控制接触器，这种方式适合于就地控制或简单的远方控制。如果按生产流程，电动机要参与较复杂的自动跳闸和自启动过程，则一般的按钮直接控制不再适用。因此，在发电厂，设备的辅机常采用继电器控制交流接触器的方式，如图 7-19 所示。相应的电路按采用的跳、合闸继电器性能不同分为两种：一种是采用带延时返回特性的中间继电器；另一种是采用普通中间继电器。

❶ 采用延时返回继电器的控制回路。如图 7-19 所示，1KC 是合闸继电器，为延时返回的中间继电器，延时时间一般为 1.5 ～ 2.5s。2KC 是跳闸继电器，为无延时的中间继电器。触点 K1、K2 是集中控制跳、合闸触点。按下合闸按钮 1SB 操作合闸时（或触点 K1 闭合时），合闸继电器 1KC 带电动作，1KC 在接触器线圈交流回路动合触点闭合，经跳闸继电器 2KC 动断触点使接触器 KM 线圈带电吸合，接触器 KM 主触点闭合，电动机带电旋转。同时，接触器 KM 的一对动合辅助触点闭合，与 1KC 触点并联使 KM 线圈带电保持，KM 的另一对动合辅助触点闭合，使 1KC 在按钮触点释放后保持。当操作按钮 2SB 跳闸时（或触点 K2 闭合），启动跳闸继电器 2KC，在接触器线圈交流回路的 2KC 的动断触点断开，使接触器 KM 线圈失电，电动机停止运行。

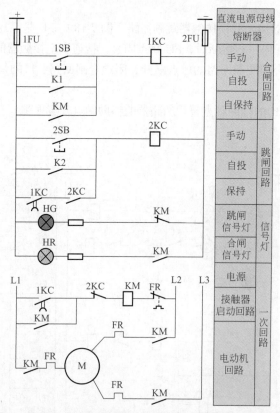

图 7-19　延时继电器控制交流接触器的电动机二次回路

❷ 与 2SB 触点并联的 1KC、2KC 动合触点的作用。由于合闸继电器 1KC 带 2s 延时，而操作跳闸时工作人员很可能在 1KC 仍未返回时松开 2SB，此时，接触器线圈会发生重新带电

跳不开的现象。当 2SB 触点并联 1KC 的动合触点后，即使 2SB 触点断开，跳闸继电器线圈在合闸继电器 1KC 返回前一直保持带电动作，直至 1KC 返回，跳闸继电器 2KC 才会返回，这样就实现了可靠跳闸。

❸ 合闸继电器延时返回的作用。当 380V 母线备用电源自动投入时，母线会有 1 ～ 2s 的失去电压时间，此时重要电动机应当保持运行。对一般交流接触器，当交流电源失电时会因线圈失电而立即释放，并且不再启动。合闸继电器带延时返回特性后，当母线电源失电时，接触器 KM 立即返回，合闸继电器 1KC 线圈因接触器 KM 的动合触点断开而失电，但因有延时特性，所以动合触点并不立即断开，保证在备用电源投入后，接触器 KM 线圈再次带电动作，使电动机继续运行。

❹ 图 7-19 中的合闸继电器 1KC 也可采用不带延时返回特性的普通中间继电器。此时实现备用电源自动投入时保持电动机继续运行的接线是：集控室测量某电动机需要继续运行，母线失电时，由集控装置发出跳闸脉冲跳开电动机，待备用电源自动投入母线恢复有电后，再由集控装置发出合闸脉冲启动合闸继电器 1KC，使接触器再次合闸。这种接线中跳闸回路可以带保持回路，也可以没有保持回路，因为合闸继电器 1KC 的返回不带延时，所以一经操作，接触器就会跳闸，一般不存在跳闸可靠性问题。这种方式的优点是易于选用继电器，可用普通的通用继电器。

❺ 采用跳、合闸继电器的主要作用是可使电动机参与在集控室的集中控制，实现多种控制功能，如由集控装置跳电动机或母线欠电压保护跳电动机等。

二十一、多台电动机组的联动回路的动作过程

在生产中，常会遇到一个生产工艺系统有多台电动机需要联动的情况。例如，发电厂中 1 台给水泵跳闸后，其他的泵机就需要自动合闸投入运行。电动机的联动主要有以下两种情况。

（1）**2 台电动机的联动** 例如，锅炉的 2 台吸风机，平时只需要 1 台运行，当运行的吸风机跳闸后，另 1 台吸风机合闸投入运行。这种联动比较简单，只要把 2 个断路器的辅助触点经联动投入开关控制后接入另 1 台断路器的合闸回路即可。

（2）**多台电动机组的联动** 这需要 1 套独立的联动装置才能实现，如图 7-20 所示。

❶ 1FU 和 2FU 是装置的电源熔断器，除联动回路小母线外，M708 是事故信号小母线，因为联动装置同时可作集中事故信号装置。各台电动机由控制开关（图中的 SA1 ～ SA2 和 KKJ）及各自的联动开关（图中的 1SA ～ 3SA）的触点和断路器辅助触点（图中的 QF1 ～ QF3）组成不对应回路，连接在联动小母线、M708 小母线与装置的负电源之间。

❷ 联动开关的通断与操作。联动开关 1SA、2SA、3SA 有"被联动""断开""联动"三个位置。需要参与联动的电动机在备用时，联动开关要置于"被联动"位置。运行中的电动机需要参与联动的，联动开关要置于"联动"位置。不需要参与联动的电动机，联动开关要置于"断开"位置。连接在联动小母线和装置的负电源之间的联动开关触点 1、3 在联动开关置于"联动"位置时接通，其他位置时断开。连接在各个断路器合闸控制回路中的联动开关触点 5、6 在"被联动"位置接通，其他位置断开。连接到事故信号小母线 M708 的联动开关触点 2、4 在联动开关置于"断开"位置和"联动"位置时接通。

❸ 装置的动作过程。现以 1 号电动机运行，2 号电动机备用，3 号电动机停用为例说明动作过程。此时 1SA 置于"联动"位置，1SA-1、1SA-3 接通，假设 1 号电动机跳闸，断路

器动断触点 QF1 闭合，其不对应回路经 1SA 触点 1、3，断路器控制开关 SA1 触点 SA1-1、SA1-3（运行时 SA1 合闸后位置触点闭合）和 QF1 的动断触点接通，启动装置的中间继电器 1KC，1KC 动作断开延时返回继电器 KST 的线圈电源，KST 失电返回，在 KST 未完全返回、触点未断开前，继电器 KCE 带电启动，KCE 在断路器合闸回路的触点接通。如果 2 号电动机在备用状态，其联动开关 2SA 因置于"被联动"位置，2SA-5、2SA-6 接通，控制开关 SA2 操作手柄在"跳闸后"位置，其触点 2、4 接通，这样，断路器 QF2 的合闸回路正电源就经过 2SA-5、2SA-6 触点和 SA2-2、SA2-4 触点，以及联动装置的合闸出口继电器 KCE 触点接通 2 号电动机的断路器 QF2 的合闸线圈 YC2，QF2 合闸，电动机启动投入运行。

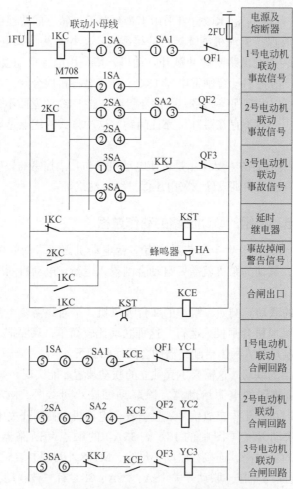

多台电动机的
联动装置分析

图 7-20　多台电动机的联动装置接线图

而停运的 3 号电动机由于不参与联动，所以其联动开关 3SA 触点 3SA-5、3SA-6 是断开的，虽然控制开关的合闸继电器 KKJ 触点是闭合的，但不能合闸投入运行。如果 3 号电动机在运行中但不参与联动，则其联动开关 3SA 的触点 3SA-1、3SA-3 是断开的，即使自动跳闸也不能启动联动装置。

（3）事故信号的动作　联动装置应用断路器的不对应回路，可以兼作事故信号装置。动作过程是：

❶ 进行联动时，继电器 1KC 同时接通事故音响蜂鸣器 HA 发出事故信号。

❷ 电动机在运行中但不参与联动时，其联动开关（1SA ～ 3SA）触点 2、4 接通，这样在断路器自动跳闸后，其不对应回路通过事故小母线 M708，启动事故信号继电器 2KC 发出信号。

低压二次控制回路识图实例

一、路灯定时时间控制电路

1. KG316T 型微电脑时控开关工作原理

多数城市的街道照明控制目前普遍采用定时自动控制开关，例如 KG316T 型微电脑时控开关等，以此方便地实现街道照明自动化。

KG316T 型微电脑时控开关采用八位微处理器芯片，PCB 板直封，外围使用贴片元件，液晶显示屏显示时间和控制功能；具有体积小、功耗低、工作温度范围宽、抗干扰能力强等特点。控制部分的设置直观、方便，可选择不同的星期组合循环工作，每日开关时段可分别设定，精确到分钟，单日设定的开关次数分别达 10 次；可控制电流阻性负载达到 25A，部分型号可分别控制两到三路不同的负载。液晶显示的时钟控制部分模块型号为 TOONE-10.2，计时误差在 ±0.5s/ 天之内。自身耗电小于 2W。时控开关还适合霓虹灯、广告招牌灯、生产设备、农业养殖、仓库排风除湿、自动预热、广播电视设备等其他需要定时打开和关闭的电气设备和家用电器。电路原理图如图 7-21 所示：

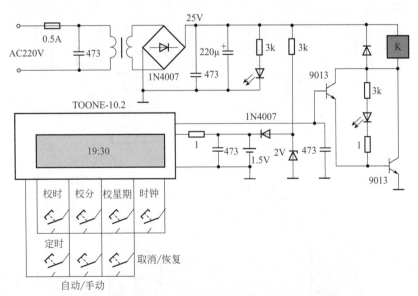

图 7-21　KG316T 型微电脑时控开关电路原理图

220V 交流电压经变压器隔离、降压后，再经桥式整流、电容滤波，一方面为控制电路提供直流工作电压（时控开关开启时为 12V，关闭时为 15V），并使 LED 发光，指示时控开关已经接入市电；另一方面再经 3kΩ 电阻限流和稳压二极管稳压，为电脑电路和液晶显示电路提供工作电源。

时控开关内附电池的目的是保证在停电时设定的数据不丢失和电脑计时的不间断，长期供液晶显示时钟和微电脑电路运行。

时控开关设定为"自动状态"，电脑计时到达设定的某组"开"的时间时，电脑控制输出端输出接近 3V 的高电平，送往三极管 9013 基极控制继电器线圈，继电器线圈中流过电流，常开触点吸合，时控开关处于"开"状态。同时继电器线圈两端的压降使 LED 指示灯点亮，指示目前处于工作"开"状态。

当电脑计时到达设定的某组"关"的时间时，微电脑控制输出端变为 0V 低电平，三极管截止，继电器释放，时控开关转为"关"状态，同时，由于三极管截止，继电器线圈两端变为等电位，LED 指示灯熄灭，指示目前时控开关处于"关"状态。

当选择手动操作将时控开关设定为"开"或"关"的状态时，电脑控制输出端子分别输出高电平或低电平，控制、指示电路工作过程与设置为自动时相同。

2. KG316T、组成的路灯定时时间控制电路接线

（1）直接控制方式的接线   被控制的电器是单相供电，功耗不超过本开关的额定容量（阻性负载 25A，感性负载 20A），可采用直接控制方式。接线方法如图 7-22（a）所示。

（2）单相扩容方式的接线   被控制的电器是单相供电，但功耗超过本开关的额定容量（阻性负载 25A，感性负载 20A），那么就需要一个容量超过该电器功耗的交流接触器来扩容。接线方法如图 7-22（b）所示。

（3）三相工作方式的接线（一）   被控制的电器三相供电，需要外接三相交流接触器。控制接触器的线圈电压为 AC 220V、频率为 50Hz 的接线方法如图 7-22（c）所示。

（4）三相工作方式的接线（二）   控制接触器的线圈电压为 AC 380V、频率为 50Hz 的接线方法如图 7-22（d）所示。

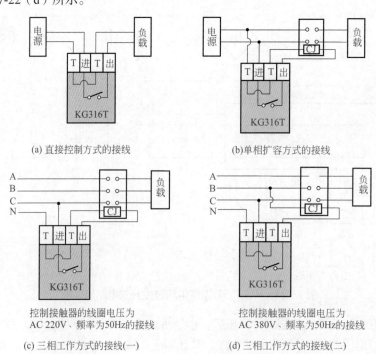

(a) 直接控制方式的接线   (b) 单相扩容方式的接线

控制接触器的线圈电压为   控制接触器的线圈电压为
AC 220V、频率为50Hz的接线   AC 380V、频率为50Hz的接线

(c) 三相工作方式的接线(一)   (d) 三相工作方式的接线(二)

图 7-22 KG316T 微电脑时控开关接线

定时时间控制电路 KG316T 微电脑时控开关实物接线如图 7-23 所示。

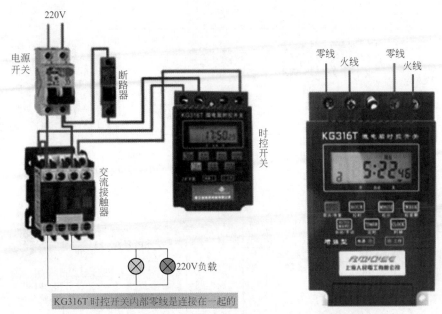

图 7-23　KG316T 的微电脑时控开关实物接线图

3. KG316T 型微电脑时控开关的维修

（1）**电源指示灯不亮**　时控开关不能按设定时间自动开启和关闭。多数情况下是电源故障。首先检查面板熔断器等是否熔断。一般情况下变压器和直流部分损坏的情况少。

（2）**电源指示灯亮**　时控开关不能按设定时间自动开启和关闭。原因一般是继电器或控制三极管（型号为 9013）损坏。

（3）**屏显示字符浅或无显示**　开关不按照设定执行。这时故障主要在于充电电池，可以测量可充电电池的电压是否正常，若电池失效，还应检查充电限流电阻整流管和稳压二极管等。

二、带热继电器保护自锁控制线路

❶ 启动：如图 7-24 所示，合上 QF，按下启动按钮 SB_2，KM 线圈得电后常开辅助触点闭合，同时主触点闭合，电动机 M 启动连续运转。

当松开 SB_2，其常开触点恢复分断后，因为接触器 KM 的常开辅助触点闭合时已将 SB_2 短接，控制电路仍保持接通，所以接触器 KM 继续得电，电动机 M 实现连续运转。

❷ 停止：按下停止按钮 SB_1，KM 线圈断电，自锁辅助触点和主触点分断，电动机停止转动。当松开 SB_1，其常闭触点恢复闭合后，因接触器 KM 的自锁触点在切断控制电路时已分断，解除了自锁，SB_2 也是分断的，所以接触器 KM 不能得电，电动机 M 也不会转动。

❸ 线路的保护设置

a. 短路保护：由熔断器 FU_1、FU_2 分别实现主电路与控制电路的短路保护。

b. 过载保护：因为电动机在运行过程中，如果长期负载过大或启动操作频繁，或者缺相运行等，都可能使电动机定子绕组的电流增大，超过其额定值。而在这种情况下，熔断器往往并不熔断，从而引起定子绕组过热使温度升高，若温度超过允许温升就会使绝缘损坏，缩短电动机的使用寿命，严重时甚至会使电动机的定子绕组烧毁。因此，采用热继电器对电动机进行过载保护。过载保护是指电动机出现过载时能自动切断电动机电源，使电动机停转的一种保护。

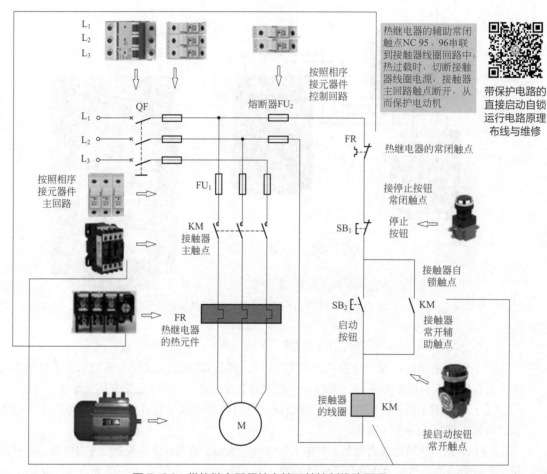

图7-24　带热继电器保护自锁正转控制线路原理

在照明、电加热等一般电路里，熔断器FU既可以作短路保护，也可以作过载保护。但对三相异步电动机控制线路来说，熔断器只能用作短路保护。这是因为三相异步电动机的启动电流很大（全压启动时的启动电流能达到额定电流的4～7倍），若用熔断器作过载保护，则选择熔断器的额定电流就应等于或略大于电动机的额定电流，这样电动机在启动时，由于启动电流大大超过了熔断器的额定电流，使熔断器在很短的时间内爆断，造成电动机无法启动。所以熔断器只能作短路保护，其额定电流应取电动机额定电流的1.5～3倍。

热继电器在三相异步电动机控制线路中只能作过载保护，不能作短路保护。这是因为热继电器的热惯性大，即热继电器的双金属片受热膨胀弯曲需要一定的时间。当电动机发生短路时，由于短路电流很大，热继电器还没来得及动作，供电线路和电源设备可能已经损坏。而在电动机启动时，由于启动时间很短，热继电器还未动作，电动机已启动完毕。总之，热继电器与熔断器两者所起作用不同，不能相互代替。

三、Y-△降压启动电路

在正常运行时，电动机定子绕组是连成三角形的，启动时把它连接成星形，启动即将完毕时再恢复成三角形。目前 4kW 以上的三相异步电动机定子绕组在正常运行时，都是接成三角形的，对这种电动机就可采用星 - 三角（Y- △）降压启动。

图 7-25 所示是一种 Y- △启动线路。从主回路可知，如果控制线路能使电动机接成星形（即 KM1 主触点闭合），并且经过一段延时后再接成三角形（即 KM1 主触点打开，KM2 主触点闭合），则电动机就能实现降压启动，而后再自动转换到正常速度运行。控制线路的工作过程如下。

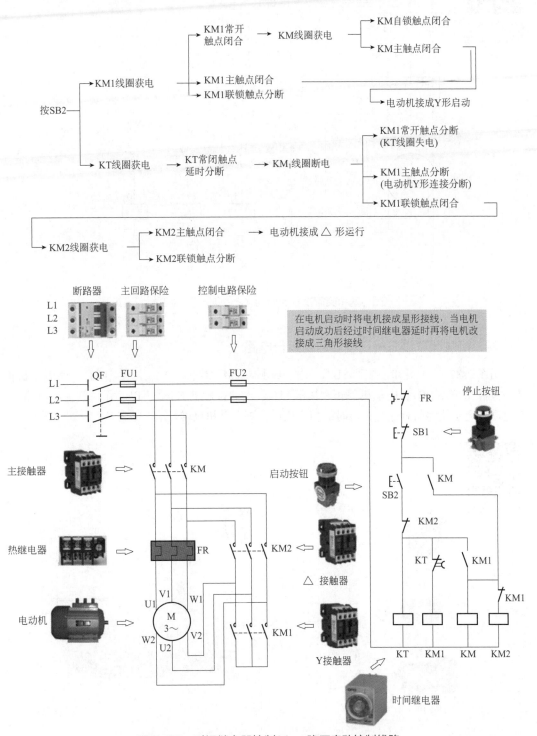

图 7-25　时间继电器控制 Y- △降压启动控制线路

在实际应用中还可以用两个接触器控制，电路如图 7-26 所示，电路原理可根据三个接触器工作原理自行分析。

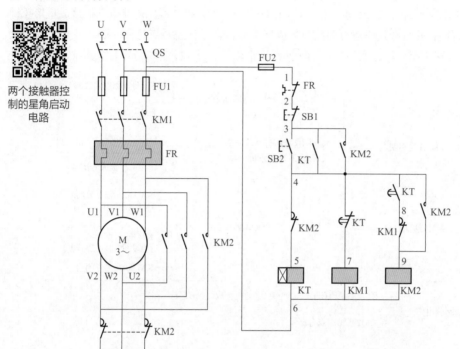

两个接触器控制的星角启动电路

图 7-26 两个交流接触器控制 Y- △降压启动电路运行图

四、接触器联锁三相正反转启动运行电路

由图 7-27（b）可知，按下 SB2，正向接触器 KM1 得电动作，主触点闭合，使电动机正转。按停止按钮 SB1，电动机停止。按下 SB3，反向接触器 KM2 得电动作，其主触点闭合，使电动机定子绕组的相序与正转时的相序相反，则电动机反转。

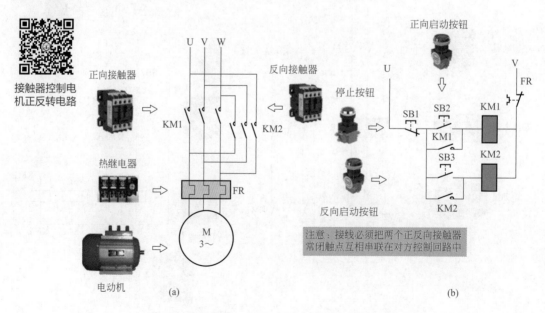

接触器控制电机正反转电路

(a)   (b)

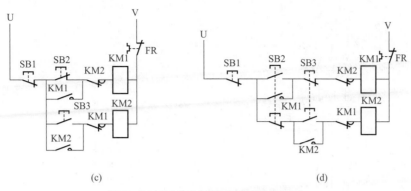

(c)　　　　　　　　　　(d)

图 7-27　异步电动机正反转控制线路

从主回路 ［图 7-27（a）］看，如果 KM1、KM2 同时通电动作，就会造成主回路短路，在图 7-27（b）中如果按了 SB2 又按了 SB3，就会造成上述事故，因此这种线路是不能采用的。图 7-27（c）把接触器的动断辅助触点互相串联在对方的控制回路中进行联锁控制。这样当 KM1 得电时，由于 KM1 的动断触点打开，使 KM2 不能通电，此时即使按下 SB3 按钮，也不能造成短路，反之也是一样。接触器辅助触点这种互相制约关系称为"联锁"或"互锁"。

在机床控制线路中，这种联锁关系应用极为广泛。凡是有相反动作，如工作台上下、左右移动，机床主轴电动机必须在液压泵电动机动作后才能启动，都需要有类似这种的联锁控制。

如果现在电动机正在正转，想要反转，则图 7-27（c）必须先按停止按钮 SB1 后，再按反向按钮 SB3 才能实现，显然操作不方便。图 7-27（d）利用复合按钮 SB2、SB3 就可直接实现正反转的相互转换。

很显然采用复合按钮，还可以起联锁作用，这是由于按下 SB2 时，只有 KM1 可得电动作，同时 KM2 回路被切断。同理按下 SB3 时，只有 KM2 得电，同时 KM1 回路被切断。但只用按钮进行联锁，而不用接触器动断触点之间的联锁，是不可靠的。在实际中可能出现这样的情况，由于负载短路或大电流的长期作用，接触器的主触点被强烈的电弧"烧焊"在一起，或者接触器的机构失灵，使衔铁卡住总是在吸合状态，这都可能使触点不能断开，这时如果另一个接触器动作，就会造成电源短路事故。

如果用的是接触器动断动作，不论什么原因，只要一个接触器是吸合状态，它的联锁动断触点就必将另一个接触器线圈电路切断，这就能避免事故的发生。

五、供电转换电路

如图 7-28 所示是一双路三相电源自投线路。用电时可同时合上开关 QF1 和 QF2，KM1 常闭触点断开了 KT 时间继电器的电源，向负载供电。当甲电源因故停电时，KM1 交流接触器释放，这时 KM1 常闭触点闭合，接通时间继电器 KT 线圈上的电源，时间继电器经延时数秒后，使 KT 延时常开触点闭合，KM2 得电吸合，并自锁。由于 KM2 的吸合，其常闭触点一方面断开延时继电器线电源，另一方面又断开 KM1 线圈的电源回路，使甲电源停止供电，保证乙电源进行正常供电。乙电源工作一段时间停电后，KM2 常闭触点会自动接通线圈 KM1 的电源，换为甲电源供电。交流接触器应根据负载大小选定，时间继电器可用 0 ~ 60s 的交流时间继电器。

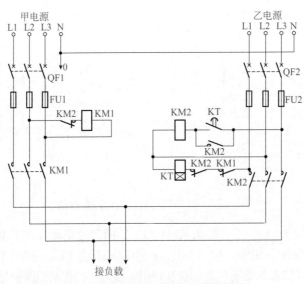

图 7-28 一双路三相电源自投线路

当电路不能够备用转换时，主要检查接触器和 KT 时间继电器是否有毁坏的现象，如毁坏，应更换 KM2、KM1、KT。

六、多功能变频器的外部接线端子功能

以图 7-29 所示的多功能变频器的外部接线端子图为例，分析如下。

（1）**主电路**　在图的上部，包括交流三相电源输入端子 R、S、T 和输出端子 U、V、W，外接滤波电抗器的端子和外部制动电阻端子。外部直流输入端子是指电动机容量在 37kW 以下时，也可不用三相交流电源，直接输入直流电进行逆变。

（2）**输入量接线端子**　图 7-29 的左半部分为输入量接线端子。具体如下：

❶ 有 2 路模拟量输入接线端子。4 ～ 6 号端子是模拟量的电压调节输入端子（接外部电位器），电压输入为 0 ～ 10V。6、7 号端子是模拟量的电流输入端子，电流输入为 4 ～ 20mA。

❷ 12 ～ 20 号接线端子为开关量输入端子，包括正转、反转、急停、复位和外部多段速输入。

（3）**输出量接线端子**　图 7-29 的右半部分接线端子为输出量接线端子。具体如下：

❶ 有两路模拟量输出（可编程输出），一路电压输出（0 ～ 10V）；一路电流输出（4 ～ 20mA）。这两路都可输出电压、电流、功率、频率等。

❷ 三路数字量输出，一路故障输出继电器，两路可编程数字输出。

（4）**电动机的正反转**　通过改变主电路元件的控制程序实现，如果对逆变器输出的交流电源施加的控制信号不同，输出侧就可以得到不同相序的三相交流电，从而实现电动机的正反转。

（5）**变频器采用外接元件控制方式**　此时，可通过端子 15、17、18、19、20 接入继电器触点或按钮触点，经变频器内部的光耦元件输入到数字电路，实现电动机的正反转和紧急停止等。如果采用外部电位器调节转速，可从 4、5、6 号端子接入电位器。

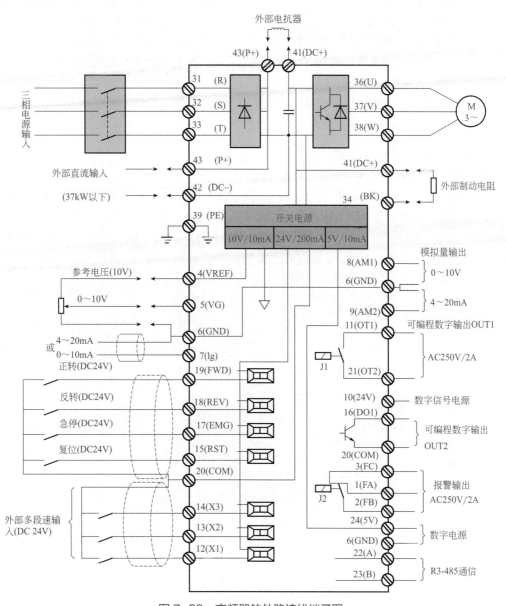

图 7-29　变频器的外路接线端子图

七、软启动器的外部接线与工作过程

软启动器是一种包括电动机软启动、软停车的笼型异步电动机的控制装置，具有无冲击电流和恒流启动，可自由地无级调压至最佳启动电流的优点。而传统的笼型电动机的星 - 三角启动、自耦减压启动等都是有级减压启动，有冲击电流。软启动器控制系统都采用微机（单片机），所以功能多，体积小，运行可靠，故障率很低。电子型软启动器的主电路与其他电动机主电路的主要区别是，三相交流电源与电动机之间串联有三相反并联晶闸管，通过调整晶闸管的移相触发电路，启动时控制晶闸管的导通角从 0°开始，逐渐增大，电动机的端电压从零开始逐步上升，直至克服阻力矩，保证启动成功。

软启动器自身有多种保护功能，如限制启动次数和时间、短路过电流保护、电动机过载保护、失压保护、断相保护、接地保护等。采用软启动器控制电动机时无需再配置保护。

由于软启动器内部的晶闸管已替代了传统元件的接触器，无需再装设接触器，但考虑到软启动器的主要作用是实现软启动，在启动完成后，就可由接触器替代运行，所以装设了旁路接触器 KM。KM 的动作是由软启动器内部控制的。

对于只能单方向运转的软启动器，如果要实现电动机的正反转，可在软启动器外部的电动机主回路串联正反转接触器实现电动机正反转。

1. 软启动器的外部接线

不同型号的软启动器基本接线原理都是相同的，图 7-30 是 CR1 型软启动器的外部接线，L1、L2、L3 为主电路输入端子，T1、T2、T3 为主电路输出（接电动机）接线端子。端子 3、5 是启动控制，实现设定参数下的软启动；端子 4、5 是停止控制。端子 3、4、5 和主回路端子组成最基本工作的接线。端子 7、8、9 是输出端子；端子 1、2 和 12 为启动器内部工作需要的接线，其中 1 为电源复位，2 接电源的 N 相；端子 11 未接线。

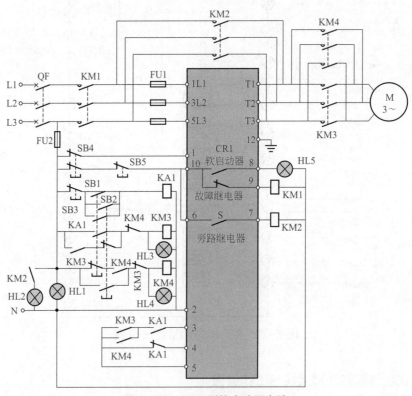

图 7-30　CR1 型软启动器电路

KM—电源接触器；KM2—旁路接触器；KM3—正转接触器；KM4—反转接触器；KA1—中间继电器；
SB1—正转启动按钮；SB2—反转启动按钮；SB3—软停机按钮；SB4—控制电源复位按钮；
SB5—电动机紧停按钮；HL1—电源指示灯；HL2—旁路运行指示灯；HL3—电动机正转指示灯；
HL4—电动机反转指示灯；HL5—故障指示灯

2. 软启动器的工作过程

合上空气断路器 QF，电源接触器 KM1 即启动。按下正转按钮 SB1，继电器 KA1 动作，

KA1 触点闭合启动正转接触器 KM3，KM3 自保持，在软启动器 3、5 接线端子上，由于 KA1 和 KM3 的动合触点闭合，将 3、5 端子连接，电动机主电路开始按设定的软启动参数正转软启动。当电动机达到额定转速时，软启动器内部的旁路继电器 S 触点闭合，启动旁路接触器 KM2，电动机进入旁路运行状态。反转软启动时，按下按钮 SB2 启动 KA1 和 KM4，其他同正转软启动。

软停机时，按下按钮 SB3，继电器 KA1 释放（注意：此时接触器 KM3 还是保持在动作状态的），KA 的动断触点闭合，将软启动器 4、5 接线端子接通，电动机开始软停机。

如果出现特别情况需要紧急停下电动机时，可按下按钮 SB5，电源接触器 KM1 释放，实现停机。如果软启动器检测到有故障，内部保护的故障继电器动作，动断触点断开也可以实现停机。

由软启动器自动进行的停机，要按下复位按钮 SB4，才能使电路再次正常工作（当然要在查明原因并处理后进行操作）。

八、电动机综合保护测控装置

电动机综合测控装置是包括电动机保护、控制、测量、计量、通信等功能的微机成套装置。以图 7-31 所示的 LPC-3531/3532 型低压电动机综合保护测控装置为例分析这类装置的特点。

（1）保护完善详细

❶ 保护功能完善。机电式元件的电动机保护体积大、外部元件多、成本高，一般只有电流速断保护、定时限和反时限过负荷保护、单相接地保护（断相保护多采用热元件）功能，无法给电动机提供更完善的保护功能。而微机保护可以实现完善的保护功能。如 LPC-3531/3532 型低压电动机综合保护测控装置除常规的电流速断保护、定时限和反时限过负荷保护、接地保护外，还增加了过热保护、堵转过电流保护、启动时间过长保护、欠载保护、外部故障联锁保护、接触器分断电流保护、欠功率保护、欠电压保护、过电压保护、相序保护、断相保护、TE 时间保护等。虽然有些保护利用传统的过电流保护也能实现，但由于保护的构成方式不同，所以较之传统的保护能更好地起到保护作用。例如过热保护，该装置是在电动机的各种运行工况下，建立电动机的发热模式，给电动机提供精确的过热保护，原理上利用正、负序电流热效应计算电动机的积累过热量，在积累过热量超过一定值时，发出警示信号，直至过热保护动作跳闸。在电动机因过热断开以后，过热保护部分仍按照过热量的衰减规律，确定电动机散热时间是否足够，如果未达到散热要求，则闭锁电动机再启动。同时考虑在过热情况下启动电动机的可能，设置了过热保护复归功能，解除闭锁电动机再启动。

❷ 保护分工详细。例如不但有欠载保护，还有欠功率保护。欠载保护是反映电流变化的保护，可保护在空载或轻载时易损坏的电动机。欠功率保护虽然也是一种欠载保护，但反映的是电动机功率因数的高低，因为电动机功率因数低时欠载电流不一定小，所以欠功率保护能更好地保护电动机。

❸ 有特殊保护功能。例如接触器分断电流保护，通过判断最大相电流是否大于整定的接触器允许分断电流确定保护是否跳开接触器。电流大于整定值，保护只是跳开电源侧的断路器（相当于电动机的熔断器）；电流小于整定值，保护跳开接触器。这样不但能保护接触器，还能避免接触器在断开过程中因电流过大而烧坏触点。

（2）控制检测系统简单完备

❶ 微机装置无需再配置除接触器外的其他启动控制元件和回路，就可实现直接启动、双

向启动、星形 - 三角形切换降压启动，可通过通信进行远方操作，也可通过装置上的键盘就地操作，还可外接操作按钮操作。

❷ 装置可实现在电网故障电源跳闸、备用电源自动投入时电动机继续运行。在本书前文中介绍过，备用电源自动投入时供电母线上的电压有 1 ～ 2s 左右的中断，微机装置采用失压重启动方式，在母线恢复供电后，自动重新启动电动机运行。

❸ 微机测控装置通过 D/A 转换，输出 1 路 4 ～ 20mA 直流模拟量，可测量多台电动机的三相电流、三相电压。当直流模拟量为 20mA 时，对应的电流和电压都是额定值。

（3）应用特点　当微机测控装置用于直流控制电源的断路器控制电动机时，该装置可完全取代其他保护，完成所有保护功能。图 7-31 所示的微机电动机测控装置用于控制电动机正反转。

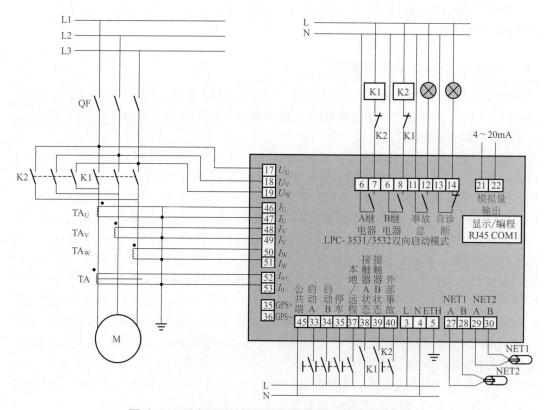

图 7-31　具有正反转控制的微机电动机测控装置接线图

一般来说，整机设备的电气回路（以下简称整机电路）包括了整个机器的所有电路，表明了整个机器的电路结构、各单元电路的具体形式和它们之间的连接方式，是非常复杂的。由于不同型号的机器其整机电路中的单元电路各不相同，变化多样，因此，要具有较全面的电路知识，充分了解各单元电路的电路功能和规律，才能全面分析和判断整机设备电气回路的工作过程，及时发现故障并排除。

本章以全自动砖瓦成型机、数控车床整机电路为例，详细分析单元电路及二次回路的动作过程与故障处理。

·第一节·

全自动砖瓦成型机电路

一、全自动砖瓦成型机的基本构成和工作过程

（1）**基本构成**　在生产实际中常用到一种将原材料直接压制成型的机械设备，如产品成型机等，这些机械设备有许多是全自动的，混凝土砖瓦成型机就是其中一种。本节以常用的某类混凝土砖瓦成型机为例进行介绍。该成型机将搅拌好的混凝土原料置于液压机下压制，脱模取出即成为成型的产品，其生产流程如图 8-1 所示。整个生产过程都是自动连续进行的，生产效率很高，只需 2 人操作，每个工作班就可生产数千片（块）混凝土砖瓦。整个机器采用液压动力系统和空气动力系统，所有的机械运动都由液压控制或空气动力控制做直线运动，液压缸由电磁阀控制。基本规格：滑台规格为 1450mm×550mm（长×宽），滑台行程为 700mm（向前或向后），模框行程为 200mm，主油缸行程为 220mm，主油缸直径为 φ300mm。液压系统压力为 10MPa，按主油缸直径计算，压机的压力约 110t。空气动力系统的额定压力为 0.6MPa，由空气压缩机提供。采用液压系统推动的有滑台前进和后退、模框上升和下降、压机下降（包括加压）和上升。采用空气动力推动的有接收台上升和下降、产品取出架上升和下降，以及喷涂脱模剂等。

图 8-1　混凝土砖瓦成型机的生产流程

为了便于分析，本节只介绍与液压系统相关的电路动作情况。

（2）工作过程 成型机结构与工作过程可用图8-2说明。开机前滑台9位于图8-2的右边，按下自动按钮，机器开始自动工作。第一个程序是滑台9在滑台液压缸12的推动下后退，即滑台由图中右侧向左侧运动。到达限位后，滑台后退限位开关动作，滑台停止后退，由给料缸将搅拌好的混凝土料从给料筒5送到滑台上的原料台（即压制台7）上。然后滑台9开始反向运动（称为前进），由图左侧向右侧回到原始的位置。到位后，滑台前进限位开关动作，滑台停止前进。模框4在模框液压缸3作用下开始下降，到达混凝土原料台的位置，到位后模框下降限位开关动作，滑台停止下降，主液压缸1（由电磁阀控制）开始下降，带动主压头2给模框4内的混凝土料加压。与滑台和模框采用限位开关到位停止不同，主液压缸加压的停止是由可编程控制器设定的加压时间控制的。在将混凝土料压制成型后，主压头2与模框4和模框内的成型产品（混凝土砖瓦）一同升起，升到压机的限位开关动作后停止。滑台9又后退到图左侧位置，这时产品接收台8正好处于模框下方（即产品下方），于是模框开始单独上升，至模框上升限位开关动作后停止，此时由于模框的升起使产品脱模落在产品接收台上，由工作人员将产品取出，完成了一个压制成型工序。

在取出程序进行的同时，给料缸又将新的混凝土料送到原料台上。在给料和接收产品两个工序完成后，滑台开始前进，前进到位后，模框和压机又开始重复前述动作，同时产品取出架升起将成型产品移走，完成又一次自动成型过程。

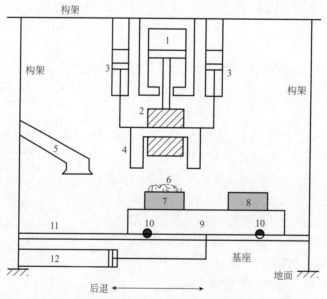

图8-2 混凝土自动砖瓦成型机的结构与工作过程

1—主压机升降与加压液压缸；2—主压头；3—模框上升下降液压缸（两个）；4—模框；
5—给料筒；6—待压制的混凝土料；7—压制台；8—产品接收台；9—可移动滑台；
10—滑台的滚轮；11—轨道（固定在基座上，共两条）；12—滑台前进后退液压缸

二、识读液压系统图

图8-3是砖瓦成型机液压系统简化图（该图只为向电气专业人员介绍怎样看液压系统图，并不表示真正的液压系统全部构成）。液压系统由一台3.7kW、1460r/min的三相交流电动机带液压泵组成。由液压缸驱动的运动有滑台的前进和后退、模框的下降和上升，压机的下降

上升（包括压制），用 6 个电磁控制阀控制这 6 个动作程序。控制阀是带有电磁元件的图形，电气图中的 Y03、Y04、Y05、Y07、Y11、Y12 是它们的电磁铁线圈。

对于电气人员来说，看液压系统图可以采用与看电气回路图相同的方法，即液压回路中油流的通路也是从高压端流向低压端的。图 8-3 中的油泵 2 的出口（即上方）是高压端，油泵下方连接低压端（低压端实际就是油箱，用Ⅲ表示），是所有完成工作过程的低压油汇总的地方，低压端油箱可以画在一起，也可以分开画，类似电气图中接地点的画法。

油泵 2 上方连接的相当于一条高压母线，连接换向阀，由换向阀控制高压油流向液压缸，再从液压缸的另一端流回低压油箱。这与交流电气控制图中电流从相线 L 流出经继电器触点到接触器线圈的一端，再从接触器线圈的另一端流回大地（就是电源的 N 端）很相似。

另外，砖瓦成型机的给料和产品取出工序采用空气动力传动元件，在空气动力传动系统中同样也有电控阀。

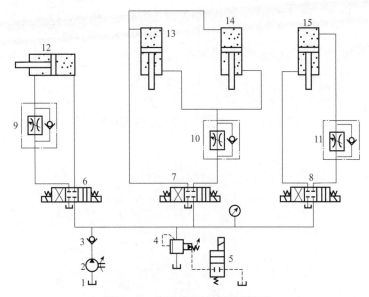

图 8-3　砖瓦成型机液压系统图

1—油箱；2—油泵；3—单向阀；4—二位二通电磁换向阀；5—溢流阀；
6—滑台液压缸换向电磁阀（三位四通阀）；7—模框液压缸换向电磁阀（三位四通阀）
8—压机液压缸换向电磁阀（三位四通阀）；9 ～ 11—单向电磁阀；12—滑台液压缸；
13、14—模框液压缸；15—压机液压缸

三、砖瓦成型机的电气系统

1. 电气回路的电源部分和电动机回路

如图 8-4 所示，控制变压器 T 为 380V/110V，PLC 电源由 110V 交流电经滤波器后接入，110V 交流电还供电给接触器控制、电磁阀线圈和照明灯等，M1 为油泵电动机，M2 为混凝土搅拌机电动机。

2. 液压系统的电气控制

液压系统电气控制共有 6 个限位开关，分别为压机上升限位开关 X27、压机下降限位开关 X30、模框上升限位开关 X32、模框下降限位开关 X33、滑台前进限位开关 X34、滑台后退限位开关 X35，都采用三线式接近开关。

3. 电气自动控制系统

电气自动控制系统采用可编程控制器（PLC）控制，时间继电器 KT 用于调整压制时的加压时间。此外，整个自动控制的逻辑回路没有其他继电器元件，使电气接线大大简化。

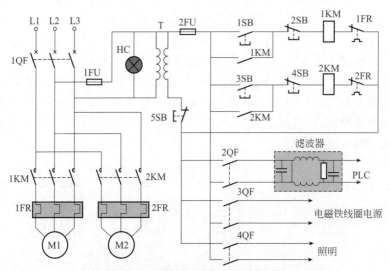

图 8-4 自动成型机的电源及主回路接线图

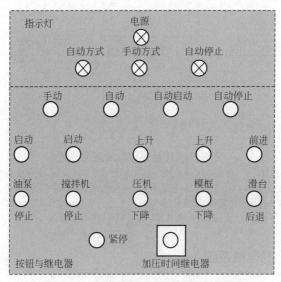

图 8-5 自动成型机的操作面板元件图

4. 机器的操作

机器操作全部采用按钮，集中在控制箱的门上操作，各操作按钮的功能和机器的信号灯功能如图 8-5 所示。由图可知，机器既可以自动运行，也可以手动操作。按一下自动按钮后，再按自动启动按钮，机器就开始自动工作。如果此时按下自动停止按钮，则不论按下按钮时机器工作在何位置，控制回路都要动作到使滑台到达前进位置后才停止自动工作，而液压泵不停下。如果按下紧停按钮，则整个机器停电。从图上可看出，滑台前进和后退、压机与模框的上升和下降都可以用手动按钮操作。时间继电器 KT 用以调整压制时压机的加压时间。

全自动成型机采用 PLC 构成逻辑回路时，需有一个调整压机加压时间的时间继电器（加压时间需要根据产品调整）。

四、全自动成型机 PLC 的输入输出部分接线

（1）**输入接线** 图 8-6 左侧为 PLC 的输入接线，输入量均为开关量，PLC 使用内部 24V 电源，X00 ~ X35 为输入接线端子编号，即 PLC 编程图中的输入触点的编号。

（2）**输出接线** 图 8-6 右侧为 PLC 的输出接线，连接 PLC 内部逻辑回路输出的 6 个执行元件电磁阀，以及手动、自动、自动停止指示灯。调整压机加压时间的时间继电器 KT 是根据逻辑回路的要求动作和返回的，受逻辑回路控制，所以其线圈接在 PLC 的输出端，触点接在 PLC 的输入端作用于逻辑回路程序（启动下一个逻辑元件）。

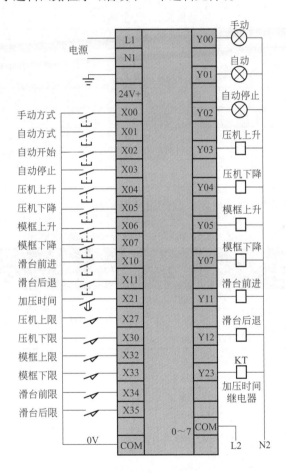

图 8-6 成型机 PLC 输入、输出量接线

五、砖瓦成型机的 PLC 梯形图

编程图是 PLC 根据砖瓦成型机的工作流程编制的内部逻辑动作过程程序，使用较多的编程图是梯形图。

（1）**PLC 内部元件在梯形图上的标注方法** 由表 8-1 可知，PLC 内部的普通中间继电器（由电路构成的）用 M 表示，时间继电器（延时元件）用 T 表示，所以在梯形图中也分别用

M 和 T 表示中间继电器和时间继电器。PLC 的梯形图与继电器的逻辑回路有相似的画法，所以有了传统继电器元件的机床控制回路展开图的识图基础，就可以通过梯形图分析机床的动作过程和生产流程。而仅有 PLC 的输入输出端子接线图只能用于电气接线回路维护。

PLC 内部继电器元件编号和作用见表 8-1。

表8-1　梯形图中PLC内部继电器元件编号和作用

元件编号	作用	具体回路
T3	滑台前进延时	
M35	滑台前进	
M30	滑台后退	
M36	停止自动工作	自动工作过程中动作
M37	模框下降、停止自动工作	停止工作时动作
M38	压机下降	
T6	压机下降延时	
M39	压机下降停止	
M41	压机上升	
M42	压机上升停止	
M13	模框上升	
M11	模框下降	
M10	设备已具备条件	图中未画出线圈

PLC 内部输入、输出元件在电路中的作用见表 8-2。

表8-2　PLC内部输入、输出元件在电路中的作用

输入元件		输出元件	
元件名称	作用	元件名称	作用
X00	手动方式按钮指令	Y00	自动工作指示灯
X01	自动方式按钮指令	Y01	手动工作指示灯
X02	自动工作按钮指令	Y02	自动停止指示灯
X03	自动停止按钮指令	Y03	压机上升执行元件
X04	压机上升按钮指令	Y04	压机下降执行元件
X05	压机下降按钮指令	Y05	模框上升执行元件
X06	模框上升按钮指令	Y07	模框下降执行元件
X07	模框下降按钮指令	Y11	滑台前进执行元件
X10	滑台前进按钮指令	Y12	滑台后退执行元件
X11	滑台后退按钮指令	Y23	加压时间元件线圈
X21	加压时间触点指令		
X27	压机上升到位开关指令		
X30	压机下降限位开关指令		
X32	模框上升到位开关指令		
X33	模框下降到位开关指令		
X34	滑台前进到位开关指令		
X35	滑台后退到位开关指令		

（2）外部元件在梯形图上的标注方法

❶ 输入元件　图 8-6 中编号 X00 ～ X35 的元件是 PLC 的输入端，梯形图中的编号应与输入端子号对应。例如，输入接线端子 X00 接入手动方式按钮的触点，在梯形图中的 X00 也表示手动方式按钮。

❷ 输出元件　如图 8-6 所示，编号为 Y00 ～ Y23 的元件是 PLC 内部的输出继电器，继电器的触点即为输出端，梯形图中的编号应与输出端子号对应。例如，在输出接线图中接线端子 Y03 为压机上升电磁阀，在梯形图中 Y03 也表示压机上升的内部继电器。

（3）梯形图上元件连接规律和特点

❶ 继电器、按钮、限位开关等控制指令元件的触点均接到输入端。

❷ 中间继电器线圈接在 PLC 的输出端。

❸ PLC 内部有时间元件的，如果外部再增加时间继电器，则该时间继电器的线圈接在 PLC 的输出端，触点接在输入端。

❹ 信号灯和计数器属于最后执行元件，接在 PLC 的输出端。

自动砖瓦成型机 PLC 滑台移动、模框上下和压机动作的梯形图如图 8-7 所示。为了清楚地分析，图中省略了成型机其他部分回路。

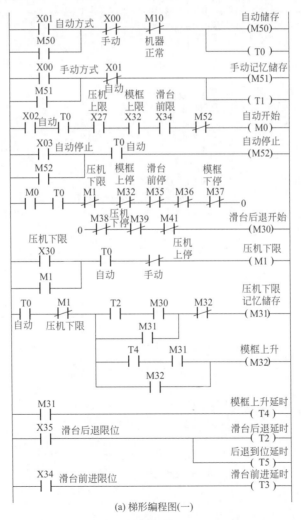

(a) 梯形编程图(一)

图 8-7

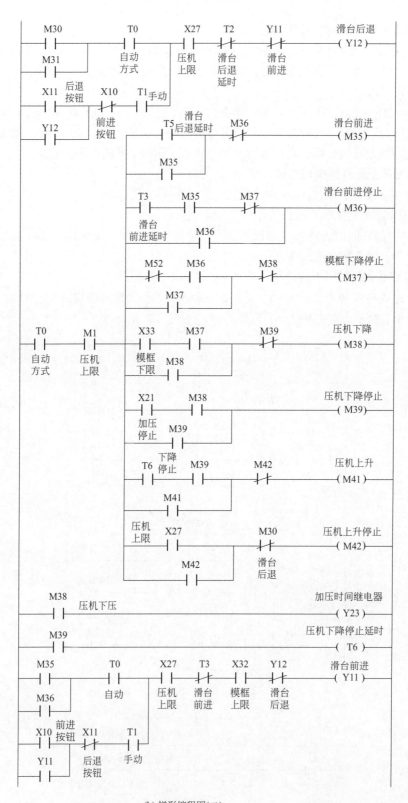

(b) 梯形编程图(二)

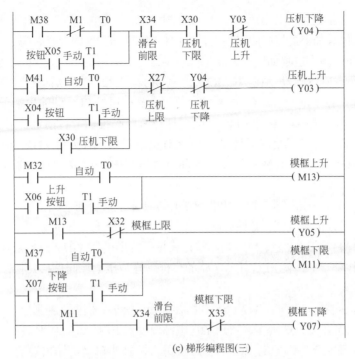

(c) 梯形编程图(三)

图 8-7　PLC 滑台移动、模框上下和机动作的梯形编程图

1. 自动成型机启动工作的梯形图

自动成型机开始启动工作的 PLC 梯形图如图 8-7（a）上半部分所示。X00 代表手动方式按钮，按下此按钮时机器置于手动工作方式，然后操作人员按下任一工序按钮，相应部分工作。例如，按下滑台后退按钮 X11，滑台后退。X01 代表自动方式按钮，按下时机器置于自动连续工作方式，但只有按下自动开始按钮 X02 后，机器才能自动连续工作。如果在自动连续工作时按下自动停止按钮 X03，则机器停止自动工作，但与按下紧停按钮不同，此时只是停止压制产品，其他部分如液压泵仍继续工作。现按照分析继电器电路的方法分析图 8-7（a）所示的自动成型机开始工作的过程。

工作开始前，滑台必须处于前进到位的位置。按下自动方式按钮 X01，如果手动方式按钮未按下，则继电器元件 M50（储存器）和时间元件 T0 动作，机器进入自动工作状态。此时按下自动开始按钮 X02，如果压机和模框在上限位置（上限位开关 X27、X32 闭合），滑台在前进限位位置（前进限位开关 X34 闭合），由于 M52 和 T0 闭合，自动开始的继电器元件 M0 动作（储存器）。如果此时压机、模框和滑台的调节都符合条件，则继电器元件 M30 动作，在 T0、X27、T2、Y11（滑台前进继电器）都符合条件时，滑台后退继电器 Y12 动作，继电器 Y12 的动合触点通过 PLC 的输出端子 Y12 与 PLC 外部电路的电磁阀 Y12 的线圈连接，打开液压阀推动滑台开始后退。

2. 自动成型机上料和滑台前进过程的梯形图

自动成型机压制成型过程的梯形图如图 8-7（a）和图 8-7（b）所示，动作过程如下：

❶ 滑台后退的停止和上料如图 8-7（a）下部和图 8-7（b）上部所示。滑台后退到位后，限位开关 X35 动作，启动短延时元件 T2 和长延时元件 T5，T2 动作后切断滑台后退继电器 Y12 电源，Y12 失电返回，在图 8-6 中，PLC 输出端子 Y12 就是滑台后退继电器 Y12 的触点，

这个触点控制滑台后退液压电控阀 YT12，此时由于 Y12 失电，所以滑台停止后退。同时给料机给滑台上的模具加上搅拌好的混凝土料，加料时间就是 T5 的延时时间。

❷ 滑台前进的动作过程如图 8-7（b）和图 8-7（c）上部所示。在 T5 的延时达到后，滑台前进继电器元件 M35 启动，在 T0、X27、T3、X32、Y12（滑台后退继电器）都符合条件时，滑台前进继电器 Y11 动作，继电器 Y11 的动合触点通过 PLC 的输出端子 Y11 控制 PLC 外部电路的滑台前进液压电控阀 YT11 带电，打开液压阀推动滑台前进，滑台前进到位后，其限位开关 X34 动作，启动延时元件 T3，T3 动作后启动继电器元件 M36，由 M36 触点切断滑台前进元件 M35，同时 T3 触点切断滑台前进继电器 Y11 电源，液压电控阀 YT11 失电，滑台停止前进。

❸ 模框的下降过程如图 8-7（b）和图 8-7（c）所示。滑台前进到位后，被压制的混凝土料就处于压机正下方，此时可以开始压制。滑台前进停止继电器 M36 动作，接通模框下降停止继电器 M37，M37 启动 M11，M11 启动接通模框下降继电器 Y07，继电器 Y07 的动合触点通过 PLC 的输出端子 Y07 使 PLC 外部电路的模框下降液压电控阀 YT07 带电，打开液压阀，模框开始下降。

❹ 压机下降压制的过程如图 8-7（b）和图 8-7（c）所示。模框下降到位后（即将混凝土料置于模框内），限位开关 X33 动作，断开 Y07 电源使模框下降停止，同时启动压机下降继电器元件 M38 动作，压机下降继电器 Y04 动合触点闭合，通过 PLC 的输出端子 Y04 使 PLC 外部电路的压机下降液压电控阀 YT04 带电，打开液压阀，压机开始下降，把 10MPa（约 100t）压力加在模框内的混凝土上，将其压制成型为水泥砖（或水泥瓦，根据模具确定）。

❺ 加压时间长短的控制和压制过程的停止如图 8-7（b）所示。加压时间是由外部的时间继电器 KT 控制的，KT 的启动则由 PLC 内的程序控制。具体动作过程是：M38 开始压制，同时启动继电器 Y23 动合触点通过 PLC 的输出端子 Y23 与外部电路的时间继电器 KT 线圈连接（见图 8-6），KT 动作，经操作人员整定的延时（一般为 2～3s）后，KT 动合触点闭合，KT 的触点是接在 PLC 的输入开关量接线端子 X21 上的，所以其在梯形图中的编号也是 X21，此时由于 X21 的接通，继电器元件 M39 动作，断开继电器元件 M38 的通路，M38 的断开又使继电器 Y04 失电（见图 8-6），压机停止加压。

X30 是压机的下限位开关，但它的作用与压机的上限位开关以及其他限位开关不同，压机下降的停止不是靠 X30 动作的，而是由时间继电器 KT 控制的，X30 只起保护作用，即防止压机下降过多损坏机器。

3. 自动成型机连续自动工作和手动操作的梯形图

（1）**连续自动工作过程**　压制成型的产品是在模框内的，要从模框内取出，就需要脱模。脱模是指压机上升到位和滑台后退到位后，将模框升起，产品就自动脱模落在接收台上。具体工作过程如下：压机下降停止继电器 M39 动作时，启动时间元件 T6，T6 触点闭合启动压机上升继电器元件 M41 动作，启动接通压机上升继电器 Y03 动作，继电器 Y03 的动合触点通过 PLC 的输出端子 Y03 与 PLC 外部电路使压机上升液压电控阀线圈 Y03 带电，压机开始上升，至压机上限位接近开关 X27 动作，断开继电器 Y03 电源时，压机停止上升。同时 X27 动作，启动继电器元件 M42，M42 触点闭合，重新启动滑台后退继电器 M30，滑台开始后退，直至后退停止。然后继电器 M31 动作，启动时间元件 T4，T4 启动继电器元件 M32，M32 启动 M13，M13 启动接通模框上升继电器 Y05 动作，继电器 Y05 的动合触点通过 PLC 的输出端子 Y05 与 PLC 外部电路使模框上升电控阀线圈 Y05 带电，打开液压阀，模框开始上升，至升到其上限位开关 X32 动作，断开继电器 Y05 电源，模框停止上升，产品从模框中脱出落到滑台的接收台上。同时，给料机给料，T5 动作，开始重复前面的工作过程。

（2）**手动操作** 图 8-7 所示的梯形图中，X04、X05 是压机上升、下降手动操作按钮，X06、X07 是模框上升、下降手动操作按钮，X10、X11 是位于操作面板上的滑台前进、后退的手动操作按钮，它们可以直接启动各个上升、下降、前进、后退继电器（Y03、Y04、Y05、Y07、Y11、Y12）实现手动动作。手动动作无自保持，即按下按钮时动作，松开按钮后立即停止。手动操作必须是在手动方式下进行，需要先按一下手动方式按钮 X00，时间继电器 T1 启动，才能进入手动工作状态。

· 第二节 ·

数控车床电路

一、数控车床的电源回路

数控车床分经济型和精密型两种，本节以 CY-e6150 型经济型数控车床为例，介绍数控车床的电气回路构成。该车床规格为 $\phi 500mm \times 100mm$，电动机容量分为 7.5kW 以下和 11kW 以上两种。

数控车床电气回路主要有电源回路、主轴驱动回路、进给轴驱动回路、刀架控制回路、逻辑回路和数控装置。有的车床采用液压夹紧卡盘和气动上料装置，则还需要控制液压电磁阀和气动电磁阀的电路。

（1）**电源回路** 总电源为三相四线 380V，通过断路器直接给主轴电动机、冷却电机、刀架电机提供动力电源，并给车床的电源变压器 T 供电。电源变压器 T 的容量为 2.2kV · A，共有 4 组不同电压的二次绕组。通过滤波器给伺服驱动器供电。

（2）**交流 220V 电源** 电源变压器 T 的 220V 绕组输出 220V 电源为车床的润滑电动机、通风电动机以及数控装置供电。

（3）**交流 110V 电源** 电源变压器 T 的 110V 绕组输出 110V 电源为各接触器的线圈供电。

（4）**交流 24V 电源** 电源变压器 T 的 24V 绕组，输出 24V 电源用于车床的照明灯。

（5）**直流 24V 电源** 电源变压器 T 的 18.5V 绕组，输出的交流电经桥堆整流后转换为 24V 电源，作为机床整机的控制电源和各电磁阀的电源。

（6）**直流 24V 开关电源** 由开关电源板输出用于数控装置内部的 PLC 的开关量输入 / 输出系统的电源。

二、数控车床主轴驱动类型

数控车床主轴驱动的类型就是指车床主轴的变速方式，有以下 3 种方式：

（1）**机械调速** 机械调速是靠改变机械部分调速的，CY-e6150 型数控车床有 24 级机械变速，主轴电动机是不变速的。

（2）**变频调速** 许多车床也采用变频器控制主轴电动机，电动机也是普通三相笼型交流电动机，通过变频器调节电动机转速的改变使主轴机械转速随着改变。

（3）**伺服电机调速** 主轴电动机采用伺服驱动器控制的系统要求使用与伺服驱动器配套

的伺服电动机，在电动机上要有编码器，以实现半闭环控制。其电路接线与其他伺服驱动器和伺服电动机加编码器的原理相同。

是否属于数控方式，取决于主轴的转动控制是否由伺服驱动器和伺服电动机控制，仅仅控制主轴电动机的启动停止不属于数控范围。机械调速和变频调速都不属于数控方式。

本节介绍的就是主轴驱动采用机械调速、进给驱动采用数控的 CY-e6150 型数控车床。CY-e6150 型车床采用机械调速，车床主轴电动机回路如图 8-8 所示。由线圈电压为 110V 的交流接触器 KM1 和 KM2 控制电动机的正反转，控制正反转的控制指令和制动指令由数控装置的 X200 接口（即插座）输出，正转指令启动中间继电器 KA1，KA1 启动正转接触器 KM1；反转指令启动中间继电器 KA2，KA2 启动反转接触器 KM2。

电动机采用电气制动器实现停车时的制动，制动器型号为 ZD-15，电源为 220V 交流电，在装置上有拨轮开关可以设置制动电流的大小和制动时限。制动过程如下：在主轴停止转动时，数控装置同时发出主轴电动机制动指令，制动指令使制动继电器 KA0 动作，在 ZD-15 制动器内，KA0 的触点通过制动器上编号为 490 和 493 的端子接入制动器内（在正反转继电器 KA1 和 KA2 都不动作时），通过内部电路启动接触器 KM0，KM0 主触点闭合将制动器 M1、M2、V 输出的制动量接到电动机上实现主轴制动。

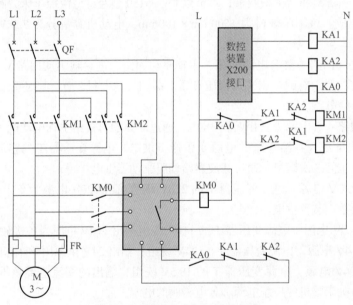

图 8-8 数控车床主轴驱动电路

三、双轴交流伺服驱动器控制伺服电动机

（1）**进给控制** 数控车床的进给轴驱动都是采用伺服驱动器加伺服电动机控制的。车床的进给轴包括纵向和横向两个方向的运动，纵向运动时刀架系统沿着车床床身移动，横向运动时刀架向车床旋转中心接近或离开，共采用两个电动机。一般把纵向运动的电动机称为 Y 轴（也称为 Z 轴）电动机，把横向运动的电动机称为 X 轴电动机。该车床的进给轴系统采用的 BBF 型伺服驱动器为双轴伺服驱动器，即由一个伺服驱动器控制 Y 轴和 X 轴两个伺服电动机，控制方式与数控切削机相似，都采用半闭环控制，即在伺服电动机上装有测量速度用的编码器，再把编码器的输出信号反馈给伺服驱动器与给定值进行比较以控制伺服电动机的

转速，伺服驱动器则直接接收数控装置发来的控制信号，伺服驱动器可以选择速度控制或位置控制，使用的位置控制方式系统如图 8-9 所示，数控装置进行完定位及插补计算后，将位置指令以脉冲串的形式传送给伺服驱动器，由伺服驱动器进行位置指令和位置反馈的比较操作，即进行位置环调节的计算。

（2）**基本规格** 该型伺服驱动器的连续输出电流有 2.7 ～ 6A 多种规格。控制方式采用三相全波整流和逆变电路。反馈方式采用 2500p/r 的增量式编码器，可以切换为速度控制方式或位置控制方式。内置再生能量处理电路和再生制动电阻（当伺服电动启动和制动频繁或负载惯量过大时，必须使用外置再生制动电阻），有过电流、过载、过电压、超程、超速等保护。显示器可监视多个参数。开关量的输入与输出都通过光耦元件与外部连接。

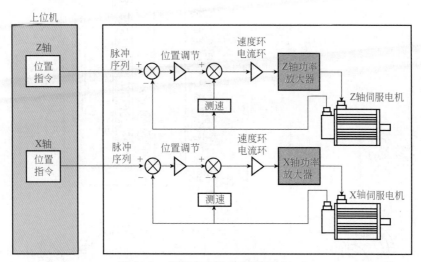

图 8-9　伺服驱动器的位置控制方式

四、数控车床的进给轴伺服驱动回路接线

CY-e6150 型数控车床用于进给控制的伺服驱动回路外部接线如图 8-10 ～图 8-13 所示。

图 8-10 是伺服驱动器与两台伺服电动机以及数控装置的连接示意。通过位于伺服驱动器正面板上的插座和接线端子与外部回路连接。位于左端的是三相电源和 Z 轴电动机与 X 轴电动机的动力线。位于右端的有 3 个插座，最上面的是编号为 CN1 的控制信号插座，它与数控装置的输出插座连接，此插座接线端头最多，有 44 个插头，下面的 CN2Z 和 CN2X 是两个电动机编码器插座。

图 8-11 是 CN1 插座位置环控制时的连接信号的说明。图 8-11（a）是伺服驱动器输出给数控装置的信号，是把伺服驱动器内部已准备好的信号和报警信号发给数控装置。图 8-11（b）主要是伺服驱动器的输入信号，即数控装置给伺服驱动器的控制信号，包括伺服使能（该触点闭合时电动机才能开始启动）、正转（CW）与反转（CCW）控制信号等。除编码器信号外，所有输入和输出都经光耦元件转换隔离。

图 8-12 是伺服驱动器的 CN2（包括 CN2X 和 CN2Z）插座与编码器之间的接线图。除电源是由伺服驱动器输出到编码器外，其他连接线都是由编码器信号输入伺服驱动器的。连接线应采用大于 0.12mm² 的屏蔽电缆。编码器连接要采用屏蔽电缆，编码器的电源线线径要大于 0.3mm²，长度应小于 20m，屏蔽层要接到 PE 接地端子。其他连接导线也以 0.15 ～ 0.2mm²

为宜。编码器的反馈电缆应尽可能短，长度不应超过20m。

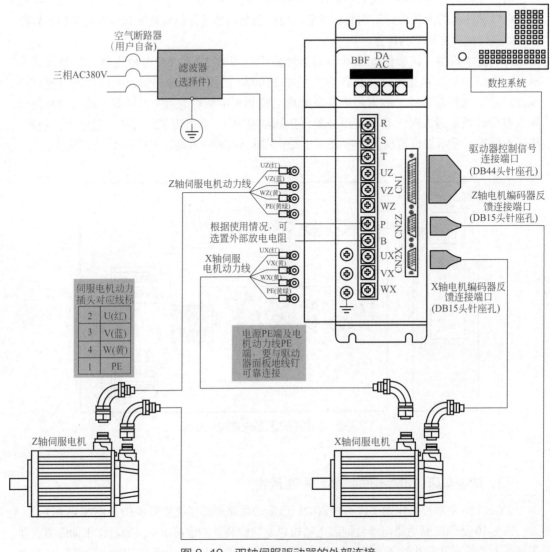

图8-10 双轴伺服驱动器的外部连接

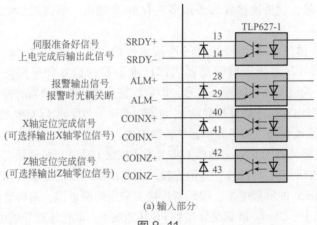

(a) 输入部分

图8-11

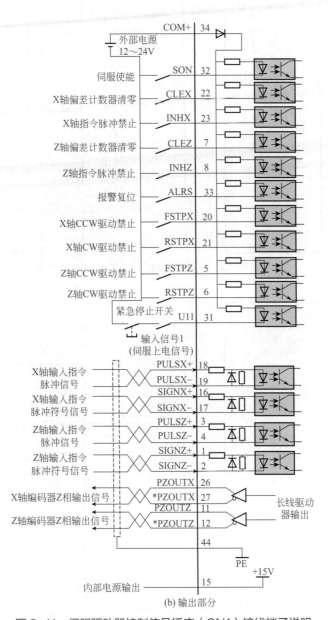

伺服使能　SON
X轴偏差计数器清零　CLEX
X轴指令脉冲禁止　INHX
Z轴偏差计数器清零　CLEZ
Z轴指令脉冲禁止　INHZ
报警复位　ALRS
X轴CCW驱动禁止　FSTPX
X轴CW驱动禁止　RSTPX
Z轴CCW驱动禁止　FSTPZ
Z轴CW驱动禁止　RSTPZ
紧急停止开关　U11

输入信号1
(伺服上电信号)

X轴输入指令脉冲信号
X轴输入指令脉冲符号信号
Z轴输入指令脉冲信号
Z轴输入指令脉冲符号信号

X轴编码器Z相输出信号
Z轴编码器Z相输出信号

长线驱动器输出

内部电源输出

(b) 输出部分

图 8-11　伺服驱动器控制信号插座（CN1）接线端子说明

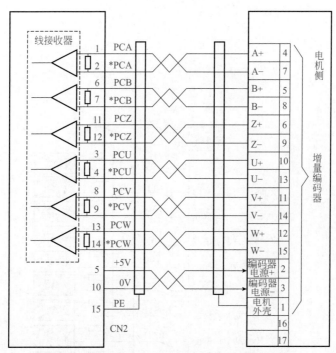

图 8-12 伺服驱动器 CN2 插座与编码器的连接

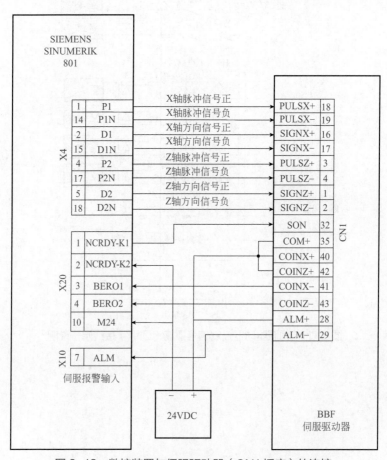

图 8-13 数控装置与伺服驱动器（CN1 插座）的连接

五、通过双轴交流伺服器的操作键调整参数

伺服驱动器的功能较多，但实际使用的只是一部分，因此每台机床都需要调出具体使用的参数。调整参数很方便，全部都是通过伺服驱动器面板上的操作按键和显示屏进行的。

❶ "A" 为 UP 键，"V" 键为 DOWN 键，这两个用于常数的设定及显示设定值，按 UP 键增加设定值，按 DOWN 键减少设定值。

❷ 按 "MODE/SET" 键，用于切换基本运行方式，退出切换运行方式模式。

❸ "DATA/<" 键作为方式进入键或确认键，在参数设定方式下，作为移位键。

双轴伺服驱动器的基本运行方式有以下六种：状态显示方式、监视方式、参数设定方式、参数管理方式、辅助功能方式、编程方式。以上所有功能都能通过代码和数值形式显示，每个数据都有专一的代码和数字，在说明书中列出全部显示内容的代码和数字，供调整时查阅。生产单位经常使用的是"参数设定方式"和"监视方式"。

伺服驱动器的控制信号插座（CN1）有 44 个接线端，可根据车床的实际需要和数控装置的不同型号选用接线端。图 8-13 是主轴驱动采用机械变速的车床双轴伺服驱动器与数控装置的实际接线，数控装置采用西门子（SIEMENS）的数控系统。结合图 8-11 的 CN1 插座说明可知，伺服驱动器 CN1 插座 1～4 号接线端子为 Z 轴电动机的正反转控制信号，16～19 号接线端子为 X 轴电动机的正反转控制信号。32 号接线端子为伺服使能信号（就是使伺服驱动器和伺服电动机开始工作的启动信号，只有输入这个信号，整个伺服系统才能开始工作）。40～43 号接线端子为输入到数控装置的 Z 轴和 X 轴定位信号，供数控装置测量数据计算使用。28、29 号接线端子为伺服驱动器的报警信号。需要说明的是，同一伺服驱动器在与不同的数控装置连接时接线是不同的。图中数控装置的插座编号为 X4、X10、X20，是数控装置全部插座（与外部连接）的一部分。

伺服驱动器 CN1 插座与数控装置的连接应采用屏蔽电缆，最好是绞合屏蔽电缆，线径应大于 0.12mm²。电缆的长度应尽可能短，不能超过 3m。

六、数控车床的电动刀架电路

数控车床采用的是 SLD 系列立式四工位的电动数控刀架，电动机为三相 380V 力矩电动机，容量为 0.5kW。从数控装置的 X200 插座输出的正反转指令分别启动 24V 中间继电器，再由中间继电器启动线圈为 110V 的正反转交流接触器，控制刀架电动机的正反转，实现刀架的松开和锁紧。

以刀架从一工位移动到四工位为例说明其工作过程：刀架电动机正转时，先松开刀架的锁紧开关，刀架就由电动机带动从一工位移动到四工位，到达四工位后（由编码器测量），电动机有 0.5～0.8s 的停止带电（即停止转动）时间（此时间由数控装置控制），然后电动机开始带电反转，反转到刀架的锁紧开关锁紧其触点闭合后，电动机停止反转。锁紧开关与编码器都输入数控装置。

刀架的 4 个工位都有信号连接到数控装置的 X101 接口，刀架处于哪个工位，哪个工位的触点就接通数控装置，接收到刀架工况后，据此进行下一步的工序。刀架梯形图如图 8-14 所示。

七、数控车床的逻辑电路

数控车床的逻辑回路大都采用在数控装置内附 PLC，PLC 是专门的逻辑控制器，相当于

有很多个继电器，所以数控车床的外部电路只有少数几个中间继电器，它们只作为 PLC 的重动继电器，去启动线圈电流比较大的执行元件，如交流接触器和电磁阀线圈，以减轻 PLC 输出触点负荷。有的数控车床在外部加装 PLC，其作用是一样的。数控设备的这部分逻辑回路由于要与数控装置连接，所以都采用直流 24V 电源。

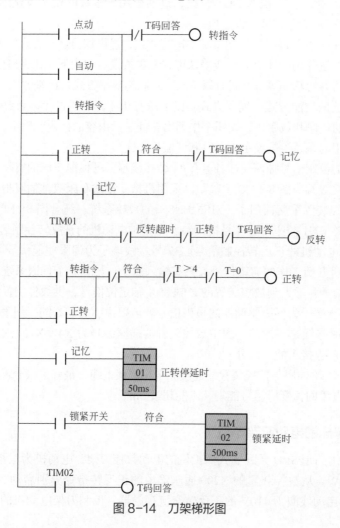

图 8-14　刀架梯形图

八、数控车床其他电气回路

CY-e6150 型数控车床除上述逻辑电路，还有其他电气回路。

❶ 手摇脉冲发生器。手摇脉冲发生器是手动对进给轴系统进行微调的设备，它的信号通过数控装置的 XSI0 接口输入数控装置。

❷ 车床的冷却与润滑系统电路。冷却泵为三相 380V 90W 电动机，由数控装置的 X200 接口（插座）输出控制运转。润滑泵为单相交流 220V 电动机，也由数控装置的 X200 接口输出控制电动机电路。

❸ 循环启动（按钮 SB4）和进给保持（按钮 SB3）控制回路。由数控装置的 X10 接口输入开关量。

❹ 由 X100 接口（插座）输入数控装置的开关量信号有：车床的紧急停机按钮和液压

压力异常触点（有液压系统时）；进给系统的 X 轴和 Z 轴的回零触点和正负方向限位开关的触点。

❺ 有液压卡盘和气动送料的车床，数控装通过 X201、X200、X101 接口控制卡盘的松开和夹紧以及送料气缸的推出和退回。

九、数控车床的连接电缆使用

正规的数控车床的电气回路接线有完整的回路编号和连接电缆的编号、规格与走向。表 8-3 是前述数控车床的主要电缆规范及连接与走向表。动力线不必使用屏蔽电缆。元件到配电柜接线端子的信号电缆可以采用屏蔽线，也可以不采用屏蔽线。但所有与数控装置的接口连接的信号电缆线和与伺服驱动器连接的信号电缆都必须采用屏蔽电缆。例如，表 8-3 中编号为 W1802 和 W1803 的信号电缆分别是车床的 X 轴和 Z 轴的限位开关到配电柜中的接线端子电缆，两电缆通过接线端子与编号为 W1801 的电缆连接，W1801 电缆的另一端接到数控装置的 X100 接口（插头）进入数控系统，所以这两段电缆实际是一个回路，但由限位开关到端子的 W1802 和 W1803 电缆可以不用屏蔽电缆，而由端子到数控装置的 W1801 电缆则必须用屏蔽电缆。

表8-3　数控车床电缆编号规范与连接和走向表

编号	名称	走线连接路径	规格
W0100	开关电源	配电柜—开关电源板	$4 \times 1mm^2$
W0200	主轴动力线	配电柜—主轴电动机	$3 \times 4mm^2$
W0203	数控X200接口信号线	配电柜—数控装置	$10 \times 0.3mm^2$屏蔽线
W0400	刀架动力线	配电柜—刀架电机	$4 \times 1.5mm^2$
W0401	刀架信号线	刀架—端子	$10 \times 0.3mm^2$
W0402	数控X101接口（刀架信号）	端子—数控装置	$10 \times 0.3mm^2$屏蔽线
W0501	X轴动力线	驱动器—X轴电机	$4 \times 2.5mm^2$
W0502	Z轴动力线	驱动器—Z轴电机	$4 \times 2.5mm^2$
W0503	X轴编码器反馈信号线	驱动器—X轴编码器	$10 \times 0.3mm^2$
W0504	Z轴编码器反馈信号线	驱动器—Z轴编码器	$10 \times 0.3mm^2$屏蔽线
W0505	数控X4接口信号线	数控装置—端子	$10 \times 0.3mm^2$屏蔽线
W0506	驱动器控制信号线	端子—伺服驱动器	$16 \times 0.3mm^2$屏蔽线
W1400	冷却泵动力线	配电柜—冷却电机	$4 \times 1mm^2$
W1700	润滑电动机动力线	配电柜—润滑电机	$4 \times 1mm^2$
W1800	操作面板线	数控装置—操作面板	$4 \times 1mm^2$
W1801	数控X100接口信号线	数控装置—配电柜	$10 \times 0.3mm^2$屏蔽线
W1802	X轴限位开关信号	配电柜—限位开关	$5 \times 0.3mm^2$
W1803	Z轴限位开关信号	配电柜—限位开关	$5 \times 0.3mm^2$
W1804	数控装置电源线	配电柜—数控装置	$4 \times 1mm^2$
W1806	手摇脉冲器	数控装置—手脉	$7 \times 0.3mm^2$

电气二次回路的安装

一、布置二次回路元件的基本要求

布置二次回路元件时主要有以下要求。

❶ 当有红、绿两个指示灯时，两个指示灯要水平安装在控制开关或操作按钮的上方，从操作位置的方向看去，表示主设备运行或处于合闸位置的红色指示灯布置在右侧，表示主设备未运行或处于跳闸位置的绿色指示灯布置在左侧。强电的两指示灯之间的距离应为 80 ～ 100mm。指示仪表应布置在操作面板的最上方。

❷ 根据操作方向布置。

a. 水平排列布置的按钮，合闸或启动的操作按钮应布置在最右端，跳闸或停止的操作按钮应布置在启动按钮的左侧，如果设备运转有方向或速度的不同操作，则"向上""向右"或"正转""高速"等按钮应布置在最右端。

b. 垂直排列的按钮应把"启动""向上""向右""正转""高速"按钮排列在最上面。按钮之间的距离应以 50 ～ 80mm 为适宜，按钮箱之间的距离宜为 50 ～ 100mm。当倾斜安装时，其与水平的倾角不宜小于 30°。紧急按钮应有明显标志。

❸ 如果 1 台设备有 2 个及以上的控制转换开关，例如有同期开关、远近控开关、联动开关的，应将控制跳、合闸的操作开关布置在最下方。

❹ 操作开关的安装和接线要做到，转动式操作的手柄，从操作人员的正面看，向右操作开关时（即顺时针操作）是合闸和设备运行操作，向左操作开关时（即逆时针操作）是跳闸和设备停止运行的操作；直线运动的手柄，向上操作是合闸操作，向下操作是分闸操作。

❺ 不允许将继电器、接触器的底座安装在与地面平行的平面上，必须安装在与地面成 90° 的垂直面上。交流控制继电器（例如 JZC 系列）和各种接触器的触点应垂直安装。电气元件要安装在绝缘板或金属板上，不能安装在塑料板或木板上。

❻ 断路器、接触器等动力设备和继电器等控制设备一起安装在动力箱、柜上，空气断路器、熔断器等应安装在最上方，下面依次排列接触器、热继电器、控制继电器，最下方为端子排，端子离地面的距离不能小于 350mm。

❼ 在只有二次元件的保护屏上，测量元件应布置在最上方，依次为逻辑元件、转换开关，在下面布置连接片。控制屏上应把控制回路熔断器布置在屏背面的上方，端子排布置在两侧或下方，但最低一个端子距离地面不应低于 350mm。控制屏正面应将测量仪表布置在最上面，依次排列信号灯、转换开关、操作开关。

❽ 在继电保护和标准二次回路的屏、箱、柜上，各个电气元件之间应留有间隙，间隙不只是指元件裸露的电气接线端头之间的距离，还包括元件外壳与外壳之间的距离。两电气元件之间即使不存在短路等不安全因素，也不能靠得太近，否则会影响散热，给调试工作带来不便。机电元件继电器、接触器在用于机电设备控制时，在电气箱内可以靠近排列，但前提是符合最小安全距离的要求。电气控制元件之间的最小安全距离见表9-1。表中的电气间隙与爬电距离是不一样的，电气间隙是指两带电接线端之间的空气间隙，而爬电距离是指两带电导体之间的绝缘物的长度，实际就是一次系统中的绝缘材料的泄漏距离。所以爬电距离包括了电气元件自身构造中的绝缘部分，例如继电器的一对触点在未闭合时，触点的两端（包括固定在绝缘板上的两个接触片之间和两个接线端之间）经常处于带不同电位的状态，这两者之间的距离就是爬电距离。由于绝缘材料的性能和环境因素，不同电位的导电端之间的绝缘材料也可能发生被击穿的现象。

❿ 发热元件应安装在散热良好的地点，与其他元件之间应有足够距离，两个发热元件之间的连接线应采用耐热导线或裸铜线套瓷管。

表9-1　电气控制元件之间的最小安全距离　　　　　　单位：mm

额定绝缘电压/V	额定电流<60A		额定电流≥60A	
	电气间隙	爬电距离	电气间隙	爬电距离
$U<60$	2	3	3	4
$60<U<250$	3	4	5	8
$250<U<380$	4	6	6	10
$380<U<500$	6	10	8	12
$500<U<660$	6	12	8	14
交流$660<U<7500$	10	14	10	20
直流$660<U<800$	10	14	10	20
交流$750<U<1140$	14	20	14	28
直流$800<U<1200$	14	20	14	28

二、配置熔断器

熔断器在配置时应遵循以下原则：

❶ 独立安装单位（电力工程一般以1台断路器作为1个独立安装单位）的操作电源应经过专门的熔断器或自动空气开关控制，组成1个独立的控制逻辑回路。

❷ 每个安装单位的保护逻辑回路和断路器控制回路可以合用一组熔断器。

❸ 对于双线圈跳闸的断路器（如220kV断路器）跳闸回路要安装双电源，两个电源分别组成两个独立的熔断器回路，各自连接一个跳闸线圈。

❹ 由1套保护装置控制多台断路器时（如变压器差动保护，双断路器接线方式的供电线路保护、母线保护等），断路器应设置独立的熔断器控制回路，同时，保护装置应当采用单独的熔断器保护并构成独立的保护逻辑回路。

❺ 由不同的熔断器组成的两套保护的直流逻辑回路之间不允许有任何电的联系。

三、选择电气二次回路电源电压

二次回路的工作电压不应超过500V，可选直流220V、110V、48V、24V或交流220V、127V、110V、48V等。对于接线距离比较长的回路，如集中控制室至户外变电站，从电压降方面考虑，应采用电压等级较高的电源。而在集中控制室内一般应用 48V、24V 电源。对于环境较差、控制导线连接地点较多的机械设备，应采用经控制变压器的电压等级低的交流控制电源。

四、选择二次回路导线截面积

选择电气二次回路导线（包括电线和电缆）截面积时既要考虑导线引起的回路压降，也要考虑有一定的机械强度和绝缘水平。主要有以下方面。

❶ 在强电回路中，交、直流 220V 控制回路的连接导线应选择额定电压为 300/500V 的聚氯乙烯绝缘电线电缆或橡胶绝缘电线电缆；弱电回路（包括微机等电子电路的信号）可采用 300/300V 连接导线和电缆，如 PVVSP（300/300V）电缆。

❷ 盘内部分的连接应采用独股固定连接导线（即单股铜芯 BV 型），与配电盘的门等移动部位连接的要采用多股导线，但必须是固定连接的导线，例如 BVR 型多股铜芯固定连接导线。

❸ 电力工程电气二次回路应采用铜芯控制电缆和铜芯绝缘导线，其控制回路的截面积要求强电回路不小于 $1.5mm^2$，最小不得小于 $1mm^2$，弱电回路不小于 $0.5mm^2$。

❹ 机械设备自动控制系统的电子电路、微机信号用连接电缆截面积不应小于 $0.2mm^2$。

❺ 一般的电流回路中，导线截面积不小于 $1.5mm^2$，最好选用 $2.5mm^2$ 的导线。高压设备（6kV 及以上）的电流回路应采用截面积为 $2.5mm^2$ 及以上的导线和电缆。

❻ 计量电能表电压回路导线截面积至少为 $2.5mm^2$，对于输送电能容量大的，关系供电与用户利益公平的电能表，应实际测量电压互感器的压降并经过计算后选择相应截面积，大部分应在 $4mm^2$ 以上。

❼ 导线电压降应满足正常或事故时的要求，正常时导线电压降不应超过额定电压的 3%，控制回路操作母线至设备的电压降不应超过额定电压的 10%。

五、二次接线端子排在使用时的注意事项

二次接线端子排在使用时应注意以下几点：

❶ 电力工程电气二次回路采用的接线端子排，包括螺钉和垫片，都应当是抗氧化的铜质材料制造的。

❷ 屏（台、盘、柜）内与屏（台、盘、柜）外的连接、屏（台、盘、柜）内部不同安装单位的连接必须经过端子排。

❸ 不同安装单位或装置的端子，应分别组成单独的端子排。

❹ 接到端子上的电缆应有标志。

❺ 注意跳、合闸回路端子应远离正电源端子，若相邻的则要加装空端子隔离。正、负电源之间也要加装空端子隔离。电压二次回路的各相电压之间最好有隔离措施。

❻ 各个控制和保护回路的端子排应以设备为单元分段集中布置，按自上而下的排列顺序一般为：交流电压回路、交流电流回路、保护正电源、操作正电源、信号正电源、信号输出回路、与其他保护或控制装置的联系回路或触点、保护负电源、操作负电源、信号负电源、保护输出分 / 合闸回路、其他弱电回路、备用端子。

❼ 回路电压超过 400V 的，端子板应有足够的绝缘强度，并涂上红色标志。

❽ 强电与弱电端子宜分开布置，如需要布置在一起，应采用空端子隔离开。

❾ 在断路器、互感器、变压器的气体继电器等处安装的二次接线端子，应能保证在不断开一次设备的情况下在这些二次回路上工作，且无触电的危险。

六、敷设二次回路连接电缆的注意事项

在敷设二次回路连接电缆时应注意以下几点：

❶ 在敷设控制电缆时，应充分利用自然屏蔽物的屏蔽作用，必要时，可与保护用电缆平行设置专用屏蔽线。

❷ 采用铝装铅包电缆或屏蔽电缆，屏蔽层应在两端接地。

❸ 弱电与强电不宜合用一根电缆。

❹ 电缆芯线之间的电容充放电过程中，可能导致保护装置误动，应将相应的回路分开，使用不同电缆中的芯线，或采用其他措施。

❺ 保护用电缆与电力电缆不应同层敷设。

❻ 保护用电缆敷设路径，应尽可能离开高压母线及高频暂态电流的入地点，例如避雷器和避雷针的接地点、并联电容器等设备。

❼ 同一条电缆内不应用不同安装单位的电缆芯线。

❽ 对重要回路双重化保护的电流回路、电压回路、直流电源回路、双跳闸线圈的控制回路等，两套系统不应用同一根多芯电缆。

❾ 微机装置的交流电流、电压及信号回路应采用屏蔽电缆。屏蔽电缆应在两端同时接地，同一回路的各相电流、电压及中性线应当在同一根电缆内。

❿ 不允许把电缆的备用芯两端接地，防止产生干扰信号。

七、进行电气二次设备的屏、箱、盘、柜的接地

❶ 所有屏、箱、盘、柜的接地良好。屏、盘内应装设专用的截面积不小于 $100mm^2$ 的接地铜排，且应把全排所有屏的接地铜排连接在一起，在首、尾部均用引下线排与电缆层专用二次接地铜排连接。

❷ 可开闭的门应用足够截面积的裸铜软线与接地的金属构架可靠连接。如果采用导线接地，必须用截面积不小于 $25mm^2$ 的软铜导线。屏、箱、盘、柜本体与接地点之间的电阻不应大于 0.1Ω。

❸ 二次设备接地线的连接方式，应能保证在某个二次回路工作需要断开接地线时，不影响其他回路的接地点。

二次回路接线时应注意以下问题：

❶ 在屏、箱、盘、柜内，所有接线（即元件与元件之间的连接线和元件到接线端子的连接线）都不允许有中间接头，需要连接时必须经过端子连接。

❷ 应采用相对编号法或回路编号法给每个接线端正确标注回路标号，端子排上应既有回路标号又有相对编号，要采用打号机打号并清晰不掉色。

❸ 每个端子接入的导线数量不宜超过 2 根，截面积不同的导线以及独股、多股导线不能压接在一个端子接线头上。端子的接线螺钉与导线之间要加平垫圈，对有可能因振动引起接线松动的还要加弹簧垫圈。接线端子的最大拧紧力矩为 2.2m，电缆与端子的连接要保证不能使端子受力。有线槽的要把导线都放在线槽内。

❹ 在一个盘、柜内安装的不属于同一路的设备（以一组熔断器为一个回路）之间的连接必须经过端子排，不允许在两个设备之间直接连接。

❺ 备用电缆芯足够长。弱电回路和强电回路的导线要分开绑扎和排列，绝不能绑扎在一起。

❻ 继电保护的电流回路和其他重要的二次回路，导线与元件之间应采用螺栓连接，不要采用插接式连接，需要中间转换连接的也要用螺栓连接，不能焊接。螺栓连接的导线头应为圆形，圆的大小应以中间刚好穿过螺栓为宜。两根圆形导线在端子的侧连接时，中间要加平垫圈。导线接头开口方向应与螺栓拧紧的方向一致，否则会在拧紧螺栓时把接头撑开。

❼ 对于机电设备的控制回路，采用微机装置或 PLC 及变频器、伺服驱动器的，其控制信号回路的连接线不论在何处连接，一般都应采用多芯的屏蔽导线，习惯称为连接电缆（ 如 PVVSP 型连接电缆），导线截面积有 $0.12mm^2$、$0.2mm^2$、$0.3mm^2$、$0.5mm^2$ 等。小截面导线由于太细，不能直接与端子压接，否则容易断股，应在线头上套上接线管，并用夹线钳夹紧后再与端子连接；稍粗一些的软导线要搪锡后连接。

❽ 进行二次线和控制电缆的对线时，可采用对线灯或万用表。

八、连接片安装注意事项

连接片又称为压板或切换压板，主要用在保护和自动装置的逻辑回路和控制回路中，起接通或断开回路、投入或退出保护和自动装置的作用。连接片不是投退设备的唯一措施，却非常必要性。连接片一般都装设在保护和自动装置的出口处，断开连接片可以使保护装置、自动装置与跳闸回路（或启动设备的回路）隔离，是一项重要的保护措施。连接片安装时应注意以下四点：

❶ 在连接片处于打开位置时，连接片体应处于下方，即接通时向上将连接片插入上端头，如图 9-1 所示。目的是防止连接片打开时由于螺钉未拧紧掉下而接通电路。

❷ 在有条件时，两个连接片之间的平行距离应尽量宽些，以任何情况下两连接片体不能相碰为最好。跳闸连接片在落下过程中必须和相邻跳闸连接片有足够的距离，以保证操作跳闸连接片不会碰到相邻的跳闸连接片。上下安装的连接片之间，保证上一个连接片体落下时不会碰到下面连接片的接线柱。

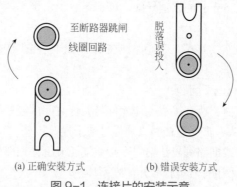

(a) 正确安装方式　　(b) 错误安装方式

图 9-1　连接片的安装示意

❸ 穿过铁质的控制屏和保护屏的连接片的导电杆必须有绝缘套，导电螺杆与屏孔有明显的距离。连接片应固定牢靠，不能松动。

❹ 连接片应水平排列垂直安装（上下安装），连接片之间必须保持足够的距离。

九、安装变压器气体继电器注意事项

安装变压器气体继电器时应注意以下问题：

❶ 变压器的气体继电器向储油柜方向应有 2% 的升高斜度。

❷气体继电器的接线盒（中间端子盒）安装点应高出气体继电器。

❸气体继电器不能直接与电缆连接，应经过中间端子盒后与电缆连接。气体继电器引出线应采用防油导线。

❹气体继电器和端子盒都应有防雨措施。中间端子盒的接线口应在盒的下部。进入气体继电器的多根导线应绑扎在一起，导线在气体继电器接线口处应有一个 U 形弯度，避免雨水流入继电器。

十、并联使用电气元件时在元件上连接

并联使用电气元件时（如两个继电器并联、继电器线圈与电阻并联、电阻与电阻并联等），一定要在元件上直接连接，而不能在端子排上，或通过其他接点连接，否则可能造成误动作。以图 9-2 为例，继电器线圈的并联电阻本应直接连接在继电器线圈接线端上，但却与其他元件公共端连接后接到负电源，正常运行时并无问题，但如果连接负电源的 L 点与负电源断开，就产生如图中箭头所示的寄生回路，造成误动作。原因是此时继电器 KOF 线圈两端有 107V 的电压，为额定电压的 48.6%，KOF 的动作值小于该数值时就可以启动。这也是要求出口中间继电器动作值应当大于 50% 额定电压的原因。

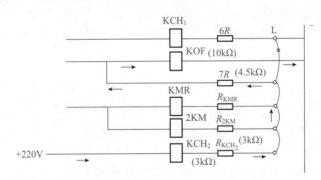

图 9-2　并联元件连接不当造成寄生回路

十一、二次回路竣工验收规范

电气二次回路的所有设备，在安装工作完成以后，必须验收合格才能投入使用。验收应按照有关标准进行，在国家标准《电气装置安装工程　施工及验收规范》中，与二次回路有关的部分主要为《电气装置安装工程　盘、柜及二次回路接线施工及验收规范》和《电气装置安装工程　低压电器施工及验收规范》，以及《电气装置安装工程　质量检验及评定规程》。反事故措施是验收时必须落实的内容。验收工作只能在全部试验合格后进行。

· 第二节 ·

电气二次回路的试验

一、电气二次回路的绝缘试验

电气二次回路的绝缘试验包括绝缘电阻测量和耐压试验两部分。

1. 绝缘电阻测量

（1）绝缘电阻标准与测试周期

❶ 测量电气二次回路的强电回路时应使用 1000V 绝缘电阻表（兆欧表）。

❷ 新安装的电气二次回路的强电回路绝缘电阻值：室内不应低于 20MΩ；室外不应低于 10MΩ。

❸ 运行中的电气二次回路的强电回路绝缘电阻值不应低于 1MΩ，任何情况不得低于 0.5MΩ。

❹ 新安装继电器元件单独测量的绝缘电阻，线圈之间阻值不应低于 10MΩ，对地绝缘和线圈对触点之间阻值不应低于 50MΩ。

❺ 绝缘电阻测量应在投产时、二次回路大修时和更换二次线时进行。

（2）绝缘电阻测量注意事项

❶ 在有电子电路的电气二次回路中，绝缘电阻试验时，必须把电子电路部分退出或短接后方能进行，否则测量电压会造成电子元件损坏。

❷ 电压二次回路绝缘电阻测量不包括电压互感器二次绕组，因为电压互感器的一、二次绕组是作为一个整体由专门的电力设备绝缘专业按相关标准进行的，试验必须注意不能将测量电压加到电压互感器绕组中。

❸ 对于电压二次回路、电流二次回路及控制回路，测量二次回路绝缘时都要注意断开回路中的接地点。

2. 耐压试验

❶ 二次回路耐压试验应在投产时、二次回路大修时和更换二次线时进行。

❷ 交流耐压试验电压为 1000V，试验时间为 1min。

❸ 当回路绝缘电阻值大于 10MΩ 时，可采用 2500V 绝缘电阻表代替，试验时间为 1min。

❹ 额定电压为 48V 及以下的设备可不进行交流耐压试验。

❺ 电子元器件不得参与试验。切记试验加压时将电路中的电子元器件退出。

❻ 聚氯乙烯控制电缆在进行交接试验的直流耐压试验时，所加电压为线芯对地电压的 4 倍，试验时间为 1min。

二、二次回路试验电源的要求

二次回路试验电源主要有以下要求。

❶ 交流电源的波形尽量接近正弦波。试验带速饱和元件的继电器应采用金电阻或水电阻，其中，水电阻由于容量大并且容易获得而得到广泛应用。

❷ 交流电源宜采用线电压，感应型继电器和带速饱和元件的继电器必须为相电压。

❸ 试验电源必须采用合适的断路器和熔断器保护。

❹ 试验直流继电器时宜采用变电站或发电厂的蓄电池电源。使用整流电源一般应采用三相全波整流。若没有直流电源，且试验对波形有严格要求时，应采用汽车蓄电池。

读取试验数据的注意事项：

❶ 测量数据至少要重复测量三次，并且每一次的测量结果都在符合误差要求的范围内才能作为试验结果值采用。

❷ 保护继电器试验应采用 0.5 级仪表。

❸ 试验继电器动作，继电器触点尽量采用实际使用的触点。

❹ 继电器动作值试验的误差不应大于 ±3%。

三、电气二次元件调试与不调试的区分

所有电气二次元件都必须进行绝缘试验，但对于是否需要进行动作值试验，应根据元件所连接的回路确定。对于继电保护回路和电力系统自动装置，所有接在回路中的电气测量元件和逻辑动作元件都必须进行电气动作特性试验，测量继电器还必须进行返回特性试验，而且这些继电器的动作值都是可调整的。如果是用于机电设备（例如机床）的控制回路，一般采用的交流中间继电器是不需要试验动作值的，可以在绝缘合格的情况下直接使用，但应通过进行传动试验检验其是否合格。

四、跳、合闸元件上的电压降及测量方法

测量跳、合闸元件上的电压降目的是检验跳闸线圈和合闸元件（合闸线圈或合闸接触器），在动作时线圈上的电压降不应低于额定电压的 90%。对于新安装的设备，试验应在一次设备不带电的状态下进行，正常运行后就不必再做，因为该数据不会在运行中发生变化。测量时用高内阻的直流电压表分别接在跳、合闸线圈（合闸接触器）的两个接线端上。

❶ 测量合闸元件上的电压降时，用高内阻的直流电压表接在合闸接触器的两个接线端上，取下大电流的合闸熔断器或储能电动机的熔断器，在断路器处于合闸位置测量时，短接回路中的断路器辅助触点，分别从正电源侧接通每一路合闸回路，测量合闸接触器线圈上的电压降。

❷ 测量跳闸线圈上的电压降时，用高内阻的直流电压表分别接在跳闸线圈的两个接线端上。在断路器处于跳闸位置测量时，短接回路中的断路器辅助触点，分别从正电源侧接通每一路串联有其他线圈（如信号继电器）的跳闸回路，测量跳闸线圈上的电压降。

五、电流继电器动作电流值的试验

电流继电器必须经过动作值与返回值的试验后才能投入使用，所以动作电流是最常进行的试验项目之一。动作电流试验的最基本条件是要能调节电流的大小。

❶ 图 9-3（a）是采用可调的自耦变压器和变流器的试验电路，由于电流继电器的容量并不大，所以自耦调压器的容量不大，额定电流一般为 1A（容量 250VA）即可，变流器实际是降压变压器，可采用安全灯变压器（行灯变压器），一次侧额定电压为 220V，接自耦调压器的输出端；二次电压为 24V（或 36V、12V）接电流继电器。由于二次电压低、电流大，一般容量 500V·A 就能满足。该接线法的优点是能将电流继电器与交流 220V 电源隔离，提高安全性，且不需要大容量试验电源，十分方便。缺点是由于采用调压器和变压器等感性元件，输出电流的波形可能会畸变。该方法主要适用于试验对电源波形的要求不太严格时。

❷ 采用电阻调节电流的试验如图 9-3（b）所示。这种接线的优点是电阻元件不会引起电源波形畸变，所以电流的波形不畸变，克服了采用调压器接线的缺点，因此在试验对电源的波形要求严格时，如变压器差动保护继电器，应当采用这种接线。但该接线，电源电流与继电器电流大小相同，一般电流继电器的动作值为 5～20A，电源容量也要能满足电流 20A 时波形不会畸变，所以需要较大容量的电源。同时，调节电阻必须满足电流的要求和调整要求，所以电阻的容量较大。因为如果电阻值不够大，即使将电阻值调节在最大位置通电，电流也

无法从零调节；但如果电阻选得较大，则大电流（如20A）下的电阻容量将很大，也是不现实的。所以在对电源波形要求严格的试验中，常采用一种"水电阻"的调节设备替代线绕电阻：一般采用一个350mm×250mm×200mm（长×宽×高）的绝缘水箱，在两端安装两个可调整距离的电极，就可实现电流调节。水电阻可以实现将电流从零调整至几十安培，当需要的电流较大时，可在水中放一些盐，加大水的导电性。

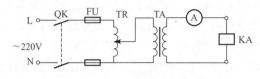

(a) 调压器与变流器配合调节电流

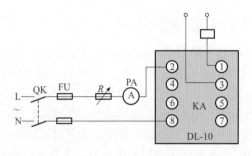

(b) 电阻调节电流

图 9-3   电流继电器试验接线

这种接线法要注意的是，继电器与试验电源没有隔离，所以继电器的对地电压也是试验电源的电压，即交流220V电压。因此，试验中要特别注意安全。

六、交流电压元件动作值的试验

以电压继电器为例，介绍交流电压元件动作值试验方法。

❶ 电压继电器试验接线如图9-4所示，电压应从零开始调节。电压继电器的电流值不大，所以试验需要的电源容量不大，电压继电器电压额定值一般在160V以下，可采用交流220V试验电源。试验接线与图9-3所示的调压器调节电压相同，调压器容量可以较小。也可以采用线绕电阻调节电压，即用可调整的电阻器代替图9-3中的自耦调压器，将电阻并联在试验电源上，将电阻的调整端与继电器连接以满足从零电压调起。不能采用电阻器与继电器串联的接线。试验回路必须有熔断器保护。电压表可以采用交流电压表，也可以采用交直流两用电压表，如果是继电保护继电器，电压表的准确级应为0.5级。

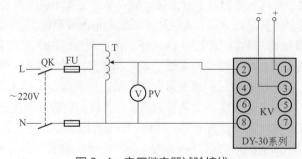

图 9-4   电压继电器试验接线

❷ 交流逻辑电压元件，如交流中间继电器、时间继电器的试验接线与电压继电器试验相同，既可采用调压器调压，也可采用电阻调压，但一般采用调压器更为方便。

七、直流电压元件的试验

采用直流电源试验直流电压元件，进行直流逻辑元件，如中间继电器、时间继电器、信号继电器及其他直流继电器中的电压动作返回值试验，如果试验电源为蓄电池直流电源，试验接线如图 9-5（a）所示。不能采用调压器，因为调压器只能用于交流回路。测量电压表可以采用直流电压表，也可以采用交直流两用电压表，如果是继电保护逻辑回路用继电器，电压表的准确级应为 0.5 级。

直流电压元件动作值试验也可采用如图 9-5（b）所示的方法，交流电源经整流后，采用调压器调整交流侧的电压，但测量电压表一定要接在直流侧。如果没有调压器，也可在直流侧用电阻调压，此时整流二极管的容量比交流调压时大很多，因为整流二极管的电流包括流过并联调节电阻的电流，此电流一般大于继电器线圈的电流。

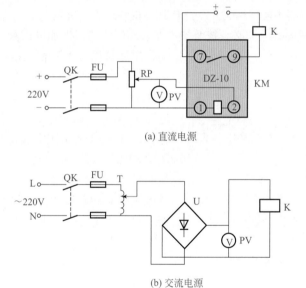

(a) 直流电源

(b) 交流电源

图 9-5 直流电压型继电器的试验接线

八、直流电流元件的试验

直流电流元件动作返回值试验有如图 9-6 所示的两种接线方法，两种方法对可调试验电阻器的阻值和容量的要求不同，但均需在继电器回路中串联一个限流电阻，以防止调节电阻时引起电源过载或短路。

采用如图 9-6（a）所示的试验接线，调节电阻器允许通过的电流要大于继电器电流线圈试验中的最大电流值。同时调节电阻器的电阻值要满足：当把电阻器调节到阻值最大的位置时，继电器线圈回路的电流应比继电器返回电流小。

采用如图 9-6（b）所示的试验接线，调节电阻器的容量时要考虑电阻器本身并联时的电流加上继电器电流。可以用简单的直流电路电阻串并联公式计算。这种接线一定要串联附加限流电阻 R，否则无法平稳调整电流。

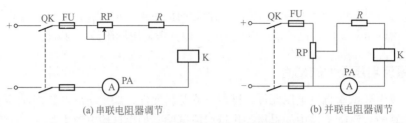

(a) 串联电阻器调节 (b) 并联电阻器调节

图 9-6 直流电流型继电器的试验接线

九、带自保持的继电器动作试验

带自保持的继电器都是直流逻辑继电器，不论是电压动作电流保持，还是电流动作电压保持，其电压线圈和电流线圈的试验接线都与前述单线圈继电器相同，不同之处在于测量保持值的方法。动作线圈通电继电器动作以后，在保持线圈上加上继电器电压（或电流）保持值然后将动作线圈断电，检查继电器是否能保持，如果能保持，应减小保持电流，例如额定保持电流为 1A 的继电器，当通入 1A 电流时，继电器能保持，则把电流调至 0.9A，再重复上述试验，直至继电器不能保持为止。这样就可得到最小保持电流值。

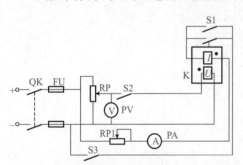

图 9-7 带自保持的继电器试验接线

试验带保持线圈的继电器必须按照继电器线圈标注的极性加电试验，如果极性接反，则动作磁通与保持磁通相互抵消，无法正确测量结果，具体连接如图 9-7 所示。当电压线圈标注的极性端加试验正电源时，电流线圈标注的极性端应当是直流电流的流入端，不论是电压动作电流保持，还是电流动作电压保持，试验接线相同。图中 S1 用于短接被试验继电器触点。如果继电器线圈是独立的，则可以不用 S1，S2 和 S3 分别控制电压线圈和电流线圈的接通和断开。如果继电器线圈不是独立的，则 S1 是必须有的。

十、测试继电器的延时特性

1. 基本要求

❶ 测量时间继电器的动作延时特性最主要的是在给继电器线圈加动作电压的同时启动毫秒计开始计时，如图 9-8 中的控制开关 S。

❷ 测量时间继电器的返回延时特性最主要的是在断开继电器线圈电压的同时启动毫秒计开始计时。

❸ 注意开关 1QK 控制是毫秒计的启动计时，如果毫秒计需要工作电源，应当在继电器通电测试前合上毫秒计的电源，即闭合图 9-8 中的开关 2QK。因为数字毫秒表的工作电源和启动是两个不同部分。

❹ 图 9-8 所示的毫秒计有独立的工作电源，一般为交流 220V 市电。另外两对接外部触点的接线端子：一对是启动端子（图中的 1、2），连接到此端子的外部触点闭合时毫秒计开始计时；另一对是停止端子（图中的 3、4），连接到此端子的外部触点闭合时毫秒计停止计时。

2. 数字毫秒计应用

数字毫秒计功能较多，试验接线方便，主要体现在以下两点。

❶ 通过按键切换启动方式，使连接在毫秒计启动端子上的外部触点实现接通或断开启动毫秒计。连接在毫秒计停止端子上的外部触点，可以实现接通或断开停止毫秒计，这样就解决了需要把断开触点转换成接通触点的问题，使试验接线大大简化。由于外部触点闭合或断开都可以启动或停止毫秒计，所以延时动作的时间继电器不论其是动合触点或动断触点都可以采用图 9-8 的接线。对于延时返回的继电器，只要在接线上使继电器先动作，然后在断开继电器线圈电压的同时启动毫秒计计时即可。

❷ 毫秒计端子可以接入有源触点或无源触点，还可以测量触点电压跃变，因此可以在不完全拆开继电器连接回路时试验。毫秒计允许接入的电压范围较广，如可连接的电压为 DC 3 ～ 250V（注意这不是两个接线柱之间的电压）。测量有源触点时，必须按说明书正确连接极性，否则无法正确测量。

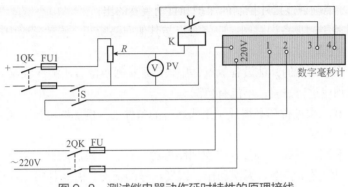

图 9-8　测试继电器动作延时特性的原理接线

十一、方向继电器试验时的接线

方向继电器的试验接线如图 9-9 所示。特点是继电器不但需要接入电压和电流两个电气量，而且其中一个要能变化相位，一般都采用移相器（图中的 BP）进行移相。但移相器只能移相，不能调节电压，所以仍然需要调压器 TR 调压。图中接触器 KM 的作用是使继电器的电流和电压同时加入或断开。方向继电器试验中主要注意相位表 P 和继电器 KW 的接线端极性不能有错，否则试验结果就完全相反了。

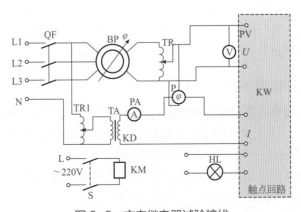

图 9-9　方向继电器试验接线

十二、二次回路的传动试验

❶ 传动试验必须在整套设备二次回路所有安装试验完毕后，且所有保护逻辑回路和操作回路都合格的情况下进行，包括回路绝缘合格、断路器试验合格、保护元件试验良好、逻辑操作回路电源可靠、信号装置正常。

❷ 先近控后远控。电动操作的隔离开关试验前先手动操作到半合半开位置。不遗漏任何回路。闭锁功能检验正确。

❸ 简单的保护回路，可用短接启动元件触点的方法试验触点后面其他回路的动作过程。复杂的保护应从独立互感器二次侧给保护测量元件通入动作电流，检查其动作后所有逻辑回路的动作情况。

❹ 保护和自动装置及联动回路的连接片，只能在试验联动功能时投入，试验其他功能时必须断开，这样才能验证连接片控制的保护和自动装置的出口。

❺ 不能因试验引起设备误跳闸，应将触点与其他回路断开，传动试验中按动作程序用万用表检查触点是否良好。

❻ 对于连接在本回路的其他设备触点，应采用短接触点的方法测试触点良好。

❼ 所有回路均应进行试验，不能有遗漏。

❽ 所有保护和二次设备都必须处于正式运行的条件下，例如继电器加盖、操作元件固定好、接触器加灭弧罩等。

❾ 分别快速和缓慢地拉开和投入二次回路电源的正、负极熔断器，检查保护装置、自动装置、控制回路和信号装置中有无误动作、误发信号的情况。有条件时，还应把直流电源的电压缓慢地大幅度升高和降低（在规定范围内）以检查回路是否误动作。

十三、在运行设备上试验的安全措施

❶ 保护装置和其他二次回路在静态调试合格的情况下，有的还需要在主设备投入运行后进行实际运行试验。二次回路试验不允许在未停用的保护装置上进行。试验哪一套保护，要把该保护装置退出运行，且必须要有明显的断开点，即必须断开保护的连接片，或者在端子排上断开连接线。

❷ 不能因断开被试验的保护装置而使运行设备失去保护功能，即其他保护装置必须在投入状态，不能造成设备无保护运行。例如测试变压器的差动保护时，变压器的重气体保护应投入并作用于跳闸。

❸ 根据实际情况，有时还需要把带长时限的过电流后备保护调整为零时限。

❹ 不允许在运行设备的带电保护和控制元件上用电烙铁进行焊接工作。

十四、测量三相电压的相序

测量相序时应采用相序表。常用相序表有机电式（TG1 型）和多种型号的电子（数字）式相序表，图 9-10 是一种电子式相位表。机电式相序表应用接线如图 9-11 所示，使用时先将 U、V、W 三相电压按表上的指示标记连接好（有的表用 A、B、C 顺序表示），然后按下按键（位于侧面），表就可以旋转指示相序，如果旋转方向与表盘上的箭头指示（顺时针方向）一致，说明是正相序，如果反方向旋转，说明是负相序。

数字式相序表同样按相序表上的标记用表棒接通被测量的 U、V、W 三相电压，数字式相序表具有缺相指示，面板上有 3 个红色发光二极管分别指示对应接入的三相电压 U、V、

W（即 L1、L2、L3），当某一相的电压未接通时，对应的指示灯不亮。采用声光作相序指示，当被测量的三相电压相序正确时，与正相序对应的绿色指示灯亮；当被测量的三相电压相序不正确时，与负相序对应的红色指示灯亮，蜂鸣器发出报警声。

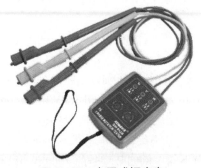

图 9-10　电子式相序表

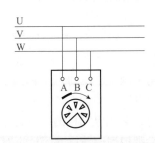

图 9-11　机电式相序表应用接线

但要注意，正相序并不表示该电压一定是按 U、V、W 排列的，只表示三相按相序表上的标记所连接的导线电压的顺序是正相序，也就是说，在相序表上所连接的三相电压可能是 U、V、W，也可能是 V、W、U，还可能是 W、U、V，负相序原理同上。所以，相序表只能指示相序而不能指示具体相别。

十五、使用相位表测量电流二次回路和电压二次回路

相位表需要接入二次电压和二次电流，所以也称为相位伏安表，分为机电式和数字式两种。常用的机电式相位表一次只能接入一路电压和一路电流，并且电流和电压都需要用表上的接线端子接线，由于电流回路在接线时需要将原来保护的电流回路断开后再串入相位表电流线圈，所以电流回路在接线时一定要防止造成电流回路开路。同时注意电压极性和电流极性不能接错。但极性是相对的，测量保护时，一般都是将电压接线固定不变，测量中改变电流接线，应注意先后接入的电流极性一致。

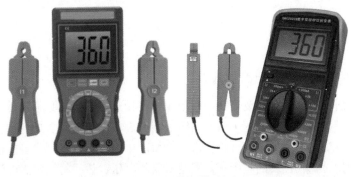

图 9-12　数字式相位表

数字式相位表都是钳形表。图 9-12 是数字式相位表示例，其有 3 个电流卡钳，可以同时测量 3 路电流和 2 路电压。电流的测量方法和钳形电流表一样，只要把二次回路的电流线夹入钳口即可，不需要断开电流线连接，所以更方便和安全。测量时把夹线钳和相位表的本体通过插孔与专用导线连接在一起，除可以测量电压和电流之间的相位外，还可以测量两个电

流之间的相位差和两个电压之间的相位差。

> **提示** 测量时特别需要注意的是卡钳夹入时的正反面方向，若电流卡钳一正一反接入，会造成指示电流相位相差 180°。

十六、通电测量电动机差动保护接线的正确性

高压电动机的差动保护可以通过通入一次电流测量其接线的正确性。测量接线如图 9-13 所示，适用于额定电压为 6kV 的高压电动机。测量时给电动机通入三相 380V 电源，此时根据电动机的容量不同，小容量（几百千瓦）的电动机可能缓慢旋转，大容量的电动机也可能不旋转，由于高压电动机的阻抗都很大，所以不论旋转或不旋转，电动机一般不会过电流，电流的大小则根据电动机的容量不同（阻抗不同）而不同，例如某型号的 2000kW 电动机通 380V 时的电流约为 62A，4000kW 的电动机通 380V 时的电流约为 155A，均未达到额定运行电流，但已经满足测量差动保护相量的要求。试验中要注意电动机的电流不能超过其额定电流，而且 380V 电源的容量要满足要求。

测量在保护安装处进行，可将相位表的电压线接好后固定不变，然后在图 9-13 中的 1、2、3、4 点处分别用电流卡钳测量电动机 U 相和 W 相进线端和中性点的电流互感器的四个电流并进行比较。

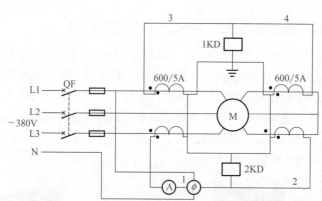

图 9-13 通一次电流测量电动机差动保护接线的正确性

十七、纵联差动保护带负荷试验

发电机、变压器、电动机以及母线的差动保护在投入运行前都必须带负荷测量各电流之间相位关系和测量差电流（差电压）值。用钳形电流表在保护盘最靠近保护装置的端子处分别测量差动保护各侧的电流，数值大小符合计算值。用钳形相位表测量各侧电流相位，并绘制出六角图。测量时，相位表的电压接入固定不变的电压，然后将相位表电流卡钳分别卡入各侧电流回路导线，依次测量三相电流。测量差动继电器上的差电压（即不平衡电压）应当很小，应为毫伏级。测量时应断开差动保护的出口连接片。测量必须在一定负荷电流下进行，若负荷电流太小，则测量的数据不准确。在断开保护出口连接片的情况下，可短接一侧的任何一相电流（将该相二次电流在端子处接地）检查继电器动作。另外还必须测量各中性线的电流，以确定回路的完好性。

十八、应用六角图分析纵联差动保护电流回路接线的正确性

发电机、电动机和双绕组变压器的纵联差动保护由 2 组电流互感器组成，接线时同一相的两电流互感器极性连接必须正确。继电保护人员在故障中常采用六角图相量图检验电流回路的接线正确。六角图如图 9-14 所示，它是在一张有圆周分度的图表上，由工作人员根据测量的各电流与同一个电压之间的相位角度，在图上绘制出各电流在图上相应的位置，由此判断差动回路每一相的两个电流相互之间的关系是否正确。具体做法如下：表 9-2 是一台双绕组变压器的差动保护回路测量数据。相位表的电压接 U 相的二次电压，且整个测量过程中都不能改动 U 相电压接线。然后逐一测量高压侧、低压侧的 U、V、W 相电流互感器的二次电流（图中测量的是 U、W 相），将测量的各电流相对于 U 相电压的角度值填入表 9-2，并画在六角图上。如果接线正确，从六角图上可以看出，3 个同名相高、低压侧的 2 个电流正好相差 180°。注意相位表电流接线端连接时，一定要按照统一的规则进行，例如电流互感器的极性端均连接到相位表的极性端。电流应至少为电流互感器额定电流的 20%。六角图也可用来测量母线差动保护的相量。

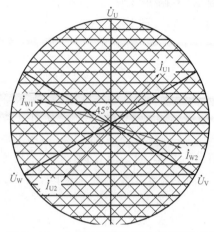

图 9-14 六角图测量的差动保护相量图

表 9-2 用相位表测量的各电流与 A 相电压之间的相位

相别		A	B	C
各电流相对于 A 相电压的角度/（°）	高压侧	45	165	285
	低压侧	225	345	105

十九、通过发电机（或发变组）的启动试验检验其二次回路

发电机大修后，按规定应做启动试验，启动试验包括一次回路设备和二次回路两部分，发电机的短路试验和空载试验属于一次设备试验。二次回路的试验结合短路试验和空载试验进行。主要有以下项目：

❶ 短路试验。将发电机的出口三相母线短路（发变组可以把变压器的高压侧三相短路），手动调节发电机的励磁调节器，使发电机电流由零开始缓慢上升。在电流上升过程中检查发电机（或发变组）回路的全部电流互感器中的电流值均正常，直至升到发电机额定电流的 1.3 倍左右，检查发电机过负荷和过电流保护的动作情况，差动保护的差电流（差电压）大小及零序保护、横差保护的不平衡电流大小，发电机的各测量电流的表计指示正确；在降电流过程中检查各过电流保护元件的返回动作正确。

❷ 空载试验。发电机的出口侧开路，手动调节发电机的励磁调节器给发电机从零起升电压，在升压过程中检查发电机（或发变组）回路的全部电压互感器中的电压值均正常，直至升到发电机额定电压的 1.15 倍（不得超过制造厂提供的发电机允许的最高值）左右，在升压过程中检查发电机过电压元件的动作正确，检查测量电压表计指示正常。然后调节发电机励磁调节器逐渐降低发电机电压，在降压过程中检查欠电压保护元件的动作情况、强行励磁装置的动作情况、其他保护的电压元件中的电压是否正常。检查测量电压表计指示正常。检查

发电机各电压互感器的二次电压数值和相序正确。

❸ 检查发电机的励磁回路及励磁调节装置、转子接地保护良好，指示仪表正确。

❹ 发电机的短路试验和空载试验都要投入发电机的保护，并把过电流保护的动作时间调整为速动。

·第三节·

电气二次回路运行

一、电气二次回路在运行时应具有的资料

继电保护装置在安装后，并不一定是全部投入，要根据电网的运行方式确定，有时根据运行方式需要投入某些保护，有时又需要退出某些保护。例如变压器的气体保护，在变压器初投入运行时不投入保护；再如当用旁路断路器带线路时，每次都需要根据不同线路更改旁路断路器保护的整定值。由于发电厂变电站的保护很多，为了防止出差错，就必须保护操作的规定。规程有通用运行规程和专用继电保护运行规程。通用规程是电力行业中通用的继电保护一般规定。专用继电保护运行规程是各单位根据具体的保护制定的继电保护运行规程，发电厂变电站都应有这两种规程。

运行和维护电气二次回路的人员应当掌握的图纸及资料有：一次系统接线图，各运行的控制系统二次回路图，继电保护和自动装置原理接线图，变电站（发电厂）用电系统接线图，直流系统图，事故及正常照明切换图，电气运行规程，防止重大事故措施的电气部分，继电保护及事故措施，继电保护现场保安工作规定，继电保护和自动装置的整定值资料。还有设计说明书，安装交接资料，竣工图纸，竣工报告，制造厂设备说明书，产品出厂试验报告，历年大修和试验报告，设备事故和分析报告，设备台账（包括型号、主要技术参数、制造厂、出厂年月、投运时间），等等。

二、进行逻辑回路熔断器的投退操作

过去一般规定，投入时应先合负极的熔断器，再合正极的熔断器，断开时应先取下正极的熔断器，再取下负极的熔断器。目的是防止因寄生回路而引起误跳闸。但完全按照这个方法操作实际是不够全面的。因为在某些情况下这样操作仍然不能避免问题的发生。因此最好按以下方法进行：

❶ 当回路的正电源侧与其他正电源有联系时，应先断开负电源侧的熔断器，后断开正电源侧的熔断器。

❷ 当回路的负电源侧与其他负电源有联系时，应先断开正电源侧的熔断器，后断开负电源侧的熔断器。

❸ 投入熔断器时的顺序与断开时相反。

这样操作即使断开一个熔断器，回路也不会有电压存在，即使存在寄生回路也不会误动作。

运行中的电气二次回路检查包括以下内容：

❶ 检查所有操作元件（按钮、操作开关、转换开关、连接片）均必须有明确的功能名称

标记。

❷ 检查所有保护元件均应标明其所属设备和保护名称。

❸ 直流电源母线电压不得偏离额定电压的 ±10%。

❹ 检查试验音响信号、光字牌信号、闪光装置正常。

❺ 用绝缘监察装置切换开关检查直流电源系统的绝缘是否正常。

❻ 检查各保护装置信号继电器有无动作，信号类指示是否正常。

三、直流系统正极接地和负极接地的影响

正规的二次回路接线主要负荷[如继电器、跳闸线圈、合闸接线器（线圈）等]的两个接线端中均有一端直接接到负电源上。

❶ 当直流系统正极接地时，如果再有一点接地，可能造成断路器误跳闸或保护误动作导致断路器误跳闸。

❷ 当直流系统负极接地时，如果再有一点接地，可能造成保护拒动、电源短路或烧坏继电器触点等。

四、电压互感器低压侧熔断器熔断时的现象

电压互感器低压侧熔断器熔断时主要有以下现象。

❶ 首先判断是一次系统故障还是二次回路的问题。出现交流电压回路断线信号时，首先应观察一次系统的电压、电流表计指示情况，如果是电压互感器二次侧交流电压回路因熔断器熔断断线，则一次系统无冲击现象，一次电流应提示正常，而连接在电压二次回路的表计如电压表、功率表、电能表指示下降。

❷ 当电压互感器低压侧熔断器熔断一相时，三相相电压中指示值小的是熔断相，另外两个未熔断相的相电压指示正常，熔断相对其他两相的线电压指示降低，另外两个未熔断相之间的线电压指示正常。如果低压侧熔断器熔断两相时，熔断的两相相电压指示值降低较多，但不为零，未熔断相的相电压指示正常。

❸ 发生交流电压回路断线后，应停用可能引起误动作的保护装置和自动装置。

运行中检查保护应采取的措施如下：

❶ 测试保护装置时一定要将该保护装置退出运行，测试完毕后再投入，投入前应检测无动作脉冲。

❷ 不能因测试造成设备无保护运行，任何情况下不得把全部保护退出，应分别进行。

❸ 注意不应认错设备，例如停用了 A 保护，而测量 B 保护。

❹ 测量前要确认操作部分对其他回路不会造成影响。

五、二次回路中的连接片使用的注意事项

❶ 连接片上必须清晰地标注名称。

❷ 接通时要注意拧紧，用晃动连接片体的方法检查确实接触良好。打开的连接片也要拧紧，不能随意摆动。

❸ 长期不使用的连接片应取下连接片体。

❹ 对于一投入就可能跳闸的连接片，再投入时，要采用试电笔检查连接片两端无电压。不允许采用表计测试，以防止接通回路。

六、二次回路直流接地的查找方法

❶ 不得使设备长时间无操作电源，这样会造成设备长时间无保护运行。查找直流接地时，各回路控制电源的停电时间（即断开该回路的电源的时间）不得超过 3s。

❷ 禁止使用灯泡查找直流接地。灯泡内阻小，并且随时有灯丝短路的可能，可能造成回路误动作。

❸ 使用仪表查找时，仪表的内阻越大越好，不应低于 2000Ω/V。一般应使用电子式仪表。

❹ 查找二次回路直流接地期间应停止该二次回路上的所有工作。

❺ 采用断开控制电源的方法查找时，事前应做好防止直流失电引起保护装置和自动装置误动的措施。

❻ 谨防人为原因使回路第二点接地。

七、对二次回路操作电源的要求

1. 采用蓄电池的直流电源

❶ 电压波动范围不应大于 ±5%。

❷ 放电末期直流母线电压下限值不得低于额定电压的 85%，充电后直流母线电压上限值不得高于额定电压的 115%。

❸ 由浮充电设备引起的波纹系数不应大于 5%。

2. 采用交流整流电源的保护操作电源

❶ 直流母线的电压不应低于 80% 额定电压，不应高于 115% 额定电压。

❷ 应采用限幅稳压（电压波动不大于 ±5%）和滤波（波纹系数不大于 5%）措施。

❸ 如采用复式整流，应保证在各种运行方式下，在不同故障点和不同相别短路时，保护装置与断路器都能可靠动作。电流互感器的最大输出功率应满足直流回路最大负荷的需要。

❹ 对采用电容储能的变电站，其电力设备和线路除应具备可靠的远后备外，还应在失去交流电源的情况下，有多套保护同时动作时，保证保护装置与有关断路器都能可靠动作跳闸。

参 考 文 献

［1］ 郑凤翼，杨洪升.怎样看电气控制电路图.北京：人民邮电出版社，2003.

［2］ 刘光源.实用维修电工手册.上海：上海科学技术出版社，2010.

［3］ 王兰君，张景皓.看图学电工技能.北京：人民邮电出版社，2009.

［4］ 徐第.安装电工基本技术.北京：金盾出版社，2001.

［5］ 蒋新华.维修电工.辽宁：辽宁科学技术出版社，2000.

［6］ 曹振华.实用电工技术基础教程.北京：国防工业出版社，2008.

［7］ 曹祥.工业维修电工通用培训教材.北京：中国电力出版社，2008.

［8］ 张振文.电工电路识图、布线、接线与维修.北京：化学工业出版社，2018.

［9］ 张振文.电工手册.北京：化学工业出版社，2018.

视频课——电路识图与控制部件的检测、应用及维修

数字万用表的
使用

指针万用表的
使用

认识电路板上的
电子元器件

电路基础及计算

电气图常用图形
符号和文字符号

按钮开关的检测

保险在路检测1

保险在路检测2

单相电机绕组
的检测

倒顺开关的检测

低压电器的检测

电磁铁的检测

电子时间继电器
的检测

断路器的检测1

断路器的检测2

多档位凸轮控制
器的检测

机械时间继电器
的检测

接触器的检测1

接触器的检测2

接近开关的检测

热继电器的检测

三相电机绕组
检测

万能转换开关的
检测1

万能转换开关的
检测2

行程开关的检测

中间继电器的
检测

主令开关的检测

11页-电动机电
路的接线图及其
回路标号

25页-6~10KV
线路继电保护原
理接线图

26页-二次接线
的展示接线图

29页-端子排图

36页-电力系统中性点运行方式

37页-低压配电的TN系统

38页-低压配电的IT系统

38页-低压配电的TT系统

55页-电流互感器的4种常用接线方案

56页-电压互感器的接线方案

200页-气动操动机构隔离开关控制过程

201页-电动操作隔离开关控制操作

222页-普通三相重合闸在断路器控制回路中的接线与操作

238页-多台电动机的联动装置分析

242页-带保护电路的自锁正转控制线路

244页-星-角降压启动电路

244页-接触器控制电机正反转电路

化学工业出版社专业图书推荐

ISBN	书名	定价
38618	伺服控制系统与PLC、变频器、触摸屏应用技术	99
39019	精通伺服控制技术及应用	99
38499	看视频零基础学水电工现场施工技能（彩色图解+视频教学）	49.8
38164	看视频零基础学电工（彩色图解+视频教学）	58
38205	零基础学用万用表（彩色图解+视频教学）	49.8
37671	电子电路基础、识图、检测与应用	89.8
37302	电工电路从入门到精通	89.8
36514	示波器使用与维修从入门到精通	58
37071	高低压电工手册（视频教学）	128
36120	电子元器件一本通（彩色图解+视频教学）	79.8
35977	零基础学三菱PLC技术	89.8
35427	电工自学、考证、上岗一本通（彩色图解+视频教学）	89.8
35080	51单片机C语言编程从入门到精通	79.8
34921	电气控制线路：基础·控制器件·识图·接线与调试	108
34923	零基础Python编程入门与实战（彩色图解+视频教学）	99
35087	家装水电工识图、安装、改造一本通（彩色图解+视频教学）	89.8
35258	从零开始学Altium Designer 电路设计与 PCB制板	79.8
34471	电气控制入门及应用：基础·电路·PLC·变频器·触摸屏	99
34622	零基础WiFi模块开发入门与应用实例	69.8
33648	经典电工电路（彩色图解+视频教学）	99
33807	从零开始学电子制作	59.8
33713	从零开始学电子电路设计（双色印刷+视频教学）	79.8
33098	变频器维修从入门到精通	59
32026	从零开始学万用表检测、应用与维修（全彩视频版）	78
32132	开关电源设计与维修从入门到精通（视频讲解）	78
32953	物联网智能终端设计及工程实例	49.8
30600	电工手册（双色印刷+视频讲解）	108
30660	电动机维修从入门到精通（彩色图解+视频）	78
30520	电工识图、布线、接线 与维修（双色+视频）	68
29892	从零开始学电子元器件（全彩印刷+视频）	49.8
31214	嵌入式MCGS串口通信快速入门及编程实例（视频讲解）	49.8
10466	Visual Basic串口通信及编程实例（视频讲解）	36
31311	三菱PLC编程入门及应用	39.8
29084	三菱PLC快速入门及应用实例	68
28669	一学就会的130个电子制作实例	48
27022	低压电工入门考证一本通	49.8
28914	高压电工技能快速学	39.8
28932	物业电工技能快速学	48
28459	一本书学会水电工现场操作技能	29.8
24078	手把手教你开关电源维修技能	58

欢迎订阅以上相关图书 欢迎关注 - 一起学电工电子图书详情及相关信息浏
览：请登录 http:// www.cip.com.cn 或者：https://hxgycbs.tmall.com/